L'ultima creatività

Carlo Cristini • Marcello Cesa-Bianchi
Giovanni Cesa-Bianchi • Alessandro Porro

L'ultima creatività

Luci nella vecchiaia

Presentazione a cura di
Carlo Cipolli

Carlo Cristini
Cattedra di Psicologia Generale
Università degli Studi di Brescia
Brescia

Marcello Cesa-Bianchi
Istituto di Psicologia
Università degli Studi di Milano
Milano

Giovanni Cesa-Bianchi
Sezione di Psicologia
Università degli Studi di Milano
Milano

Alessandro Porro
Sezione di Scienze Umane e Medico Forensi
Cattedra di Storia della Medicina
Università degli Studi di Brescia
Brescia

ISBN 978-88-470-1799-3   e-ISBN 978-88-470-1800-6

DOI 10.1007/978-88-470-1800-6

© Springer-Verlag Italia 2011

Quest'opera è protetta dalla legge sul diritto d'autore, e la sua riproduzione è ammessa solo ed esclusivamente nei limiti stabiliti dalla stessa. Le fotocopie per uso personale possono essere effettuate nei limiti del 15% di ciascun volume dietro pagamento alla SIAE del compenso previsto dall'art. 68, commi 4 e 5, della legge 22 aprile 1941 n. 633. Le riproduzioni per uso non personale e/o oltre il limite del 15% potranno avvenire solo a seguito di specifica autorizzazione rilasciata da AIDRO, Corso di Porta Romana n. 108, Milano 20122, e-mail segreteria@aidro.org e sito web www.aidro.org.
Tutti i diritti, in particolare quelli relativi alla traduzione, alla ristampa, all'utilizzo di illustrazioni e tabelle, alla citazione orale, alla trasmissione radiofonica o televisiva, alla registrazione su microfilm o in database, o alla riproduzione in qualsiasi altra forma (stampata o elettronica) rimangono riservati anche nel caso di utilizzo parziale. La violazione delle norme comporta le sanzioni previste dalla legge.

L'utilizzo in questa pubblicazione di denominazioni generiche, nomi commerciali, marchi registrati, ecc., anche se non specificatamente identificati, non implica che tali denominazioni o marchi non siano protetti dalle relative leggi e regolamenti.

9 8 7 6 5 4 3 2 1

Layout copertina: Ikona S.r.l., Milano

Impaginazione: Ikona S.r.l., Milano
Stampa: FVA - Fotoincisione Varesina, Varese

Springer-Verlag Italia S.r.l., Via Decembrio 28, I-20137 Milano
Springer fa parte di Springer Science+Business Media (www.springer.com)

*Il viaggio non finisce mai. Solo i viaggiatori finiscono.
E anche loro possono prolungarsi in memoria, in ricordo, in narrazione.
Bisogna ricominciare il viaggio, sempre*
José Saramago

*La vita di una persona consiste in un insieme di avvenimenti
di cui l'ultimo potrebbe anche cambiare il senso di tutto l'insieme*
Italo Calvino

Presentazione

È una rara avventura intellettuale quella di riuscire a cogliere, attraverso la lettura di un libro, un aspetto per molti versi insospettato, eppure sorprendentemente di evidenza intuitiva, di un processo cognitivo da sempre considerato non solo come suggestivo, ma anche di difficile comprensione globale, qual è la creatività. La lettura del volume di Carlo Cristini, Marcello Cesa-Bianchi, Giovanni Cesa-Bianchi, Alessandro Porro *L'ultima creatività* porta di colpo a proiettarsi nella fase avanzata dell'esistenza umana per rilevare il profondo significato antropologico ed esistenziale, prima ancora che culturale e relazionale, che in essa acquista tale aspetto dell'intelligenza. L'amplissima documentazione presentata dagli Autori fa cogliere immediatamente quanto errata sia stata la sottovalutazione della presenza e della rilevanza, anche nell'età avanzata, di un processo apparentemente circoscritto all'età giovanile e adulta. Il valore di numerosissime opere di artisti e scienziati realizzate fino agli ultimi giorni delle loro esistenze testimonia la presenza di una vivida, pur se strutturalmente diversa, creatività. Parimenti, una ricognizione attenta delle modalità di realizzazione di molteplici attività quotidiane conferma quanto sia articolata e diffusa l'espressione della creatività in forme culturalmente minori, ma nondimeno importanti per le persone anziane, sul piano sia della cooperazione intergenerazionale, sia della gratificazione personale.

Questo bellissimo volume non solo accompagna il lettore a esplorare le forme che la creatività assume in vecchiaia, ma solleva anche molteplici interrogativi circa il significato teorico e applicativo della continuità della sua presenza in tutto l'arco della vita umana.

A livello teorico, la documentazione riportata nel volume mostra in modo convincente che uno dei problemi centrali delle teorie dell'intelligenza, quello che riguarda la spiegazione della creatività, va impostato in termini in parte nuovi. È noto da tempo che alcuni individui, a parità di altre misure dell'intelligenza, risultano indubbiamente più creativi. La spiegazione che è stata adottata abitualmente è che gli individui "creativi" riescono ad adattare più facilmente degli altri risposte e strategie a compiti e problemi differenti in quanto dotati di un'alta flessibilità cognitiva. Il carattere sostanzialmente tautologico di questa spiegazione è abbastanza ovvio, così come il misconoscimento della continuità temporale della creatività. Infatti, nelle ricerche dell'ultimo decennio è stato documentato che i punteggi ottenuti nei test di creatività hanno una capacità predittiva a lungo termine (cioè, a 10 o più anni) dell'evoluzione dell'intelligenza nettamente superiore rispetto a quella dei punteggi delle scale globali di valutazione dell'intelligenza!

In termini generali, a distanza di oltre un secolo dall'elaborazione delle prime teorie dell'intelligenza, il rapporto fra intelligenza e creatività appare lungi dall'essere chiarito in modo convincente. Tuttora la creatività viene a volte confinata in una definizione vaga, se non "opaca", qual è quella di "intelligenza creativa". La vaghezza di questa definizione è responsabile sia di varie ambiguità nella valutazione in termini quantitativi della creatività, sia della classificazione riduttiva dei comportamenti e dei processi rappresentativi della creatività. In realtà, vi sono numerose indicazioni a sostegno dell'ipotesi che la creatività costituisca un aspetto distinto dell'intelligenza, non riducibile meccanicamente ai suoi punteggi globali: un individuo con un QI di 140 non può essere automaticamente considerato come più creativo di uno con un QI 115. Inoltre, la creatività appare essere durevole nel tempo, seppur in forme in parte diverse. Non tenendo conto di questa evoluzione qualitativa, che richiederebbe strumenti psicometrici più sensibili e specifici, si arriva obbligatoriamente a valutazioni riduttive della reale presenza di creatività. Il problema della creatività inibita dagli stili educativi troppo rigidi e autoritari non va disgiunto dal problema del mascheramento della creatività a causa della sottostima indotta da strumenti inadeguati per la sua valutazione nella senescenza. La carenza di strumenti psicometrici affidabili per la valutazione dell'evoluzione dell'intelligenza è ben nota agli studiosi della longevità, che spesso lamentano la mancanza di test adeguati per misurare l'evoluzione dell'intelligenza nei segmenti sempre più popolati degli ultra-ottantenni e novantenni. Non stupisce, quindi, che lo stesso problema si ponga anche per la valutazione della creatività nell'anziano (*old*), prima ancora che nel "grande vecchio" (*old old*).

È di immediata evidenza che se la creatività è una componente specifica (se non in parte indipendente) dell'intelligenza ed è stabile nel tempo, occorre accertare con precisione come si evolva negli adulti e, soprattutto, negli anziani. Infatti, se i punteggi ai test di creatività sono predittivi a lungo termine del livello di intelligenza generale, costruire test rappresentativi di tutte le componenti della creatività (e non solo della fluenza di idee e della "divergenza" da strategie note) può aiutare sia a capire meglio il rapporto fra creatività e sviluppo dell'intelligenza globale, sia a stimare in modo attendibile le possibilità di adattamento e apprendimento nell'anziano e nel grande vecchio.

Quest'ultima implicazione ha ricadute rilevanti anche in ambito applicativo, proprio per la persistenza di forme di creatività in età avanzata (come viene documentato in modo sistematico e con chiarezza esemplare nei capitoli 4, 5 e 6 del volume). Se si arriva a misurare in modo attendibile le differenze individuali nelle componenti della creatività nell'anziano e nel grande vecchio, si può accertare la validità non solo concomitante, ma anche predittiva degli indici di creatività rispetto all'evoluzione dell'intelligenza generale e di specifiche abilità cognitive correlate alla creatività. Da queste misure si possono ottenere, in parallelo, anche stime del sottoutilizzo della creatività nell'anziano e nel grande vecchio. Infine (ed è questa l'ipotesi più suggestiva che si ricava dalla lettura del volume), se la creatività nell'anziano è non tanto o solo quantitativamente residua, ma qualitativamente diversa, appare del tutto giustificata la predisposizione di programmi per la sua valorizzazione, per migliorare la qualità della vita dell'anziano e le caratteristiche degli ambienti (abitazioni private o residenze comuni) nei quali vive. Si può comprendere, quindi, la potenzialmente enorme utilità sociale dei programmi di valorizzazione della cosiddetta creatività intergenerazionale (dai nonni ai nipoti, in particolare) e di gruppo (come illustrato in modo molto pertinente e convincente nel capitolo 5 del volume) negli anziani. Proprio la consapevolezza dell'utilità sociale di questi programmi, accennata in un libro precedente di M. Cesa-Bianchi, C. Cristini, E. Giusti (*La creatività scientifica. Il processo che cambia il mondo*), rende attuale la definizione di "reinvenzione guidata" proposta dalla studiosa S. Goldin-Meadow, per l'apprendimento del linguaggio: anche la creatività, inibita da stili di vita e da routine di lavoro, può essere "reinventata" dall'anziano, e tanto più facilmente quanto più viene "guidata" da altri anziani o da giovani coinvolti in una forma di cooperazione intergenerazionale a un tempo antica e sempre da riscoprire.

Bologna, dicembre 2010   **Carlo Cipolli**
Professore Ordinario di Psicologia Generale
Facoltà di Medicina e Chirurgia
Università degli Studi di Bologna

Prefazione

Il processo creativo si sviluppa lungo l'intero arco della vita. In vecchiaia si raccolgono le esperienze vissute e ci si confronta con altre, diverse, in una continua sfida che la vita richiede, fra dubbi e speranze, oscurità e luci, degli affetti e dello spirito, della memoria e delle sue prospettive. In età senile, come in ogni epoca precedente, nulla vi è di scontato, di immutabile, di irrimediabile. I ricordi e il senso di sé caratterizzano, più o meno consapevolmente, la nostra storia, ci accompagnano, ci sostengono o ci spingono a ricercare, ad approfondire, a revisionare o scoprire aspetti e significati dell'esistenza.

Vi sono sempre novità da apprendere e comprendere, indipendentemente dagli anni e spesso anche dalle condizioni di salute e autonomia. Numerosi grandi personaggi hanno continuato pure in età avanzata a esprimere la loro creatività, a migliorare, a rinnovare il loro stile artistico, scientifico, culturale; molte persone comuni hanno saputo, da vecchi, riscoprire attitudini, risorse, qualità, talvolta a reinventarsi la vita.

L'ultima creatività rappresenta la forza dello spirito innovativo, l'elaborazione e la ricerca di un cambiamento, la tendenza a cogliere, a interpretare ciò che l'esistenza propone, fino al termine. Verso la conclusione della vita possono arricchirsi, mantenersi attive, produttive le capacità immaginative, non nel significato di evasione allegorica da una realtà che talvolta sembra apparire avversa o indecifrabile, ma in quello di ricerca della propria verità narrativa, della sua realizzazione, di chi si è stati, si è e si può diventare, oltre le soglie dell'età, fra le luci del pensiero, del sentimento, della conoscenza.

Ogni anziano può essere creativo, anche chi è meno fortunato, sul piano della salute, fisica e psichica, delle condizioni familiari e sociali. Vi è sempre la speranza e la possibilità concreta di ritrovare serenità, voglia di essere protagonisti, testimoni delle proprie vicende esistenziali, di quanto si è appreso, sofferto, amato. La storia di un uomo, la sua eredità di esperienze e cultura costituisce un insegnamento che nell'ultima creatività trae ulteriore valore e ispirazione.

Sono alcuni temi che il volume sull'ultima creatività affronta e sviluppa anche nell'intento di offrire l'altro volto della vecchiaia e del suo definirsi, quello della serenità, non solo come una condizione di acquisita e statica tranquillità, libera dal dolore, ma pure e soprattutto quale atteggiamento di apertura e ricerca costanti, di curiosità e di attenta riflessione sulle cose del mondo, fuori e dentro se stessi. Si può invecchiare creando, completando la propria storia, valorizzando le esperienze positive, afferrando la vita, per coglierne la chiarezza e i suoi riflessi. Si cresce invecchiando, percorrendo, scalando l'ultima frontiera della creatività.

Non si diventa vecchi in un certo modo e per caso; forti e interpreti dell'età lo si può diventare imparando, seguendo, sviluppando i processi creativi del pensiero, attraverso le esperienze che si vivono, i percorsi e le storie che si incontrano.

Il testo si colloca in uno spazio nuovo della ricerca sulla creatività, approfondendone il ruolo e il significato più profondo e forse anche quello più vero. La dimensione creativa è in grado di accendere luci, di aprire spiragli nelle situazioni più difficili della vita di una persona, di una comunità e rimane potenzialmente attiva fino al termine dell'esistenza per poter dare ulteriore testimonianza della sua forza, della sua funzione, nel dipanare ombre e nel continuare la ricerca e rivelazione di sé, della propria trama e verità.

Il volume sull'ultima creatività può suscitare e incontrare interesse e curiosità in studenti, ricercatori, professionisti della salute e in tutte quelle persone che riconoscono nello svolgersi della vecchiaia un'opportunità di apprendimento, crescita e riscoperta di potenzialità e competenze.

Lo scopo principale del volume appare innanzitutto quello di scoprire, affrontare e analizzare una tematica, l'ultima creatività, che la psicologia, le neuroscienze e la medicina non hanno pienamente esaminato, approfondito, compreso. Non ha un termine di chiusura la creatività, ma tende costantemente a disporre di una prova d'appello e quella finale può illuminare l'intera scena della vita di una persona. La considerazione di un processo creativo continuo, di una capacità evolutiva del pensiero, oltre i confini e le classificazioni delle età, consente di aiutare chiunque si rapporti con un anziano, sano o in difficoltà, a intravedere, a ricercare opportunità di cambiamento in termini positivi, di miglioramento di una condizione esistenziale e di salute, anche quella che appare più complessa e impegnativa, anche in funzione della elevata variabilità individuale.

Uno dei motivi che stanno alla base della composizione del volume è di proporre e sottolineare la funzione creativa, innovativa dell'esistere, anche quando può apparire offuscata dall'abitudine, dal pregiudizio, dalla malattia, dall'ineluttabilità di un destino. Le vie creative di riadattamento, di riconciliazione, di comprensione del proprio mondo interiore, dei suoi affetti e significati, presentano ampie differenze interindividuali, richiedono tempi, modalità, atteggiamenti, esperienze, interazioni diverse; talvolta anche l'attesa e il silenzio risultano profondamente creativi, celano e proteggono un processo in divenire, in fase di definizione.

L'ultima creatività può rappresentare un'occasione reale da cogliere, interpretare e sviluppare per chiarire e completare la propria biografia, per realizzare pienamente se stessi, e non un'allegoria per eludere ciò che si sta vivendo in prospettiva della fine. Nell'ultima creatività si può confermare il senso di una storia o modificarlo per offrire una nuova memoria, uno sguardo diverso sulla vita e sulla sua interpretazione. E forse è questa la vecchiaia "riuscita", quella curiosa e creativa, consapevole del suo svolgersi e realizzarsi.

Milano, Brescia, dicembre 2010 **Marcello Cesa-Bianchi**
Carlo Cristini

Indice

Introduzione		1
1	**Creatività nella storia**	9
1.1	Creatività e scienza nell'antichità	9
1.1.1	Premessa	9
1.1.2	L'Antico Testamento	10
1.1.3	Grecia e Roma: filosofi, medici, matematici, creativi	14
1.1.4	Tradizione e innovazione: Isidoro da Siviglia	17
1.1.5	Conclusione	19
1.2	Psicologia e creatività: cenni storici	19
1.2.1	Introduzione	19
1.2.2	Metodi di ricerca sulla creatività	22
2	**Aree della creatività e tempo libero**	27
2.1	Introduzione	27
2.2	Scrittura: poesie, racconti, diari, articoli, raccolta di proverbi e aneddoti	28
2.3	Pittura e scultura	31
2.4	Musica	32
2.5	Artigianato	36
2.6	Attività organizzative	37
2.7	Attività psicomotoria	39
2.8	Fotografia e videoregistrazione	42
2.9	Cucina, teatro, invenzione di giochi, accudimento di animali domestici	43
2.10	Comunicazione e ascolto	44
2.11	Volontariato	46
2.12	Riflessioni conclusive	48
2.13	Esempi di creatività	50

		2.13.1 La creatività di coppia	50
		2.13.2 La creatività di gruppo	57

3 Creatività nell'infanzia — 61
- 3.1 Introduzione — 61
- 3.2 Rapporti fra gioco simbolico e realtà — 62
- 3.3 Creatività inibita e mascherata — 63
- 3.4 Creatività nel disegno — 64
- 3.5 *Setting* e creatività infantile — 68
- 3.6 Creatività ed equilibrio emotivo — 70
- 3.7 Creatività e autonomia personale — 71
- 3.8 Condizioni che promuovono la creatività — 72
- 3.9 Esempi di creatività in età infantile — 74
  - 3.9.1 L'ambito musicale — 74
  - 3.9.2 L'ambito letterario — 75
  - 3.9.3 La pittura e la scultura — 76

4 Creatività e salute in età senile — 79
- 4.1 Introduzione — 79
- 4.2 Anziano e creatività — 81
- 4.3 L'ottimizzazione selettiva con compensazione — 82
- 4.4 Invecchiamento e processo artistico — 84
- 4.5 Note conclusive — 89
  - 4.5.1 Gli ultracentenari — 91

5 Transgenerazionalità — 97
- 5.1 Premessa — 97
- 5.2 Dal tempo dei nonni a quello dei nipoti — 98
- 5.3 Quando il ricovero separa nonni e nipoti — 99
- 5.4 Affettività, salute e ambiente — 104
- 5.5 Bambini e ambiente urbano — 108
- 5.6 Vecchi e ambiente sociale — 110
- 5.7 Nonni, vecchi e bambini: un ambiente comune — 113
- 5.8 Verso un nuovo ambiente familiare: l'adozione di nonni e nipoti — 116
- 5.9 Passato, presente e futuro — 119
- 5.10 Riflessioni conclusive — 121
  - 5.10.1 Esempi di creatività transgenerazionale — 124
  - 5.10.2 La creatività intergenerazionale e di gruppo — 128

6 Creatività scientifica — 133
- 6.1 Introduzione — 133
- 6.2 Intelligenza e creatività — 134
  - 6.2.1 Creatività e superdotati — 136
  - 6.2.2 Capacità creative e sviluppo — 138
  - 6.2.3 Cultura e talenti — 139

	6.2.4	Contributi delle ricerche	141
	6.2.5	Il processo analogico	145
	6.2.6	Il pensiero laterale	146
	6.3	Risolvere, scoprire, inventare	147
	6.4	Emisferi e neuroscienze	150
	6.5	Creatività e conformismo	153
	6.6	Demenza e creatività	155
	6.7	Psicodinamica e creatività	164
	6.8	Esempi di creatività scientifica	166
	6.8.1	Galileo Galilei	166
	6.8.2	Sigmund Freud	169
7	**L'ultima creatività**		173
	7.1	Introduzione	173
	7.2	Gli ultimi capolavori	176
	7.3	Il finire come atto creativo	182
	7.4	Come muoversi verso l'ultima creatività	185
	7.5	Un paradosso: il caso dei kamikaze	188
	7.6	Creatività e affetti: luci alla fine della vecchiaia	188
	7.7	L'ultima creatività quando la vita è breve	191
	7.7.1	Giovanni Battista Pergolesi	191
	7.7.2	Piero Manzoni	192
	7.7.3	Egon Schiele	192
	7.7.4	Pier Vittorio Tondelli	193
	7.7.5	Michail Afanas'evic Bulgakov	193
Bibliografia			195
Letture consigliate			199

Introduzione

La creatività nella storia dell'umanità ha assunto in varie epoche significati diversi.

Dapprima è stata vista come prerogativa esclusivamente divina. In molte tradizioni religiose, Dio è considerato il creatore di tutti gli esseri viventi, anche se tale attribuzione viene posta in discussione in termini filosofici dalle concezioni ateistiche e in termini scientifici dalla teoria darwiniana dell'evoluzione delle specie.

In una seconda fase la creatività viene considerata una capacità riconoscibile anche nella persona umana, come attitudine a realizzare risultati che esprimono la propria individualità, indipendentemente dal loro valore e dal loro carattere innovativo. In questa fase, la creatività viene riconosciuta ai bambini, che la possono esprimere nel disegno, nel canto, nel gioco.

Si riteneva peraltro che questa capacità tendesse a scomparire con gli anni, in funzione da un lato dell'impostazione raziomorfa della scuola, dall'altro dell'assimilazione conformistica che caratterizza la vita dei giorni nostri. Si ammetteva inoltre che la creatività si conservasse nei grandi personaggi della letteratura, della pittura, della scultura, dell'architettura, della musica, del teatro, della scienza, della religione e della politica, che hanno lasciato all'umanità opere di valore universale.

Negli ultimi decenni la ricerca psicologica ha permesso di documentare che la creatività è una potenzialità presente in ogni individuo e per tutta la durata della sua esistenza, che può realizzarsi o meno per l'interferenza di numerosi fattori e si esprime con modalità molto differenziate in ciò che definiamo "aree della creatività", riguardanti non solo quelle in cui hanno operato i personaggi che hanno realizzato opere di grande interesse artistico, ma anche gli ambiti accessibili a tutti gli individui: il preparare un piatto, il tessere una tela, il coltivare un fiore, l'organizzare una gita, il realizzare un prodotto artigianale, l'inventare una storia, l'esibirsi in un'attività sportiva e ogni altra forma di esercizio e comportamento quotidiano.

La psicologia ha anche dimostrato che il riuscire a essere creativi, a esprimere le proprie potenzialità, faciliti l'esistenza non soltanto dei bambini, come è da tempo noto, ma anche degli adulti e in particolare degli anziani, consentendo ad essi di proseguire e completare la realizzazione di se stessi.

L'ultima creatività. C. Cristini, M. Cesa-Bianchi, G. Cesa-Bianchi, A. Porro
© Springer-Verlag Italia 2011

La creatività rappresenta l'essenza dell'essere umano, ne caratterizza la natura, gli apprendimenti, le esperienze, le scelte, i comportamenti, i costumi, la cultura, l'evoluzione.

L'individuo e l'ambiente che lo circonda costituiscono un prodotto, una continuità e uno sviluppo creativo del mondo e della vita. Scriveva Karl Popper (1977): "La storia dell'evoluzione suggerisce che l'universo non abbia mai smesso di essere creativo".

La creatività è la prerogativa fondamentale dell'uomo, della sua origine e del suo futuro. La fantasia, le capacità immaginative, la forza creativa sono presenti in tutte le persone, di ogni condizione ed età. Esistono indubbiamente i talenti artistici le cui doti spesso si intravedono già in età scolastica. L'abilità del tratto, la sfumatura poetica, la sensibilità al suono, l'originalità della sintesi affiorano talvolta precocemente nelle espressioni dell'artista nascente che attraverso l'esercizio svilupperà e affinerà le sue composizioni. Ma le capacità creative rappresentano la dote caratteristica di ogni essere umano, costituiscono il pensiero che si produce e rinnova, e l'uomo si definisce attraverso il suo pensiero. Annotava Blaise Pascal: "È dunque il pensiero che fa l'essenza dell'uomo, senza il quale [pensiero] non lo possiamo immaginare [uomo]".

La creatività richiede di essere rispettata, coltivata e talvolta sa conservare la propria energia vitale, nonostante prolungate inibizioni ambientali e culturali. La forza creatrice sa travalicare ogni forma di amnesia, di coercizione e occultamento educativo. Si teme a volte l'affermarsi del processo creativo poiché fanno paura i cambiamenti, la nascita di nuovi pensieri e coscienze.

La creatività nasce con l'essere umano, attribuisce senso alla sua natura e, attraverso la propria tendenza espressiva, traccia l'evoluzione del pensiero, a volte tra le indefinite maglie della sofferenza, a volte come sua densa, singolare rappresentazione.

Vari studiosi si sono occupati delle capacità creative, attraverso ricerche, approfondimenti culturali, osservazioni sistematiche e intuizioni. Si riportano alcuni contributi.

Le variabili intellettuali che caratterizzano l'atto creativo – sostiene Piaget (1945) – si riferiscono alla capacità di associazione e di dissociazione, di comporre e differenziare le idee, i concetti.

Le abilità creative, come riporta Guilford (1959), sono determinate da un insieme eterogeneo di qualità del pensiero:
a) fluidità: capacità di produrre un elevato numero di idee partendo da uno stimolo senza considerare le sue caratteristiche oggettive;
b) flessibilità: capacità di modificare l'impostazione del pensiero superando l'egocentrismo per valutare l'informazione da differenti punti di vista;
c) elaborazione: capacità di integrare fra loro informazioni e dati diversi sulla natura dello stimolo;
d) valutazione: capacità di scegliere fra diverse alternative la più adatta.

Alla base della creatività vi sarebbe una forma di pensiero "divergente", meno vincolato a schemi rigidi e in grado di produrre molteplici alternative.

La psicologia della Gestalt, soprattutto con Max Wertheimer (1959), sottolinea l'importanza della soluzione di problemi, quale fattore significativo della creatività e sviluppa il concetto di pensiero produttivo.

Il rapporto tra creatività e sentimento di sicurezza è stato approfondito da Erich Fromm che considera l'essere umano coinvolto in una dicotomia di tendenze: da una parte rifiuta di abbandonare le condizioni infantili, fonte di sicurezza, dall'altra cerca di conseguire condizioni nuove che gli offrano la possibilità di impiegare le proprie energie in modo più completo e soddisfacente.

Scrive Fromm (1959):

> L'uomo è tormentato dal desiderio di regredire fino a rientrare nell'utero materno e dal desiderio di essere nato completamente... ogni atto natale esige il coraggio di abbandonare qualcosa, di abbandonare l'utero, di abbandonare il seno, di abbandonare il grembo, di sciogliersi dalla madre che ci tiene, di abbandonare alla fine tutte le incertezze e di affidarsi a una cosa sola: ai propri poteri di essere consapevole e fiducioso nella propria creatività... essere creativi significa considerare tutto il processo vitale come un processo della nascita e non interpretare ogni fase della vita come una fase finale. Molti muoiono senza essere mai nati completamente. Creatività significa aver portato a termine la propria nascita prima di morire. [...] Educare alla creatività significa educare alla vita.

Secondo lo psicologo tedesco per essere creativi bisogna avere la volontà spontanea di essere nati, che consiste nel voler abbandonare le condizioni certe con coraggio e fiducia nelle proprie capacità.

Abraham Maslow (1959) ritiene che la creatività si basi in larga misura sulla possibilità di risolvere i dubbi, le incertezze, di affrontare i rischi e l'ignoto con sicurezza, ma sottolinea che queste situazioni debbono essere vissute come esperienze positive, stimolanti. I bambini sono dotati in particolare di creatività in quanto non hanno ancora assimilato stereotipi e luoghi comuni, sono meno inibiti, agiscono più spesso liberamente, senza voler assolutamente far rientrare il loro comportamento in schemi aprioristici o in programmi prestabiliti. Per questo il gioco del bambino e le sue attività espressive spontanee sono molto creative. Solo se un individuo riesce a liberarsi dagli schemi, dai preconcetti è in grado di essere innovativo. L'artista come il grande teorico riesce a raggiungere importanti realizzazioni quando mette insieme dati o concetti ritenuti incompatibili.

Relativamente al sentimento di sicurezza, considerato la premessa fondamentale per essere creativi, esaminando un gruppo di persone – che avevano dimostrato in vari contesti di possedere elevate capacità creative – Maslow rilevò che la principale caratteristica comune al campione era la mancanza di timore. Queste persone dimostravano di non aver bisogno dell'approvazione degli altri, si sentivano meno dipendenti, timorose e ostili nei confronti del prossimo. Ma soprattutto egli rilevò che non avevano paura di accettare se stessi, avevano meno timore dei loro impulsi, delle loro emozioni e dei loro pensieri, anche quando questi si presentavano come inadeguati o assurdi; non inibivano le emozioni, le idee, le azioni, non temevano il giudizio altrui; l'accettazione di se stessi e il non sentirsi minacciati li rendeva più sereni e li metteva in grado di percepire con maggior obiettività la realtà delle cose, di essere meno controllati e più spontanei nei loro comportamenti.

Un ruolo fondamentale nella creatività è sostenuto dalla possibilità di integrazione dei vari aspetti della personalità. Tale integrazione, nelle persone esaminate da Maslow, risultava superiore alla norma. In queste persone era stata evidentemente risolta, secondo lo studioso, "la guerra interna che si combatte nell'individuo tra le forze della profondità interiore e le forze di difesa e di controllo [...] essi sprecano meno tempo e meno energie per proteggersi contro se stessi [...] la conseguenza è che una parte maggiore del loro Io è disponibile per l'impegno, il godimento e gli scopi creativi".

Carl Rogers (1959) sostiene che esistono tre condizioni interiori alla base di un atto creativo. La prima viene a determinarsi con la disponibilità all'apertura e all'estensibilità dell'esperienza; si tratta del fenomeno opposto a quello della deformazione percettiva che può verificarsi come meccanismo di difesa quando un individuo si trova di fronte a una situazione frustrante. La seconda condizione si verifica quando l'azione creativa viene percepita e valutata come espressione e realizzazione di una parte di se stessi; il consenso altrui può funzionare da stimolo, ma la miglior condizione per favorire la creatività è rappresentata dal sentimento di realizzazione personale. Il terzo punto viene descritto come la capacità di elaborare e manipolare funzioni e concetti ed è in stretto rapporto con le caratteristiche positive dell'esperienza; tale capacità implica l'immaginazione, il gusto dell'esplorazione del nuovo, la possibilità di formulare e scoprire nuove ipotesi e significati. Rogers sottolinea inoltre il ruolo della comunicazione che spesso accompagna l'esperienza creativa.

Secondo Rollo May (1959):

> Il significato di creatività si è smarrito disastrosamente nel convincimento che si tratti di qualcosa cui ricorriamo occasionalmente, soltanto nei giorni di festa. La premessa da cui dobbiamo partire per discernere il vero significato di creatività è che in essa si esprime l'uomo normale nell'atto di realizzare se stesso, non come prodotto di uno stato morboso, bensì come rappresentazione del massimo grado di equilibrio emotivo [...] che si ritrova nell'opera dello scienziato o dell'artista, del pensatore o dell'esteta [...] o nel normale rapporto di una madre con il figlio.

Quando si parla di creatività non si intende quindi solo quella dell'artista o dell'uomo di genio, ma si considera anche la disposizione che potrebbe presentare qualsiasi persona per realizzare se stessa.

Possiamo considerare il processo creativo sia come l'abilità di inventare, di sviluppare fantasia, di ampliare competenze ed esperienze, sia la capacità che si esprime nel costruire percorsi di crescita individuali, nello scoprire il proprio volto interiore, nel disporsi verso un avvenire che si riconosce nella storia personale; la creatività rappresenta lo strumento essenziale che permette lo svolgimento del vivere e la realizzazione di sé.

Essere creativi significa essere propositivi, predisposti alla ricerca e all'interpretazione originale dell'esperienza e della vita. La creatività orienta alla conoscenza e allo sviluppo completo della propria biografia, media il passaggio tra natura e cultura.

L'ispirazione creativa trova la sua elettiva espressione nella produzione artistica. Il pensiero immaginativo si sviluppa con l'esperienza, attraverso il mondo degli affetti e delle emozioni. La creatività rappresenta la più elevata capacità espressiva dell'uomo e sorge dalle percezioni più intime del suo modo di essere e di sentire.

La vita è disposta verso l'evoluzione, la realizzazione di un'esperienza biografica. Ogni individuo cresce, si sviluppa a modo suo, secondo un suo stile di pensiero e comportamento, le sue risorse creative, in rapporto al senso che ha e viene ad acquisire l'esistenza in un determinato ambiente familiare, sociale, geografico, storico e culturale. Ogni essere umano è interprete di un'avventura unica, insostituibile. Ognuno costruisce e caratterizza la propria storia attraverso le capacità di inventare che possono fare dell'esperienza del vivere tutte le volte una novità, un sentimento, un pensiero, una parola innovativi.

La storia personale è espressione e testimonianza di un processo creativo, di un'arte narrativa della vita.

Gli studi sul processo di invecchiamento hanno anche permesso di evidenziare nella fase terminale della vita per alcuni anziani l'espressione di una forma di creatività innovativa rispetto a quella precedente, in grado di consentire al suo autore di completare la propria conoscenza e autorealizzazione.

Si è venuta così configurando "l'ultima creatività", un lampo di luce che precede – e talvolta illumina, attraverso la chiarezza dei ricordi, della loro costanza ed eredità culturale – il buio della morte e delle coscienze.

Ci è parso interessante illustrare questo fenomeno per l'apertura che può presentare su un piano culturale, ma anche per le prospettive che può consentire a ciascuno nel pensare e nel prepararsi alla propria morte.

Invecchiamento e vecchiaia sono stati per lungo tempo condizionati da numerosi pregiudizi e stereotipi in chiave negativa. Il riconoscere, l'evidenziare e l'approfondire la variabilità individuale nel procedere degli anni hanno modificato la concezione standardizzata di un invecchiamento sinonimo di declino e di perdita.

Le ricerche in ambito psicogerontologico e neuroscientifico, le testimonianze di molti anziani e sempre più di ultracentenari hanno significativamente contribuito a rivalutare l'immagine dell'anziano, a mutare, in senso positivo, gli atteggiamenti nei confronti dei vecchi, a scoprire progressivamente le risorse, le luci di un'età capace di riservare sorprese.

Molte attività, espressioni, modalità comportamentali e comunicative, qualità e competenze che in epoche passate non venivano considerate proprie o adeguate per le persone di età avanzata sono attualmente interpretate, talvolta anche in modo migliore e innovativo, da individui anziani.

Si può sempre imparare, a ogni età; non vi sono limiti cronologici all'apprendimento, imparano cose nuove i bambini e gli ultracentenari, sono virtualmente creativi gli uni e gli altri.

Riconoscere l'ultima creatività non solo conferma l'esistenza di una potenzialità creativa per tutta la vita umana, ma introduce la prospettiva di un "canto del cigno" che può manifestarsi in ciascuno di noi – non come nostalgica revisione del piacere di vivere o quale regressione ad un anelito creativo o ancora come estremo tentativo di rimanere aggrappati alla vita – ma quale capacità di esprimersi in senso innovativo che completa e definisce ogni percorso esistenziale. Così, come nell'ammalato anche grave è possibile riconoscere momenti o fasi di positività, che persistono in situazioni fortemente compromesse, così nella persona che muore sembrano annullarsi progressivamente tutte le funzioni tranne una, che appare distaccarsi sempre di più dalle altre e valorizzare il suo significato. *Hic gaudet mors succurrere vitae*, si potrebbe dire, parafrasando la scritta scolpita in un anfiteatro anatomico. Così l'uomo o la donna che muore completa e conclude la propria storia personale ed è in grado di cogliere il significato fondamentale della sua esistenza. E così, chi è nelle condizioni di assistere alla morte di una persona direttamente o attraverso quanto gli viene descritto, può riconoscere quel significato fondamentale.

Situazioni di questo genere si ritrovano nella vita di grandi personaggi universalmente noti, ma è possibile che si verifichino anche in persone comuni.

Quando Donatello scolpisce a Firenze la passione di Cristo nella chiesa di San Lorenzo, è malato, sta vivendo i suoi ultimi giorni, eppure riesce a rappresentare la figura di un Cristo risorto in un modo completamente innovativo, non quello trionfante di molti suoi contemporanei e delle sue stesse opere precedenti, ma un Cristo che ritorna ancora sofferente per le ferite riportate, nel corpo e nell'anima.

Si è così parlato di un Vangelo e di una Passione secondo Donatello, che ha portato presumibilmente l'autore, e con lui tutti coloro che hanno ammirato le sue opere, a cogliere un nuovo significato nella sua produzione scultorea.

Quando Michelangelo scolpisce a Milano l'ultima sua opera, la Pietà Rondanini, è ottantanovenne e negli ultimi giorni di vita, bronchitico e febbricitante, poco prima di morire trasforma completamente il rapporto spaziale fra il corpo del Cristo e quello della Madonna, la quale inizialmente teneva fra le braccia allargate il corpo del figlio, con la testa reclinata e pertanto distante dal corpo della madre.

Nella fase finale della sua esistenza Michelangelo riposiziona il corpo di Cristo in quello della Madonna: il figlio che rientra nella madre. E così, come è stato osservato per Michelangelo, ma probabilmente non solo per lui, l'ultimo pensiero prima di morire è rivolto alla propria madre: a questa rilevazione può essere ricondotta la storia artistica di Michelangelo.

Tiziano, nell'ultima fase della sua vita, è quasi completamente cieco: non usa più i pennelli, ma intinge direttamente le dita nel colore. Ma le sue ultime opere traducono una potenza espressiva che non è riconoscibile nei lavori precedenti, delle modalità innovative nel cogliere i rapporti fra le figure sacre rappresentate. Esprime in questo modo la sua ultima creatività, che gli permette presumibilmente e ci permette di cogliere in termini nuovi il significato e lo sviluppo della sua produzione artistica.

Tre personaggi, tre esempi di grande qualità unificati dal vivere le ultime fasi della vita, alterate nel funzionamento corporeo: e pure in grado di esprimersi in termini fortemente innovativi, tali da fornire un significato integrativo al loro percorso esistenziale. A questo punto ci si può domandare: nel morire si liberano potenzialità bloccate all'interno dell'organismo, che solo allora si svincolano dalle strutture che le trattengono; la morte è pertanto necessaria per l'espressione in grandi personaggi, ma presumibilmente anche in individui comuni di elementi che appartengono alla persona, ma di cui essa può avere consapevolezza solo morendo? È indispensabile morire per avere piena conoscenza di sé? E che significato riveste l'ultima creatività rispetto a quella precedente? È un'integrazione o una trasformazione?

Per rispondere a questi interrogativi, sarebbe necessario osservare in ogni momento l'eventuale comparsa di un'ultima creatività e confrontarla con le espressioni creative manifestate dall'individuo durante l'esistenza, ricordando che esse non si limitano necessariamente a una sola area creativa, ma possono estendersi a più ambiti. Su questa linea la creatività può anche documentare la funzione esercitata nello sviluppo della persona dall'infanzia fino alla vecchiaia.

L'ultima creatività testimonia la possibilità reale di esprimere qualcosa di se stessi, a volte di elevato valore – come tanti personaggi dell'arte, della scienza e della cultura ci hanno dimostrato – durante gli ultimi tempi, giorni e ore della propria vita. Il modo in cui una persona se ne va rimane l'ultimo ricordo, l'ultima eredità di sé.

Parlando di "ultima creatività", non la si deve pensare soltanto in termini di espressione artistica, ma quale modalità di prospettare il definitivo commiato, l'ultimo consapevole addio, di trasmettere, lasciare l'immagine di chi si è stati, per ciò che si è vissuto e amato.

"Colori [...] luci di mille stelle incendiano il vecchio cuore [...] Sull'argilla del vecchio volto è fiorito un sorriso", sono le parole conclusive del *Sorriso etrusco*, dello scrittore catalano José Luis Sampedro (1985) che racconta i momenti finali del vecchio protagonista del romanzo: una luce sulla vecchiaia, sul suo ultimo sguardo creativo. "L'età così dunque muta l'essenza intera del mondo"[1].

---

[1] Tito Lucrezio Caro (1953), poeta e filosofo latino del I secolo a.C.; il pensiero è tratto dal *De Rerum Natura*, V, vv. 832-833.

Creatività nella storia   1

1.1
Creatività e scienza nell'antichità

1.1.1
Premessa

Come riflessione preliminare e a proposito dei termini che si vogliono sottolineare, creatività e scienza, non si intendono qui sviscerare, né velleitariamente comprendere e condensare in poche pagine, diatribe e dibattiti ultrasecolari (o millenari), ovvero affrontare compiutamente le dimensioni psicologica, filosofica, epistemologica o metodologica.

Tenendo conto della sensibilità delle donne e degli uomini d'oggi, si ricorderà la presenza nel mondo antico, esemplificativamente, di taluni riferimenti (o se si preferisce, aspetti) comunemente accettati e accettabili come indicatori di creatività e di scienza.

Quanto al primo dei termini, la creatività, il punto di riferimento principale non potrà che pervenire dalle odierne discipline psicologiche, con una definizione e raccolta di concetti che mettano in riferimento la capacità "di riconoscere tra pensieri ed oggetti, nuove connessioni che portano a innovazioni e a cambiamenti" (Galimberti, 1999), così come la riconoscibilità e l'accettazione da parte degli altri (intesa come delimitazione dalla patologia, o dall'arbitrarietà).

Quanto alla scienza, giova ricordare che i nostri concetti quantitativi, oggettivi, di matrice galileana, non dovrebbero essere usati (trattando dell'antichità), giacché alla dimensione qualitativa noi dobbiamo riferirci.

Allora, e non certo sorprendentemente, sarà facile comprendere che creatività e scienza tenderanno a convergere, se non a identificarsi: in questi nostri tempi di parcellizzazione specialistica e di riduzionismo scientista, è forse utile proporre anche una visione maggiormente integrata di *quantità* e *qualità*.

1.1.2
L'Antico Testamento

Il primo spunto ci riporta alle radici della nostra cultura, al libro definito così per antonomasia.

La stessa Bibbia potrebbe essere definita opera creativa e innovativa di per sé, a riguardo delle culture e delle fedi religiose d'epoca e d'ogni epoca.

Dove ritrovare la dimensione creativa? Dove il rapporto con la scienza? Fra i libri cosiddetti poetici (Giobbe, Salmi, Qoelet, Cantico dei Cantici, Sapienza, Siracide) alcuni possono proporci indicazioni utili, dalle quali partire. Si tratta, preliminarmente, di assumere la dimensione poetica, come indicatore della creatività. Il passo successivo, sarà quello di identificare, quando essa entri in contatto con la dimensione scientifica, ovvero di verificare la presenza di contenuti scientifici nei libri poetici dell'Antico Testamento[1].

Che i temi e le figure della creatività e della scienza fossero strettamente congiunte, e non disgiunte, ce lo indica la chiosa del libro del Qoelet, laddove la figura dell'autore viene definita anche nei termini della divulgazione e della formazione scientifica (e la forma scelta era proprio quella poetica):

> [9]Oltre essere saggio, Qoelet insegnò anche la scienza al popolo; ascoltò, indagò e compose un gran numero di massime. [10]Qoelet cercò di trovare pregevoli detti e scrisse con esattezza parole di verità. [11]Le parole dei saggi sono come pungoli; come chiodi piantati, le raccolte di autori: esse sono date da un solo pastore (Qoelet 12, 9-11).

In questo brano, troviamo anche la chiave interpretativa della raccolta dei singoli testi, lungo una fase diacronica: lo stesso discorso potrà essere applicato, *mutatis mutandis*, anche al complesso delle opere di medicina costituenti il cosiddetto *Corpus Hippocraticum*. Nei brani poetici che saranno citati, noi possiamo inizialmente e incidentalmente ricordare e ritrovare le tracce dell'osservazione naturalistica: dalla descrizione del mondo, nei suoi vari e multiformi aspetti, passeremo alla delineazione di alcune caratteristiche della creatività e della scienza.

Si potrebbe, dunque, partire dalle descrizione della terra, negli aspetti negativi del danno idrogeologico:

> [18]Ohimè! come un monte / finisce in una frana / e come una rupe si stacca dal suo posto, / [19]e le acque consumano le pietre, / le alluvioni portano via il terreno (Giobbe 14, 18-19).

Possiamo anche riscontrare, all'opposto, quelli positivi della rinascita vegetale:

> [7]Perché anche per l'albero c'è speranza: / se viene tagliato, ancora ributta / e i suoi germogli non cessano di crescere; / [8]se sotto terra invecchia la sua radice / e al suolo muore il suo tronco, / [9]al sentore dell'acqua rigermoglia / e mette rami come nuova pianta (Giobbe 14, 7-9).

---

[1] Su un piano strettamente medico si veda, ad esempio, Porro (2007a).

1.1 Creatività e scienza nell'antichità

È, tuttavia, la descrizione della mineralurgia e della metallurgia, a darci informazioni precise sulla creatività e sulla scienza, che trovano un'applicazione delle adeguate tecnologie, allorché l'uomo muta l'ambiente, a suo vantaggio:

> [1]Certo per l'argento / vi sono miniere / e per l'oro luoghi ove esso si raffina. / [2]Il ferro si cava dal suolo / e la pietra fusa libera il rame. / [3]L'uomo pone un termine alle tenebre / e fruga fino all'estremo limite / le rocce nel buio più fondo. / [4]Forano pozzi lunghi dall'abitato / coloro che perdono l'uso dei piedi: / pendono sospesi lontano dalla gente / e vacillano. / [5]Una terra, da cui si trae pane, / di sotto è sconvolta come dal fuoco. / [6]Le sue pietre contengono zaffiri / e oro la sua polvere. / [7]L'uccello rapace ne ignora il sentiero, / non lo scorge neppure l'occhio / dell'aquila, / [8]non battuto da bestie feroci, / né mai attraversato dal leone. / [9]Contro la selce l'uomo porta la mano, sconvolge le montagne: / [10]nelle rocce scava gallerie / e su quanto è prezioso posa l'occhio: / [11]scandaglia le sorgenti dei fiumi / e quel che vi è nascosto porta alla luce (Giobbe 28, 1-11).

La creatività si mostra anche nell'attività venatoria (e della guerra): l'allestimento delle trappole può essere indirizzato alla sopravvivenza pacifica (per trarre alimento) o alla distruzione del nemico:

> [8]poiché incapperà in una rete / con i suoi piedi / e sopra un tranello camminerà. / [9]Un laccio l'afferrerà per il calcagno, / un nodo scorsoio lo stringerà. / [10]Gli è nascosta per terra una fune / e gli è tesa una trappola sul sentiero (Giobbe 18, 8-10).

Trattando di attività collettive, come la caccia e la guerra, siamo indotti ad analizzare la creatività collettiva, e lo facciamo ricordando un altro episodio, che non ci perviene da un libro poetico, ma da quello dell'Esodo: è l'episodio della costruzione del vitello d'oro:

> [1]Il popolo, vedendo che Mosé tardava a scendere dalla montagna, si affollò intorno ad Aronne e gli disse: «Facci un Dio che cammini alla nostra testa, perché a quel Mosè, l'uomo che ci ha fatto uscire dal paese d'Egitto, non sappiamo che cosa sia accaduto». [2]Aronne rispose loro: «Togliete i pendenti d'oro che hanno agli orecchi le vostre mogli e le vostre figlie e portateli a me». [3]Tutto il popolo tolse i pendenti che ciascuno aveva agli orecchi e li portò ad Aronne. [4]Egli li ricevette dalle loro mani e li fece fondere in una forma e ne ottenne un vitello di metallo fuso. Allora dissero: «Ecco il tuo Dio, o Israele, colui che ti ha fatto uscire dal paese d'Egitto!» [5]Ciò vedendo, Aronne costruì un altare davanti al vitello e proclamò: «Domani sarà festa in onore del Signore». [6]Il giorno dopo si alzarono presto, offrirono olocausti e presentarono sacrifici di comunione. Il popolo sedette per mangiare e bere, poi si alzò per darsi al divertimento (Esodo 32, 1-6).

Questo celeberrimo episodio ci propone anche una riflessione intorno al tema del rapporto dialettico fra la tradizione e l'innovazione, cruciale per l'evoluzione scientifica (e che sarà ripreso in seguito).

Altri episodi inerenti la creatività dei gruppi, potrebbero essere citati; si vuole qui ricordare la costruzione del Santuario con la descrizione, dettagliatissima, che occupa l'ultima parte del libro (Esodo 35-40), con ben sei interi capitoli.

Torniamo, però, alla realtà della singola esistenza umana, di un ciclo di vita unico e immutabile, nei suoi estremi cronologici. Seppur venata di pessimismo, possiamo rinvenire una succinta descrizione dell'assistenza alla nascita e al puerperio:

> 9Si oscurino le stelle del suo crepuscolo, / speri la luce e non venga; / non veda schiudersi le palpebre dell'aurora, / 10poiché non mi ha chiuso il varco / del grembo materno, e non ha nascosto / l'affanno agli occhi miei! / 11E perché non sono morto / fin dal seno di mia madre / e non spirai appena uscito dal grembo? / 12Perché due ginocchia mi hanno accolto, / due mammelle mi hanno allattato? (Giobbe 3, 9-12).

L'evento nascita è descritto in molti suoi aspetti, positivi e negativi.

La centralità del ruolo della levatrice si dimostra in tutta evidenza, quando il parto assume caratteristiche drammatiche:

> 16Quindi levarono l'accampamento da Betel. Mancava ancora un tratto di cammino per arrivare ad Efrata, quando Rachele partorì ed ebbe un parto difficile. 17Mentre penava a partorire, la levatrice le disse: «Non temere: anche questo è un figlio!» 18Mentre esalava l'ultimo respiro, perché stava morendo, essa lo chiamò Ben-Oni, ma suo padre lo chiamò Beniamino. 19Così Rachele morì [...] (Genesi 35, 16-19).

La creatività delle levatrici si esprime, sia nell'ambito del singolo evento-nascita, sia nel caso della gestione dell'assistenza alla collettività. Nel primo caso, ci troviamo di fronte a un parto gemellare: la prontezza della levatrice consente di risolvere il problema dell'identificazione del primo nato (il tema della primogenitura, come ben sappiamo, era ed è di grande importanza):

> 27Quand'essa fu giunta al momento di partorire, ecco aveva nel grembo due gemelli. 28Durante il parto, uno di essi mise fuori una mano e la levatrice prese un filo scarlatto e lo legò attorno a quella mano, dicendo: «Questi è uscito per primo». 29Ma, quando questi ritirò la mano, ecco uscì suo fratello. Allora essa disse: «Come ti sei aperta una breccia?» e lo si chiamò Perez. 30Poi uscì suo fratello, che aveva il filo scarlatto alla mano, e lo si chiamò Zerach (Genesi 38, 27-30).

Nel secondo caso, è l'atteggiamento tenuto dalle levatrici nei confronti del Faraone, a salvare il popolo d'Israele:

> 15E il re d'Egitto disse alle levatrici degli Ebrei, delle quali una si chiamava Sifra e l'altra Pua: 16«Quando assistete al parto delle donne ebree, osservate quando il neonato è ancora tra le due sponde del sedile per il parto: se è un maschio, lo farete morire; se è una femmina, potrà vivere». 17Ma le levatrici temettero Dio: non fecero come aveva loro ordinato il re d'Egitto e lasciarono vivere i bambini. 18Il re d'Egitto chiamò le levatrici e disse loro: «Perché avete fatto questo, e avete lasciato vivere i bam-

bini?» [19]Le levatrici risposero al Faraone: «Le donne ebree non sono come le egiziane: sono piene di vitalità: prima che arrivi presso di loro la levatrice, hanno già partorito!» [20]Dio beneficò le levatrici. Il popolo aumentò e divenne molto forte. [21]E poiché le levatrici avevano temuto Dio, egli diede loro una numerosa famiglia (Esodo 1, 15-21).

L'opposto polo è rappresentato dalle descrizioni della vecchiaia e della morte: esse possono essere racchiuse in pochi versi, ovvero in lunghi brani. Non vi è solo la classica descrizione della vecchiaia come dato patologico:

[20]Toglie la favella ai più veraci / e priva del senno i vegliardi (Giobbe 12, 20)

La vecchiaia può essere considerata anche assai positivamente:

[12]Nei canuti sta la saggezza / e nella lunga vita la prudenza (Giobbe 12, 12)

Fra i libri dell'Antico Testamento, quello poetico del Qoelet spicca per la rappresentazione della condizione del vecchio:

[7]Dolce è la luce / e agli occhi piace vedere il sole. / [8]Anche se vive l'uomo per molti anni / se li goda tutti / e pensi ai giorni tenebrosi, / che saranno molti: / tutto ciò che accade è vanità. / [9]Sta' lieto, o giovane, nella tua giovinezza, / e si rallegri il tuo cuore / nei giorni della tua gioventù. / Segui pure le vie del tuo cuore / e i desideri dei tuoi occhi. / Sappi però che su tutto questo / Dio ti convocherà in giudizio. / [10]Caccia la malinconia dal tuo cuore, / allontana dal tuo corpo il dolore, / perché la giovinezza e i capelli neri / sono un soffio. / 12 / [1]Ricordati del tuo creatore / nei giorni della tua giovinezza, / prima che vengano i giorni tristi / e giungano gli anni di cui dovrai dire: / «Non ci provo alcun gusto», / [2]prima che si oscuri il sole / la luce, la luna e le stelle / e ritornino le nubi dopo la pioggia; / [3]quando tremeranno i custodi della casa / e si curveranno i gagliardi / e cesseranno di lavorare / le donne che macinano, / perché rimaste in poche, / e si offuscheranno / quelle che guardano dalle finestre / [4]e si chiuderanno le porte sulla strada; / quando si abbasserà il rumore della mola / e si attenuerà il cinguettio degli uccelli / e si affievoliranno tutti i toni del canto; / [5]quando si avrà paura delle alture / e degli spauracchi della strada; / quando fiorirà il mandorlo / e la locusta si trascinerà a stento / e il cappero non avrà più effetto, / perché l'uomo se ne va nella dimora eterna / e i piagnoni si aggirano per la strada; / [6]prima che si rompa il cordone d'argento / e la lucerna d'oro si infranga / e si rompa l'anfora alla fonte / e la carrucola cada nel pozzo / [7]e ritorni la polvere alla terra, / com'era prima / e lo spirito torni a Dio che lo ha dato. / [8]Vanità delle vanità, dice Qoelet, e tutto è vanità (Qoelet 11, 7 – 12, 8).

La vita e il suo correre verso la morte sono descritti per metafore, nelle quali noi possiamo riconoscere le principali modificazioni indotte dalla vecchiaia, dalla sdentizione ("e cesseranno di lavorare le donne che macinano, perché rimaste in poche") alla sordità ("quando si abbasserà il rumore della mola e si attenuerà il cinguettio degli uccelli e si affievoliranno tutti i toni del canto"), dalle turbe dell'equilibrio ("quando si avrà paura delle alture e degli spauracchi della strada") alla cataratta ("prima che si oscuri il sole la luce, la luna e le stelle"), dall'impotenza sessuale ("e il cappero non avrà più effetto") alla depressione ("e giungano gli anni di cui dovrai dire: «Non ci provo alcun gusto»"), all'emarginazione sociale, e infine, alla morte.

Esiste, tuttavia, un modello di creatività, che si impone alla nostra attenzione, anche perché appare assolutamente ammaestrativo della possibilità di una vecchiaia serena, feconda, attiva: si tratta di Noé (e della storia della costruzione dell'arca).

[14]«Fatti un'arca di legno di cipresso; dividerai l'arca in scompartimenti e la spalmerai di bitume dentro e fuori. [15]Ecco come devi farla: l'arca avrà trecento cubiti di lunghezza, cinquanta di larghezza e trenta di altezza. [16]Farai nell'arca un tetto e a un cubito più sopra la terminerai; da un alto metterai la porta dell'arca. La farai a piani: inferiore, medio e superiore» (Genesi 6, 14-16).

Anche cercando di attuare una correzione alla determinazione cronologica dell'età (i 600 anni non devono essere considerati alla lettera), Noé poteva già essere ascritto alla categoria degli anziani, all'epoca di costruzione dell'arca.

Egli visse ancora molti anni (i testi citano la cifra di 350 anni): diminuendo la somma (950 anni) di un fattore 10, otterremmo un'età totale di 95 anni, compatibile con i nostri dati biologici e assai rilevante per la durata media della vita, in quel tempo.

1.1.3
Grecia e Roma: filosofi, medici, matematici, creativi

Accenniamo ora a un'altra fonte della nostra cultura, quella civiltà greca (intesa in senso ampio), nella quale la creatività contraddistingueva non solo matematici, scienziati, medici, filosofi, poeti, ma rappresentava un tratto distintivo dell'uomo. Lo faremo ricordando alcune figure emblematiche del mondo medico e di quello matematico.

Il primo riferimento va alla figura di Ippocrate di Coo (460-360ca a.C.), o meglio, a un complesso di opere a lui attribuite, con l'intitolazione di Corpus Hippocraticum[2]. Come già espresso, anche per la struttura del Corpus Hippocraticum vale la riflessione sulle sue complessità, eterogeneità e diacronicità intrinseche già proposta per i libri dell'Antico Testamento.

L'oggetto di questa prima riflessione sarà rappresentato dall'analisi del rapporto fra osservazione naturalistica e funzionamento del corpo umano. Volendo semplificare, si tratta di valutare i rapporti fra macrocosmo e microcosmo. Il macrocosmo, cioè il mondo che ci circonda, è caratterizzato dai quattro elementi, dotati di coppie di qualità antinomiche (di derivazione pitagorica). Il microcosmo, cioè il nostro corpo, è caratterizzato dai quattro umori, anch'essi dotati di coppie di qualità antinomiche. La comparazione di due tabelle (Tabella 1.1 e 1.2) potrà facilitare la comprensione (Porro, 2007b).

---

[2] Non perde d'interesse e attualità il volume *Ippocrate, Opere,* a cura di Mario Vegetti (1976).

1.1 Creatività e scienza nell'antichità

Tabella 1.1. A riguardo del macrocosmo

punti cardinali	est	sud	ovest	nord
stagioni	primavera	estate	autunno	inverno
età della vita	infanzia	giovinezza	età virile	vecchiaia
elementi	aria	fuoco	terra	acqua
qualità	umido e caldo	secco e caldo	secco e freddo	umido e freddo

Tabella 1.2 A proposito del microcosmo

qualità	umido e caldo	secco e caldo	secco e freddo	umido e freddo
umori	sangue	bile gialla	bile nera	flegma o pituita

Come si può facilmente notare, le qualità, comuni a elementi e umori, rappresentano uno dei ponti fra macrocosmo e microcosmo. Si possono, naturalmente e facilmente, operare altre associazioni e comparazioni (provenienti dalle altre espressioni della prima tabella). Ma come nasce questo sistema, così solido, destinato a persistere per oltre due millenni?

A Ippocrate si attribuisce il merito di un'acuta osservazione delle modificazioni degli stati del sangue, come spunto di partenza. Poi, è la creatività a giocare il ruolo principale. L'applicazione dei criteri interpretativi basati sulle qualità integra gli schemi propri della tradizione e li rende nuovi. Anche questo rinnovamento è sottoposto a un'evoluzione (o una vita). Nell'affermazione compiuta dell'innovazione, nella sua canonizzazione, sta il germe del declino che, tuttavia, prepara altre innovazioni.

Le applicazioni pratiche delle teorie ippocratiche (grazie anche all'integrazione in termine fisiologico dovuta a Galeno di Pergamo (Claudius Galenus, 129/130-199/201), nella Roma grecizzata, quanto a cultura, del primo Impero) saranno la base dell'esercizio medico per quasi due millenni.

Quando la *creatività* supera il difficile crinale che introduce alla patologia? Le trattazioni classiche ci riportano a concetti che oggi definiamo nei termini (volutamente generali, se non generici) di disagio, disturbo, malinconia. Quest'ultimo fa esplicito riferimento alla *melaine colè*, la bile nera (o atrabile): le qualità e i relativi e correlabili rapporti con il macrocosmo ci devono mettere in luce non solo evidenti caratteristiche denotanti i pazienti con disturbo bipolare, ma anche una particolare sensibilità e qualità di memoria interpretabili in un senso non negativo. Tuttavia, sarebbe utile, per l'assunto presente, identificare un autore o un'opera nella quale anche la patologia non risultasse confinata in osservazioni incidentali, ma fosse strettamente correlata con la creatività, in maniera da non essere vincolata e compressa nell'ambito del mero caso clinico.

Un esempio potrebbe proporsi attraverso l'ergobiografia di Publio Elio Aristide (117-180ca), retore di origine e cultura greca. I suoi *Discorsi sacri*[3] ci propongono,

---

[3] Nicosia, 1984. Si tratta della prima traduzione dell'opera in lingua italiana.

in forma autobiografica, uno dei quadri più completi dell'esperienza terapeutica propria dell'antichità greco-ellenistica-romana. Una lettura del testo aristideo, alla luce delle nostre sensibilità, ci permette di rintracciare le radici antiche di molte pratiche psicoterapiche (per usare un termine moderno).

Ritorniamo, così, al problema già accennato del controllo e della tollerabilità sociale delle forme di estrema creatività. Parafrasando un concetto, proposto da Mazzini (1997) per l'evoluzione dell'anatomia, si dovrebbe considerare la possibilità dell'esistenza in medicina non solo "[di] ricerca, ma anche [di] spettacolo, [soprattutto nel] passaggio dall'età ellenistica a quella romana".

Sulla centralità del rapporto microcosmo/macrocosmo e della sua persistenza per secoli e secoli, potrebbero proporsi molti esempi: un non usuale punto di riferimento potrebbe essere rappresentato dall'interesse per la fisiologia e la patologia del regno minerale. Questo spunto di interesse è di remota origine, e si integrò perfettamente con la ricerca in campo patologico animale e vegetale. Si pensi, esemplificativamente e facendo un salto temporale che ci estrania dai limiti cronologici prescelti, all'opera del medico svedese Jacob Ludeen (Ludenius) (?-1712) inerente la genesi dei calcoli: la calcolosi viene dall'autore messa in relazione non solo con fenomeni interessanti tutti gli organismi viventi (e non solo l'uomo), ma anche con la geologia e la teologia, a riguardo della Creazione.

Queste riflessioni sulle cause prime e ultime della litogenesi non furono proprie solo di quell'autore e di quei tempi. Si pensi, per restare nel nostro ambito culturale, alle ricerche e riflessioni di Paolo Gorini (1813-1881): è pur vero che esse restarono ai margini sia della geologia, sia della medicina (o della scienza *tout court*), ma influirono sui due grandi campi d'indagine, anche in virtù della dimensione tecnica di modernità ad esse sottesa. Si tratta di una creatività che si sostanzia anche nell'evoluzione tecnica della strumentazione scientifica.

Tornando al periodo della classicità, e passando (usando un termine moderno) da quelle che potrebbero essere considerate le scienze della vita (si pensi, per analogia, all'innovazione prodotta dagli studi embriologici aristotelici) a una dimensione più teorica, il pensiero corre alle soluzioni di ardui problemi di geometria proposti da Archimede (Archimedes, ca. 287 a.C.-212 a.C.). La geometria della sfera può essere presa a paradigma della creatività di Archimede: il calcolo dell'area della sua superficie e del suo volume (egli dimostrò che in ogni sfera un cilindro che abbia per base un circolo massimo della sfera e l'altezza uguale al diametro della sfera, ha per volume i tre mezzi di quello della sfera e tutta la sua superficie è i tre mezzi di quella della sfera), così come la determinazione del valore del *pi greco*, restano quali monumenti della cultura universale.

A proposito dell'interesse sempiterno per le riflessioni archimedee, si possono esemplificativamente ricordare le edizioni cinquecentesche curate da Francesco Maurolico (1494-1575)[4]. L'edizione di riferimento è quella delle *Admirandi Archimedis Syracusani Monumenta Omnia Mathematica Qvae Extant [...] Ex Traditione Doctissimi Viri D. Francisci Mavrolyci [...], Panormi, Apud D.*

---

[4] Si veda l'interessante Progetto Maurolico, diretto dal professor Pier Daniele Napolitani del Dipartimento di Matematica dell'Università di Pisa.

Cyllenium Hesperium, Cum Licentia Superiorum, MDC.LXXXV. Sumpt. Antonini Giardinae, Bibliopolae Panorm. Si tratta di un volume *in-folio* di circa 152 pagine, e alle pagine 40-85 è riportato l'*Archimedis Liber De Sphaera, Et Cylindro, Ex Traditione Evtocii Per Franciscum Mavrolycum Mamertinum* [...], datato *Messanae 10. Septembris octauiae Indictionis 1534*. A proposito del trattato archimedeo *de sphaera et cylindro*, i riferimenti a opere posteriori, anche quali fonti primarie per l'edizione mauroliciana, ci confermano che sulla tradizione testuale si innesta la creatività: il risultato è l'innovazione, sicché il matematico siciliano aggiunge nuove *propositiones*. Che dire, poi, delle applicazioni pratiche delle riflessioni teoriche dell'antico filosofo siracusano? Ad Archimede sono attribuite le elaborazioni della puleggia composta, della coclea per il sollevamento dell'acqua, per non parlare delle applicazioni all'arte militare (celeberrime sono le opere di difesa dagli attacchi marini, a Siracusa), o la determinazione del primo principio dell'idrostatica.

1.1.4
Tradizione e innovazione: Isidoro da Siviglia

Facciamo ancora un salto d'epoca, raggiungendo la realtà romana imperiale e tardoantica-altomedievale. Ciò ci consentirà di riprendere il tema, già accennato, del rapporto fra tradizione e innovazione e di proporre alcune riflessioni in ordine all'originalità del pensiero scientifico.

Una prima citazione può essere proposta restando all'interno della medicina e della chirurgia. Un aspetto interessante della medicina romana è certamente quello dell'enciclopedismo e della produzione di sillogi ed epitomi di testi medico chirurgici.

Uno dei casi più significativi è quello di Aulo Cornelio Celso (Aulus Cornelius Celsus, I sec. d.C.), i cui otto libri trattanti *De Medicina* sono non solo una delle fonti principali per la nostra conoscenza della medicina antica (e del metodo ippocratico, al quale egli si rifà), ma anche uno fra i testi di riferimento per la pratica medico chirurgica per molti secoli a venire. Rifacendoci di nuovo al testo di Mazzini, il rapporto fra creatività e scienza (come produzione tecnologica) appare particolarmente evidente per quanto concerne l'ambito chirurgico. Nell'evoluzione della chirurgia pre- e post-celsiana possiamo riconoscere: maggiore ricchezza e specificità della strumentazione, arricchimento della casistica, affinamento o diversificazione delle tecniche operatorie, ampliamento delle condizioni di rischio, ulteriori dettagli sulla terapia post-operatoria (Mazzini, 1997).

Volendo ampliare il tema a quello dell'enciclopedismo *lato sensu*, l'esempio che spicca è certamente quello delle opere di Isidoro, Vescovo di Siviglia (Isidorus Hispalensis, 556/571-636).

Ci stiamo già inoltrando nell'età medievale. Proponiamo una riflessione avente a oggetto le *Isidori Hispalensis Episcopi Etymologiae sive Origines*, il testo di riferimento per comprendere la complessità altomedievale nella sua componente gnoseologico-pedagogica (Valastro Canale, 2006). L'enumerazione della struttura di questa ricostruzione dello scibile umano è sufficiente a farci intravedere la sua maestosa grandiosità. Nella ricerca etimologica sta la radice di ogni conoscenza: noi possiamo con fiducia affidarci a un lungo cammino di ricerca, esteriore e interiore, che ha nei nomi il riflesso di un'unitarietà prevedente ogni particolarità.

L'opera di Isidoro è divisa in venti libri, uno dei quali ulteriormente diviso in ambiti disciplinari. Libro I: Della grammatica; libro II: Della retorica e della dialettica; libro III: Della matematica (a sua volta, così suddiviso: Dell'aritmetica; Della geometria; Della musica; Dell'astronomia); libro IV: Della medicina; libro V: Delle leggi e dei tempi; libro VI: Dei libri e degli uffici ecclesiastici; libro VII: Di Dio, degli angeli e dei Santi; libro VIII: Della Chiesa e delle sette; libro IX: Di lingue, popoli, regni, milizia, cittadini ed affinità; libro X: Dei vocaboli; libro XI: Dell'essere umano e dei portenti; libro XII: Degli animali; libro XIII: Dell'universo e delle sue parti; libro XIV: Della terra e delle sue parti; libro XV: Degli edifici e dei campi; libro XVI: Delle pietre e dei metalli; libro XVII: Dell'agricoltura; libro XVIII: Della guerra e dei giochi; libro XIX: Delle navi, degli edifici e delle vesti; libro XX: Delle provviste e degli strumenti domestici rustici.

Isidoro impiega gli ultimi venti anni della sua vita nella compilazione delle *Etymologiae*: una compilazione enciclopedica, di così lunga elaborazione parrebbe essere antipodica rispetto ai concetti di creatività. A tutta prima, non ci si discosta dalla classificazione delle sette arti liberali, nel *Trivium* e *Quadrivium*. La realtà, naturalmente, ci mostra qualcosa di totalmente consono, non solo ai concetti di creatività e di scientificità proposti all'inizio di questo contributo, ma anche a quelli di una creatività che assume le caratteristiche di segnale identificativo di tutta l'esistenza. Esulerebbe dai limiti destinati al presente contributo, analizzare dettagliatamente ogni capitolo dell'opera isidoriana: qualche accenno a talune trattazioni può essere però proposto.

Nel primo capitolo del libro XI (Dell'essere umano e delle sue parti), noi potremmo ritrovare l'estesiologia, parte di concetti oggidì definibili nell'ambito della psicologia generale e la terminologia anatomica (sempre per usare concetti e termini moderni) orientata classicamente dalla testa ai piedi (ancor oggi si mantiene questa topografia).

Nel secondo capitolo (Delle età degli esseri umani) sono trattati temi di gerontologia, con una partizione che vale la pena rammentare. La prima età è l'*infanzia*, che termina a sette anni; la seconda età è la *fanciullezza*, che termina a quattordici anni; segue l'*adolescenza*, fino ai ventott'anni, mentre l'età della *giovinezza* termina ai cinquanta anni. La quinta età è quella della persona anziana, ossia la *maturità*: non è ancora vecchiaia, ma non è più gioventù, e va dal cinquantesimo al settantesimo anno. Tutta la vita successiva, qualunque sia la sua durata, appartiene alla sesta età, la *vecchiaia*. Si tratta di una partizione delle età della vita del tutto particolare, e aderente alla realtà fisiologica e psicologica in misura maggiore rispetto a quelle che erano proposte dalla tradizione (con partizioni uniformi e rigide).

Il libro IV (Della medicina) rappresenta non solo un sunto completo delle conoscenze mediche, ma propone anche le conoscenze mediche quali una seconda filosofia: la medicina e la filosofia hanno infatti come oggetto l'uomo, e ne curano l'una il corpo e l'altra l'anima. Il medico, allora, deve conoscere la grammatica, la retorica, la dialettica, l'aritmetica, la geometria, la musica e l'astronomia. Siamo alle radici della formazione dotta (e in seguito, accademica), che sarà propria di ogni medico, fino ai giorni nostri. Non si può ignorare, che creatività, forma poetica e scienza saranno sempre strettamente collegate per tutto il medioevo; si pensi all'opera di Dante Alighieri (1265-1321) e alla sua rappresentazione iconografica del Purgatorio, vera innovazione creativa, filosofica, teologica e scientifica; e si fonderanno in una nuova creatività culturale, propria dell'Umanesimo e del Rinascimento.

1.1.5
Conclusione

Si possono ora proporre alcune riflessioni conclusive.

La prima, di ordine generale, è quella che perviene dalla faticosa ricerca delle nostre radici: la ricompensa, in termini di maturazione interiore e di conoscenza, è sempre infinitamente superiore agli sforzi profusi. L'esempio della lettura del testo isidoriano è, a questo proposito, esemplificativa.

La seconda riflessione, di ordine particolare, ci dovrebbe far pensare al fatto che, oggidì, il legame fra creatività e scienza non è solo quello legato alla *serendipity* o all'uomo di genio (per usare questo termine vecchio d'oltre un secolo): la creatività, come la valenza storica, appartiene anche alla nostra attività quotidiana (Porro, 2004), scientifica e non scientifica, e ambedue possono (o dovrebbero, per meglio dire) accompagnarci lungo tutta la nostra esistenza.

1.2
Psicologia e creatività: cenni storici

1.2.1
Introduzione

Secondo Ebbinghaus (1885) la psicologia è una disciplina con un lungo passato e una storia che manifesta un particolare interesse nei confronti delle competenze creative. L'interesse per la creatività ha radici antiche, anche se solamente nei tempi recenti si sono realizzate prospettive di indagine; infatti, come rivelano alcuni studiosi, il concetto di creatività ha una sua storia autonoma in parte indipendente dall'istituzionalizzazione di tale concetto nell'ambito della ricerca scientifica.

La prima concezione occidentale del processo creativo risale alla storia biblica della creazione descritta nella Genesi. La concezione della creatività, come componente essenziale dell'opera divina, persiste nel mondo occidentale fino al secondo secolo d.C., proseguendo con nuove prospettive nella successiva cultura cristiana. In Occidente, parallelamente alla visione giudaico-cristiana della creatività, ha ottenuto molte adesioni anche la concezione platonica che, pur estraniandosi da un'ottica religiosa della realtà, continuerà a prendere spunto dai miti della creazione, quali prototipi dei modelli di pensiero relativi alla creatività dell'essere umano.

Nella cultura orientale si manifestano orientamenti e interpretazioni diverse della creatività. Per esempio, nella tradizione taoista e buddista, la creazione è una sorta di scoperta o di imitazione: nella realtà vi sono cicli naturali che si ripetono in modo armonico, con regolarità, in maniera equilibrata; l'idea di creazione dal nulla è estranea a questo contesto naturale. In generale, nel pensiero orientale, la creazione è considerata come un processo di sviluppo e di avvicinamento alla comprensione dell'universo. La creatività, in questo contesto, è caratterizzata da un movimento circolare, inteso come successiva riconfigurazione di una totalità iniziale, mentre nel pensiero occidentale la creatività implica un movimento lineare verso le novità.

Secondo Platone la poesia e la pittura non corrisponderebbero ad espressioni artistiche, ma al prodotto di un'ispirazione e di una forza dinamica, come avviene per l'attività del rapsode e del vate. Platone sottolinea l'antagonismo strutturale fra la filosofia e la poesia che, come la pittura, si rivolge alla parte irrazionale dell'animo e tende a corrompere, a confondere gli uomini invece che ad orientarli verso un processo educativo. Inoltre, il filosofo ateniese sostiene che la pittura non rappresenta le cose come effettivamente sono, ma come possono apparire attraverso la lente deformante delle illusioni ottiche e quindi con una serie di inganni, come fanno i prestigiatori e gli illusionisti. La poesia porrebbe in risalto le passioni dell'anima, sublimando ad esempio il dolore e gli sfoghi dello spirito, non ricorrendo in alcun modo alla ragione e al contributo che può offrire per lenire la sofferenza e per domare le passioni dell'uomo.

Queste posizioni, evidentemente opinabili, furono accettate come dogmi per oltre un millennio. Nel Medioevo si riteneva che un talento o un'abilità dell'individuo (quasi sempre un maschio) derivassero da uno spirito esterno, fossero l'espressione di un'entità trascendente, in qualche maniera, la natura umana, che ispirava le azioni e i prodotti artistici di una persona. Solamente con l'inizio del Rinascimento le attitudini dei grandi artisti furono riconosciute e valorizzate. Il tema della creatività non viene preso adeguatamente in considerazione fino alle posizioni espresse dagli illuministi. L'avvento della rivoluzione scientifica comportò una valutazione critica dei paradigmi culturali e religiosi. Anche se le idee sulla creatività rimasero sostanzialmente immodificate fra i secoli XVI e XVIII, il problema si collocò all'interno di una nuova prospettiva. Le più importanti distinzioni operate nel secolo XVIII furono quelle fra l'idea della creatività e del genio, fra l'originalità e il talento.

Al genio (alla genialità) sono attribuite le seguenti caratteristiche:
a) la genialità non consiste nel processo di poteri soprannaturali;
b) la genialità, per quanto eccezionale, è una potenzialità di ciascun individuo;
c) la genialità, dote eccezionale e imprevedibile, è diversa dal talento (dote meno straordinaria, prevedibile e riscontrabile nella quotidianità);
d) molte persone possono essere dotate di talento, che può essere sviluppato attraverso l'educazione, la cultura, ma poche sono veramente geniali (manifestano una decisa originalità che non è il prodotto dell'educazione).

Nel secolo XVIII si verificava una convergenza di opinioni: il genio e il talento non potevano certamente attivarsi, svilupparsi in società coercitive e represse. Successivamente, anche in rapporto all'evoluzione socio-politica europea, si svilupparono due modelli che includono argomenti e osservazioni relative alla creatività. Il primo di tali modelli è basato sul potere della scienza e sugli aspetti pragmatici della ricerca: in questo ambito la creatività acquista un valore ideologico in funzione della sua rilevanza nel definire la natura umana e le condizioni socio-politiche. Con Adam Smith (1759), Jean-Jacques Rousseau (1750) e Thomas Robert Malthus (1798) si sviluppa una "ideologia della creatività" che valuta il significato sociale e i potenziali pericoli dell'originalità e dell'individualismo nell'ambito del rispetto delle autorità e nella conservazione dell'ordine sociale. Con l'opera di Charles Darwin (1859), padre della teoria evoluzionistica della selezione naturale, furono focalizzate numerose caratteristiche basilari della creatività e in particolare il suo significativo valore nell'adattamento attivo. Un'importante funzione da allora riconosciuta è quella relativa alla soluzione dei problemi e alla capacità di produrre adattamenti costruttivi, positivi all'ambiente da parte dell'individuo. Francis Galton (1869), in linea con le teorie di Darwin, affrontò il problema della misurazione delle differenze individuali relativamente ai processi creativi.

Alla fine del secolo XIX, William James aveva posto il problema del pensiero creativo, o almeno la possibilità di un'ideazione complessa. Sugli orientamenti di Galton si pongono studiosi come Lewis Terman (1959), il primo psicologo americano a svolgere ricerche sul genio e autore di cinque volumi (*Genetic studies of genius*) e altri ricercatori che attraverso metodi storiometrici della capacità mentale, svilupperanno interessanti tentativi di indagine sulla creatività nella prospettiva della psicologia dell'Io.

All'inizio degli anni Cinquanta, la ricerca sulla creatività si è focalizzata sulla personalità, i valori, i talenti e il quoziente di intelligenza di persone eccezionalmente creative. Gli studi hanno confermato che i fattori individuali più predittivi sulla creatività sono principalmente correlati al contesto familiare, al processo educativo e di crescita e non propriamente al quoziente di intelligenza. Nel corso degli anni Cinquanta e Sessanta quello della personalità costituisce uno dei temi cruciali di ricerca. Successivamente gli interessi degli studiosi si ampliano e tendono a considerare in uguale misura le persone più o meno creative.

Negli ultimi decenni c'è stato un crescente interesse nel considerare e valutare le capacità di un individuo nel produrre nuove e originali idee in un determinato ambiente sociale e questo è avvenuto anche per merito dell'introduzione di innovativi metodi di ricerca che hanno consentito di sviluppare ulteriori concetti e metafore. Si è parlato di "euristica dai metodi alle teorie" e di "teorie della confluenza", sottolineando e valorizzando da una parte i tentativi di una diversa elaborazione delle informazioni e dei dati sperimentali e dall'altra la prospettiva dell'integrazione e della combinazione multidisciplinare.

La creatività è diventata un'area specifica di indagine psicologica solamente in tempi recenti. Ancora negli anni Cinquanta tale area di ricerca rispetto ad altri settori della psicologia risultava scarsamente sviluppata. L'assenza di determinate conoscenze psicologiche inerenti alla creatività è stata in un primo tempo indotta da suggestioni maturate nella cultura romantica ottocentesca, mentre agli inizi del secolo successivo veniva identificata con la genialità, considerata una dote superiore riservata soltanto a pochi individui.

Il relativo disinteresse della psicologia per lo studio e l'approfondimento di una tematica di notevole rilevanza, anche per la società, è da ricondursi secondo Stenberg e Lubart (1999) a sei fattori principali:

1) le origini dello studio della creatività risalgono a una tradizione di misticismo e spiritualismo che ha determinato indifferenza e rifiuto verso un'impostazione scientifica;
2) orientamenti pragmatici alla creatività hanno dato l'impressione che il suo studio sia guidato da interessi commerciali e privo di una base teorica e di una verifica scientifica;
3) i primi lavori sulla creatività nascevano in un'area – principalmente quella psicodinamica – teoricamente e metodologicamente estranea al filone principale della psicologia scientifica, così che la creatività risultava talvolta periferica rispetto all'area centrale della ricerca psicologica;
4) problemi correlati alla definizione e alle procedure per valutare la creatività hanno prodotto difficoltà nel lavoro di ricerca; la psicometria ha contribuito a risolvere alcuni di questi problemi, ma ha indotto una serie di osservazioni critiche, soprattutto riferite a una possibile banalizzazione del fenomeno;
5) alcuni indirizzi portano a considerare la creatività come il risultato straordinario di strutture e funzioni note, tali pertanto da non giustificare un suo approfondimento specifico; in effetti, questi studi hanno considerato la creatività come un caso speciale di un'attività già studiata;
6) indirizzi monodisciplinari alla creatività si sono orientati a esaminare una parte del fenomeno come espressione della sua totalità, così da elaborare spesso una concezione della creatività ristretta e insoddisfacente.

Negli ultimi decenni il cambiamento del clima socio-culturale ha indotto a concepire la creatività come una risorsa intellettiva non limitato a un ristretto numero di individui, ma presente e potenzialmente attiva in ognuno, anche se in misura diversa. Parallelamente alla crescita del numero delle persone potenzialmente creative, in tempi recenti si è assistito all'estensione del numero delle aree in cui si ritiene che le capacità immaginative possano esprimersi.

Così, se in epoca passata si riteneva che arte e scienza fossero i soli ambiti in cui potevano manifestarsi le abilità creative, oggi si ritiene che la creatività possa essere estesa anche alle attività quotidiane, professionali e ludiche delle persone comuni. Oggi si presume che atti creativi possano essere definiti in vari ambiti: le modalità escogitate da una bambina nell'inventare il nome della sua bambola, da un insegnante nel trovare un esempio per chiarire un concetto, da un tecnico nel riuscire a sostituire o a riadattare un attrezzo, un ricambio non disponibile, da una casalinga nel preparare e cucinare un nuovo piatto, da un fiorista, un orticultore, un commerciante nell'allestire una composizione di fiori, una fila variegata di aiuole di verdure, una vetrina o una bancarella del mercato.

1.2.2
Metodi di ricerca sulla creatività

Si possono riconoscere cinque categorie di metodi per studiare la creatività: psicometrici, sperimentali, biografici, storiometrici e biometrici.

I metodi *psicometrici* sono quelli più diffusi e secondo Ellis Paul Torrance

(1972) possono essere classificati in due tipi: metodi che misurano le capacità cognitivo-affettive e quelli che analizzano aspetti della personalità. In entrambi in casi si cerca di esprimere qualitativamente l'entità con cui un aspetto della creatività è presente in un individuo. Tradizionalmente la misura di tale entità si manifesta attraverso l'applicazione di test o di questionari. Mentre i test di efficienza richiedono una sola risposta a ogni singola domanda, quelli elaborati per valutare il pensiero creativo – in questo caso denominati test di "pensiero divergente" – implicano diverse risposte. Queste prove esaminano la produzione creativa in diverse aree, perseguendo l'obiettivo di evidenziare le seguenti caratteristiche: fluidità, flessibilità, l'originalità e l'elaborazione di idee.

In merito alla personalità, all'individuo creativo sono riconducibili le seguenti caratteristiche: consapevolezza, originalità, indipendenza, assunzione di rischi, energia personale, curiosità, umorismo, attrazione dalla complessità e dalla novità, senso artistico, apertura mentale, esigenza di privacy e percezione raffinata. Le misure concernenti le caratteristiche della personalità sono diverse, comprendono le schede di autovalutazione, i giudizi estrinseci di comportamenti, personalità e attributi, riferiti a individui valutati come creativi. In questo ambito è opportuno rimarcare gli atteggiamenti verso la creatività, anche a scopo applicativo, come per esempio la migliore collocazione a livello aziendale di chi ha un ruolo di responsabilità e coordinamento.

La misurazione degli ambienti creativi si è sviluppata solo recentemente con l'introduzione degli indirizzi sistemici che esaminano i fattori di contesto facilitanti l'espressione delle competenze immaginative.

La procedura psicometrica alla creatività ha prodotto effetti sia positivi che negativi. Da una parte, essa ha facilitato la ricerca fornendo agevoli strumenti di misurazione, proponibili anche a persone comuni; dall'altra le prove messe a punto sono risultate banali e inadeguate per misurare la creatività. Le misure ottenute non sono in grado di evidenziare gli aspetti più interessanti.

Gli studi *sperimentali* della creatività implicano la manipolazione e il controllo del comportamento, attraverso cambiamenti indotti in singoli individui. Nella prospettiva sperimentale la creatività è soprattutto un fattore che cambia o può essere cambiato in una persona, rispetto a un elemento – come si presenta nell'ottica psicometrica – che tende a differenziarsi fra gli individui.

Molti esperimenti manipolano l'informazione trasmessa ai soggetti, prima che essi risolvano i problemi o completino qualche compito creativo. Sembra che tali manipolazioni possano facilitare il pensiero divergente, l'*insight*, l'intuizione e la soluzione dei problemi creativi.

La manipolazione è abitualmente effettuata tramite istruzioni comunicate in forma verbale, scritta o mediante video. Si sono più spesso utilizzati compiti aperti, essenzialmente a carattere cognitivo, ma recentemente sono stati pure esaminati specifici aspetti affettivi in relazione alla creatività, con la possibilità di studiare anche l'ansia e le situazioni conflittuali; è stata inoltre valutata l'influenza dell'arousal, dell'attenzione e della motivazione.

Con i metodi *biografici* si applica un indirizzo sistematico allo studio del caso individuale sulla base delle tre linee guida, indicate da Gruber e Wallace (1989):

a) la persona creativa è unica, diversa da tutte le altre;
b) il cambiamento evolutivo è multidirezionale;
c) la persona creativa è un sistema che si sviluppa.

La persona creativa non segue percorsi e itinerari intrapresi dalla maggior parte delle persone, ma compie percorsi soggettivi e non prevedibili. Gli studi hanno evidenziato che il prodotto creativo deve essere nuovo, ma anche intenzionale e durevole. Frequentemente il metodo di studio sulla qualità creativa di un soggetto paradigmatico è riferito all'analisi del personaggio, alla sua figura centrale, pur non trascurando l'ambiente in cui si è formata e ha vissuto. In certe situazioni, tuttavia, esaminare più di un caso diventa essenziale per comprendere il lavoro creativo: ciò riguarda per esempio i coniugi Curie, i fratelli Wright, Marx e Engels, i fratelli Inhelder e Piaget, Braque e Picasso.

La prospettiva *storiometrica* nello studio della creatività implica che le ipotesi nomotetiche – riferite a leggi generali – sul comportamento umano, siano verificate applicando analisi quantitative a dati inerenti individui del passato. Per esempio, si cerca di individuare il periodo dell'esistenza più favorevole all'espressione della creatività, analizzando l'andamento temporale della produzione intellettuale di persone creative e conteggiando il numero di opere significative elaborate nelle varie fasi della loro vita.

Quasi senza eccezioni, gli studi storiometrici affrontano molteplici casi. Il metodo storiometrico, avviato da Galton, con uno sviluppo utile nello studio della creatività eccezionale, differenziale e psicosociale (per esempio nella relazione fra psicopatologia e genio creativo), è in grado di offrire, malgrado la presenza di qualche limite sul piano metodologico, conoscenze complementari rispetto a quelle conseguite con altre procedure.

I metodi biometrici nello studio della creatività, iniziati e condotti per molti anni in neuropsicologia, stanno acquisendo un carattere innovativo in funzione delle possibilità fornite dalle tecniche di neuro-imaging. È opportuno infine ricordare la simulazione al computer, quale metodo per verificare ipotesi riguardo ai meccanismi creativi. In questa prospettiva si elaborano descrizioni formali del processo creativo.

Per esempio, Amigoni e collaboratori (2001) descrivono un sistema la cui architettura è costituita da moduli distinti, autonomi, ma cooperanti, in grado di produrre risultati creativi sulla base di un processo che agirebbe nel seguente modo:
a) dato un problema da risolvere, esso viene scomposto grazie all'identificazione di una gamma di fenomeni pertinenti, che vengono così isolati dal resto della realtà;
b) vengono poi creati modelli che possono ritrascrivere adeguatamente i fenomeni precedentemente identificati; tali modelli sono stati già elaborati in passato oppure appositamente predisposti per l'occasione;
c) infine i modelli – vecchi e nuovi – vengono integrati in una struttura che permette loro di interagire e affrontare il problema.

In breve, per questi autori, creare significa ricercare e trovare le strategie più adatte per costruire un modello della realtà che sia conforme agli obiettivi da perseguire. L'atto creativo è così suddiviso in due processi: l'invenzione dei modelli oppure l'invenzione del modo in cui mettere in relazione i modelli.

In alcuni casi, descrizioni formali di questo genere vengono implementate in programmi per computer con lo scopo di rilevare che il calcolatore elettronico, eseguendo tali programmi, è in grado di elaborare prodotti creativi. Johnson-Laird (1988, 1993) ha realizzato un programma che produce improvvisazioni jazzistiche. Nel complesso, secondo Feldman (1999), è possibile constatare, con l'applicazione di una gamma diversificata di metodi, un'evoluzione della ricerca sulla creatività: dalla misurazione di un'abilità generale considerata un fattore comune alla base delle prestazioni degli individui, fino all'analisi e alla spiegazione di varie modalità espressive della creatività.

Aree della creatività e tempo libero 2

2.1
Introduzione

Sono numerose le aree della creatività attraverso le quali le persone anziane possono manifestare, realizzare qualcosa di sé, del proprio mondo interiore – a volte, nel corso della vita, deprivato di parole, di aperture espressive, rimasto nascosto nel silenzio, per vari motivi.

Gli impegni preordinati, strutturati nel ritmo, nella durata, cadenzati dalle ore di lavoro, dalle pause, dalle mansioni, dalle scadenze, soggetti alle regole della fabbrica, dell'ufficio, del negozio, a volte del datore di lavoro, non hanno consentito, in molte situazioni, di coltivare e sviluppare le proprie aspirazioni, i desideri, le cose che piacciono e si apprezzano di più. In questi casi il tempo libero ritrovato, la scoperta della creatività diventano una risorsa essenziale, vitale per costruire, realizzare interessi, progetti, per esprimere una parte importante di ciò che si sente e si ama. Il tempo liberato dalle incombenze lavorative e familiari consente a molti di ritrovare o scoprire il gusto, il piacere, la voglia di esplorare nuovi spazi creativi, affettivi, relazionali, di intraprendere iniziative, attività differenti da quelle abituali, di cogliere altre opportunità e percorsi del pensare, del sentire e del fare.

La creatività di ognuno, in funzione della propria cultura, delle tradizioni, degli stili di vita permette di sviluppare attitudini, curiosità, capacità immaginative e di inventiva, di recuperare o intuire tendenze, qualità artistiche, a ogni età. Il processo creativo, mediante le attività di tempo libero, può aiutare a far comprendere meglio la propria storia e cultura, le esperienze vissute, l'espressione di sé.

Il tempo libero è anche il tempo per pensare, per esprimere qualcosa di sé; Gillo Dorfles, 100 anni, in una recente intervista, afferma: "Il «tempo libero» – il *loisir* dei francesi – mi è sempre sembrato una delle condizioni più illusorie per qualsiasi «uomo di buona volontà». Non perché un tempo libero non debba contrapporsi a un tempo lavorativo; è più che giusto che questo avvenga; ma perché il nostro tempo non dovrebbe mai essere libero, ma sempre occupato. Se non dal lavoro, da tante altre attività: letture, viaggi, sport, e pure, nuovi idiomi, nuove conoscenze tecniche e artistiche. Basta la buona volontà per inventarne degli altri. Evidentemente molte persone hanno la colpa – o la sfortuna – di non avere interessi ed è per questo che si lamentano di una mancanza di lavoro (a prescindere da ogni questione economica!). Ma purtroppo, chi manca di interessi non può che piangere su se stesso, o su quel «destino» che lo ha privato di quello che sembra il modo migliore per «rendersi utili» o per lo meno per non piatire per la mancanza di un'attività o il rifiuto dei propri valori volontari".

Nel tempo liberato dagli impegni prestabiliti, ma anche dalle "maschere" professionali, affiora spesso l'immagine di sé, il modo di percepire e considerare se stessi, l'identità fra memorie e prospettive. Si può realmente scoprire la libertà di espressione, di offrire spazio alla curiosità, all'interazione con l'ambiente, a pensare, a sviluppare nuove idee, costruire progetti e talvolta speranze. Ma il tempo libero, privato di interessi da rinnovare, di aperture dello spirito creativo, rischia di diventare per la mente un luogo di ripetizione di gesti, comportamenti, riti, di coprirsi di altre maschere o di trasformarsi in un tempo vuoto che si riempie di angoscia, di depressione, di abbandono. La libertà dal tempo può aprire lo spazio al nuovo, all'avvenire, all'invenzione, alla fantasia, ma anche alla paura, all'angoscia dell'ignoto, del nulla, dello smarrimento di sé. Le abitudini, i costumi, le tradizioni, la mentalità precostituita, il dogmatismo delle regole possono rappresentare gli ancoraggi, le maschere, gli appigli per tutelare la sopravvivenza psicologica, culturale, esistenziale.

Le attività di tempo libero costituiscono per molte persone anziane un banco di prova di cambiamento o di reiterazione del proprio stile di vita; qualcuno si rifugia nella rassicurante rigidità degli schemi predefiniti, talvolta camuffati, giustificati dalla tradizione e da inveterati pregiudizi, altri si cimentano in iniziative nuove, verso la scoperta dello spirito creativo, di espressioni diverse e migliori del proprio modo di essere e di intendere le cose del mondo.

Il confronto con il tempo libero sembra riflettere il confronto con se stessi, l'identità, la vita, il futuro, ciò che siamo stati e possiamo essere. La libertà del tempo rappresenta un'opportunità significativa per comprendere i comportamenti, le risorse, l'ampiezza delle dimensioni affettiva e creativa, per verificare o scoprire le maschere o i volti di persone e di storie, per reinventarsi qualche volta l'esistenza e ciò che rappresenta come senso, valore, eredità.

2.2
Scrittura: poesie, racconti, diari, articoli, raccolta di proverbi e aneddoti

La vita quotidiana di molte persone, nella società contemporanea, è frequentemente caratterizzata da ritmi frenetici, talvolta convulsi, dalla tendenza a realizzare una produttività finalizzata esclusivamente al profitto, a rincorrere il successo economico, ad ogni costo. I modelli dell'apparire, dell'edonismo fine a se stessi, spesso spinti all'eccesso, sostenuti da scelte e comportamenti estremi, della trasgressione e degli scandali sempre più clamorosi, sembrano riflettere un impoverimento del pensiero, dei suoi contenuti più profondi, una carenza di crescita emotiva e creativa. Quale posto per la poesia in un mondo alla ricerca di azioni a effetto, ogni volta più speciali, nascosto e perso tra le sue finzioni e ipocrisie? Quale spazio per l'espressione artistica di un sentimento, di un'esperienza vissuti in un teatro di sole immagini e maschere?

Per una comunità sociale improntata sugli stereotipi dell'efficienza, del culto di sé, della prevaricazione non sembra esserci un respiro, un valore per la poesia, l'arte, il racconto, i pensieri espressi in un diario. I sentimenti, gli affetti vengono da varie persone svalutati, in quanto percepiti, considerati elementi di fragilità. Stessa sorte sembra essere destinata all'ispirazione poetica, ritenuta un'attività evasiva, poco incisiva e concreta che prelude al disimpegno, all'apatia, se non talvolta rappresentata quale segno indicativo di un disagio mentale o esistenziale.

La vena e il talento artistico dei poeti nascono dal gusto e dall'amore per il bello inteso come equilibrio, armonia di forme e colori, fuori e dentro di sé; "il bello è il simbolo del bene morale", scriveva Immanuel Kant nella *Critica del giudizio* (1790). In alcune persone, indipendentemente dal livello sociale e culturale, i componimenti poetici scaturiscono da una sensibilità particolarmente spiccata, dalla capacità di cogliere con immediatezza e intensità le componenti basilari ed essenziali della vita, da un acuto spirito di osservazione, dall'amore per l'estetica, dalla possibilità di sublimare, di elevare, attraverso la parola, il senso delle esperienze, positive o negative.

Purtroppo, la scuola attuale nel suo processo di formazione, di educazione impostato prevalentemente su contenuti raziomorfi a scapito delle capacità immaginative, tende a sottostimare, a ignorare l'importanza dello spirito creativo, nelle sue diverse espressioni; non apparivano certo insignificanti e fuori moda – in un percorso complessivo di crescita, individuale e di gruppo – la lettura, l'apprendimento, la recita di poesie, aneddoti e racconti che un tempo l'insegnante delle elementari e delle medie inferiori impartiva e prevedeva nei programmi di lezione. Indubbiamente, i bambini, i ragazzi che hanno potuto coltivare l'amore, la passione per le composizioni in versi, leggendo, imparando, approfondendo le opere di chi ha fatto la storia della poesia italiana – dalle prime espressioni in lingua volgare a quelle contemporanee – hanno maggiori probabilità di apprezzare e acquisire un'attitudine poetica, rispetto a chi non ha ricevuto alcuna educazione in tal senso.

Le esperienze stimolano, attivano la formazione di simboli; in alcune persone le sensazioni, i moti dell'animo, anche fugaci, si trasformano in immagini, in pensiero che cerca o trova la parola e i suoi significati per esprimere meglio ciò che hanno avvertito, vissuto. La poesia, come ogni forma elevata di arte, coniuga realtà, esperienza e astrazione.

Vi sono anziani che hanno saputo, nonostante le difficoltà, anche di salute, mantenere attiva la fantasia e la capacità immaginativa; nella società dei consumi, delle mode e dei costumi che mutano in fretta, del mondo virtuale, della trasgressione sempre più conformistica e al ribasso, della perdita del gusto e del valore nei comportamenti e nel linguaggio, molti vecchi rappresentano un vero e proprio baluardo dell'espressione creativa, delle arti figurative, della musica e della poesia. Essi scrivono, traducono in racconto, in poesia ciò che provano e pensano; difendono con dignità, con forza il sentimento, lo spirito, la qualità affettiva e creativa dell'essere umano, la sua parte migliore. Alcuni partecipano a concorsi letterari destinati alle sole persone anziane e, indipendentemente dal loro grado di salute e di educazione scolastica, ottengono riconoscimenti, premi. Fra le altre l'Associazione LITA (Libera Associazione per la Tutela dell'Anziano) di Milano organizza un concorso annuale, suddiviso in tre sezioni distinte fra racconti narrativi, memorie e stralci autobiografici e poesie, aperto a tutti gli anziani, anche a quelli ricoverati presso case di riposo; ogni sezione prevede un vincitore e i migliori contributi letterari degli iscritti alla manifestazione vengono pubblicati in un volume.

Alcuni vecchi, discreti e riservati, considerano i loro componimenti poetici come strettamente personali e tendono a non comunicarli, se non talvolta a un gruppo circoscritto di persone, generalmente familiari e amici; altri li custodiscono in segreto – contenuti anche su un diario – e vengono scoperti spesso casualmente; qualcuno pone una particolare enfasi sui propri scritti, in prosa o in versi. Ci sono anziani che nella vita di tutti i giorni faticano a esprimere con la parola i loro stati d'animo e riescono a trovare una valida e adeguata compensazione nel tradurli in brani narrativi o poetici. Il raccontare, l'esporre, anche tramite la scrittura, le esperienze, negative e positive, consente a molti vecchi di collegare, di ricomporre in modo unitario, soprattutto in termini di significato e di memoria autobiografica, episodi ed eventi dell'esistenza, apparentemente distanti e particolarmente diversi fra loro, di ricostruire la propria vita attraverso le fasi più importanti e rappresentative.

Per rievocare nel corso dell'invecchiamento, in modo dettagliato, il più fedelmente possibile, la storia della propria vita, le persone dovrebbero esercitarsi fin da giovani a tenere un diario, a parlare di sé, a raccontare le proprie esperienze. Scrivere opere autobiografiche a qualsiasi età non solo attiva e rinforza la memoria, ma può svolgere una funzione espressiva, catartica che aiuta a liberare dalle emozioni negative, a elaborare e superare frustrazioni, perdite e sofferenze.

Chi non ha mai scritto qualcosa di sé, brani della propria storia personale e desideri da vecchio ripercorrere e ricostruire le tappe principali dell'esistenza attraverso l'autonarrativa, può incontrare difficoltà strutturali nell'esposizione in frasi, nella stesura di pensieri, ricordi, emozioni. Chi ha viaggiato rievoca le esperienze tramite album fotografici o filmati, oppure mediante una sorta di diario di bordo, compilato quotidianamente per tratteggiare, annotare i momenti più significativi dei propri itinerari, delle proprie avventure. Chi è abituato a scrivere, a riportare impressioni, sensazioni e interpretazioni riguardo alle vicende della propria vita continua a farlo anche in età avanzata, arricchendo le pagine autobiografiche di elementi narrativi e innovativi. Chi ha sempre scritto per ragioni professionali tende a mantenersi in esercizio anche da vecchio, come testimoniano molti scrittori, giornalisti, studiosi, scienziati. Scrivere articoli, brani, stralci narrativi, aneddoti, tenere un diario, comporre poesie aiuta a sviluppare pensieri e ricordi, a esprimere ciò che si è vissuto, si vive e si progetta, a ritrovare o reinventare il significato, la metafora della propria esistenza, talvolta sintetizzata in immagini, passaggi, istantanee proverbiali di chi si è stati e si continua, nel tempo, a rimanere.

2.3
Pittura e scultura

Varie sono le tecniche e gli strumenti utilizzati per realizzare un quadro, un'immagine iconografica; fra di essi matite, pastelli, acquerelli, tempera, olio, guazzi, mosaici, collage.

Come è risaputo, bambini e ragazzi, ricorrendo alla tecnica del disegno, esprimono sia il proprio mondo interiore che la realtà esterna, proiettano nei loro disegni le modalità con cui vivono e si rappresentano le relazioni affettive, il modo in cui vedono se stessi in rapporto alle figure parentali e all'ambiente nel quale operano. Spesso sanno cogliere con immediatezza e intensità ciò che osservano riproducendolo in schizzi, disegni o dipinti.

Solitamente da ragazzi e da giovani – purché si ricevano stimoli educativi appropriati, vengano offerte opportunità concrete – si è più recettivi, più propensi e disponibili ad apprendere stili e linguaggi pittorici rispetto agli adulti; e si è più aperti alla sperimentazione di nuove tecniche, determinati a sviluppare le risorse artistiche, a superare difficoltà ed errori, specialmente se si è adeguatamente seguiti, sostenuti, incoraggiati da persone esperte, preparate.

Vi sono anziani che hanno sempre esercitato la professione o l'attività di pittore, utilizzando varie modalità per realizzare i loro dipinti; giunti in età avanzata stabilizzano e in qualche caso consolidano le loro esperienze affinando, perfezionando le loro tecniche. Talora i vecchi sono gelosi, possessivi delle loro opere, rendono partecipi e coinvolgono solamente poche persone nella conoscenza della loro produzione artistica. Altri, più fiduciosi in se stessi, consapevoli delle proprie capacità, a volte anche del valore dei propri dipinti, partecipano a concorsi, espongono in gallerie, si fanno conoscere attraverso l'allestimento di mostre personali. Alcuni hanno coltivato la pittura come hobby, considerandola un'attività complementare e integrativa al lavoro e che ora, in pensione, rappresenta un impegno che riempie il lungo tempo disponibile.

Si osservano spesso persone anziane, munite degli strumenti necessari, ritrarre paesaggi, ambienti naturali, scorci di città, cogliere le sfumature, i contrasti, le tonalità, i colori e gli stati d'animo scaturiti da una peculiare condizione atmosferica. Riprendere direttamente piazze, vie, edifici, monumenti oppure vedute o rappresentazioni agresti, specchi o corsi d'acqua significa per molti anche spostarsi, recarsi in determinati luoghi, talvolta incontrare persone, fare nuove esperienze, arricchire le opportunità espressive del tempo libero.

L'attività di scultore è generalmente esercitata in loco, nelle botteghe, nei laboratori, impiega differenti modalità e materiali: pietra, legno, cartapesta, creta, plastilina e terracotta; si compongono figure e oggetti anche con vari materiali di scarto e di riciclo. Alcune hanno una lunga tradizione come quella del legno nelle zone montane, svolte da singoli o da imprese artigianali che coinvolgono più persone. Nelle aree alpine, per esempio, l'arte di lavorare, di intagliare il legno veniva praticata già nei secoli scorsi. Gli abitanti delle valli, come in molte altre realtà contadine, iniziarono a utilizzare il legname a loro disposizione per la necessità – oltre che per accendere e alimentare il fuoco – di ricavare gli attrezzi da usare nei campi, nei boschi e gli utensili nell'ambiente domestico. Esistono scuole di scultura e di artigianato del legno, in diverse località di montagna, in cui gli insegnanti sono spesso anziani.

Generalmente le persone di età avanzata preferiscono lavorare materiali più malleabili, plasmabili come la creta, la cera rispetto a quelli più duri tipo il marmo o il granito che talvolta richiedono un certo impegno fisico e non sono sempre di facile reperibilità. Molti apprendono le tecniche di lavoro plastico nei corsi predisposti dalle università della terza età, dai centri di aggregazione per anziani; iniziano da vecchi a intraprendere, a impegnarsi in una nuova attività artistica e spesso ottengono risultati positivi.

Un breve accenno meritano le costruzioni di sabbia o di neve e ghiaccio realizzate anche dai vecchi, dai nonni soprattutto per bambini e nipoti che durano anche per giorni e settimane, talvolta vere e proprie rappresentazioni artistiche, sculture immortalate dagli scatti fotografici o dalle videoregistrazioni.

2.4
Musica

Il talento, il gusto, il desiderio di esprimersi con la musica si possono attuare attraverso il cantare, da soli o in coro, il suonare uno strumento, il comporre canzoni e ballate, l'eseguire danze e ritmi artistici.

Generalmente, si inizia a suonare uno strumento musicale da ragazzini, quando si ha una maggiore disponibilità all'apprendimento, si è più invogliati all'acquisizione di nuove informazioni. Gli esordi musicali sono spesso animati da curiosità e passione; il suonare, il cantare rappresentano per molti bambini un piacere, un gioco; successivamente, per chi intende intraprendere un percorso di approfondimento, di studio, di esercizio della professione di musicista, la conoscenza degli spartiti, degli accordi, delle tonalità richiede un impegno di costante e faticosa applicazione, anche per chi è particolarmente dotato.

La musica è parte integrante dell'essere umano. Si comincia a vivere immersi in un mondo di suoni, dell'acqua, del battito cardiaco, del respiro, della voce di chi ci ospita e a cui siamo affidati. "*A casa mia... le onde arrivavano sotto la camera, sì che ben presto sono passato dal rumore delle acque del grembo materno a quello delle acque del mare*", annota Francisco Coloane nell'autobiografia composta a 90 anni, *Una vita alla fine del mondo*.

L'ambiente naturale e sociale con il quale si interagisce è caratterizzato da suoni e rumori: alcuni connessi al contesto ecologico, altri prodotti artificialmente dall'opera dell'uomo. In luoghi protetti, come le riserve, i parchi nazionali, l'aria si riempie dei versi, dei suoni, dei canti di varie specie animali, dei rumori, più o meno gradevoli (o sgradevoli) dei fenomeni naturali: il ticchettio o lo scroscio di una pioggia, il brontolio delle nuvole, il fragore di un tuono o di una grandine, lo scorrere leggero di un ruscello, di un fiume, la forza assordante di una cascata, il fruscio o la tormenta di un vento, il silenzio notturno di una nevicata. Sono immagini, suoni che costituiscono le esperienze sensoriali ed emotive, le memorie della maggior degli anziani cresciuti nelle campagne, fra le valli a diretto contatto con la natura.

Si dice che la musica ha un linguaggio universale, "tocca" le corde del sentimento, spesso dei ricordi, unisce gruppi, generazioni, popoli. Attraverso cori e canzoni, suoni e balli si propizia la pioggia, la fertilità delle stagioni, la buona sorte, si scongiurano le sventure, le calamità, si inneggia alla battaglia, alla sconfitta e alla resa del nemico, si preparano feste, ricorrenze, nascite, matrimoni, riti funebri, iniziazioni all'età adulta, all'appartenenza al gruppo, alla tribù. Le manifestazioni più importanti di una comunità, laiche o religiose, sono accompagnate dalla musica; suonano in molte piazze e vie le bande, le orchestre cittadine, si esibiscono i gruppi vocali, i danzatori del luogo.

Alcuni strumenti musicali sono conosciuti ovunque, ma altri sono testimonianze di usanze locali, della creatività degli abitanti, spesso i più anziani, che utilizzano il materiale a loro disposizione per realizzare anche rudimentali oggetti dai quali con un soffio, un tocco o una percussione delle dita si generano suoni, ritmi, melodie. Esistono strumenti, semplici o complessi, anche di elevata espressione artistica, che si trovano esclusivamente in determinate regioni, aree geografiche del nostro pianeta, costruiti con ciò che la natura offre in quei luoghi, tramandati da una generazione all'altra.

La musica è un'arte "cantata", narrata nella storia in letteratura con poesie, racconti e romanzi, descritta nei saggi di pedagogia, filosofia e medicina, presente nelle espressioni di numerosi dipinti e sculture; alcuni esempi: Tiziano, con *Concerto interrotto* (1508) e *Concerto campestre* (1510); Raffaello, con *Studio per un suonatore di cornamusa* (1520); Giovanni Gerolamo Savoldo, con *Il flautista* (1539); Pieter Brueghel il Vecchio, con *Danza di contadini* (1568); Caravaggio, con *Il suonatore di liuto* (1598) e *I musici* (1599); Giambologna, con il *Suonatore di cornamusa* (scultura, 1600); Padovanino, con *Un concerto* (1620); Gherardo delle Notti, con *Cena con suonatore di liuto* (1620); Rembrandt, con *Concerto di musici in costume* (1626); Bernardino Strozzi, con *Il suonatore di liuto* (1635); Jan Vermeer, con *Fanciulla con flauto* (1670); Evaristo Baschenis, con i suoi *Strumenti Musicali*, realizzati nel 600 in varie sue opere; Pietro Longhi, con *Il concertino* (1741) e *La lezione di musica* (1760); William Turner, con *A music party* (1835); Joseph Danhauser, con *Liszt al Piano insieme a Victor Hugo, Niccolò Paganini, Gioacchino Rossini, Alexander Dumas padre, George Sand e la Contessa Marie d'Agoult* (1840); Silvestro Lega, con *Lezione di musica* (1864), *Il canto di uno stornello* (1867), *Il pifferaio* (1878); Edouart Manet, con *Il pifferaio* (1866); Edgar Degas, con *L'orchestra dell'Opéra* (1868) e la *Petite danseuse* (1881); Andrea Fossati, con *Il pifferaio* (1873); Frederick Leighton, con *Lezione di musica* (1877); Pierre-Auguste Renoir, con *La lezione di piano* (1889); Gustav Klimt, con *La*

Musica I (1895); Henri de Toulouse-Lautrec, con *Il suonatore di flauto* (1901); Pablo Picasso, con il *Vecchio chitarrista* (1903) e *Violino e fruttiera* (1913); Amedeo Modigliani, con *Il violoncellista* (1909); Marc Chagall, con *Il violinista* (1911) e *Il violinista verde* (1923); Georges Braque, con *Il flauto* (1911), il *Violino* (1911), il *Clarinetto* (1913); Giacomo Balla, con *La mano del violinista* (1912); Henry Hayden, con *Natura morta alla chitarra* (1923); Henri Matisse, con *La Danza* (1933) e *La Musica* (1939).

La musica è un fenomeno, un'esperienza antica quanto l'uomo. Tutti i popoli cantano, danzano, suonano, nelle più svariate circostanze. Alcuni brani, motivi musicali sono ascoltati, interpretati da molti individui, in differenti paesi del mondo. Gruppi o moltitudini di persone di varia estrazione sociale, culturale, dai gusti, stili e costumi diversi si ritrovano insieme per ascoltare musica. Si compongono, si interpretano e si ascoltano note che toccano la sensibilità dell'orecchio e del sentimento. La musica sa parlare un linguaggio immediato, comunicativo che va oltre le parole. I suoni partono e arrivano nel cuore dell'uomo. Sono espressivi, evocativi, comunicativi. "La musica è l'arte dell'animo che immediatamente si volge all'animo stesso", affermava Hegel nelle sue *Lezioni sull'estetica*. La musica "parla" ai sentimenti, all'emotività, può costituire un balsamo, una medicina tonificante.

La musica può far bene, aprire finestre dell'animo, della memoria, dei pensieri, della creatività delle persone. Rappresenta per molti individui uno strumento di rievocazione ed esplorazione di ricordi e significati della propria vita. Tuttavia non sempre la musica è desiderata, accettata; in alcune situazioni di dolore, di auspicato silenzio, la musica può arrecare disagio, anche quella di sottofondo; a ogni persona la sua musica e il suo silenzio.

Una melodia può favorire uno stato d'animo di tranquillità, distensione, benessere oppure suscitare nostalgia, rimpianto, tristezza. La musica evoca emozioni, positive o negative, connesse a ricordi, a peculiari esperienze vissute. Quante volte l'ascolto di un brano musicale, di una canzone ci fa sentire meglio, ci commuove o ci stimola l'allegria, il sorriso oppure un pianto malinconico, un dolore sottaciuto, una speranza delusa?

I suoni tendono a facilitare l'espressione di immagini e affetti, anche quelli più antichi e dimenticati, ma rischiano talvolta di mettere a tacere la voce profonda e sensibile del proprio mondo interiore. La musica – dei sentimenti – è connaturata, è "dentro" l'animo degli esseri umani, a volte richiede uno stimolo attraverso un canto, una melodia per ritrovare o manifestare la propria voce, altre volte sa offrirsi, parlare meglio o solamente nel silenzio dei suoni.

Si può dire che l'armonia interiore rappresenta la musica e la medicina del proprio spirito creativo. "Colui che non può contare su alcuna musica dentro di sé e non si lascia intenerire dall'armonia concorde di suoni dolcemente modulati, è pronto al tradimento, agli inganni e alla rapina [...] Ascoltate la musica", esortava William Shakespeare ne *Il Mercante di Venezia*. La qualità della "musica interna" costituisce un fattore di salute per sé e per gli altri.

La musica rappresenta un'elevata espressione dell'arte, della cultura degli esseri umani, richiama spontaneamente in molte persone la rilevanza, il senso, l'essenzialità del sentire, degli affetti, dei loro significati fra ricordi e destino. La ninna nanna concilia il sonno, una melodia può rilassare, il canto di un usignolo ci avvicina e ci affranca al mistero e al fascino della natura. Scriveva Marcel Proust nella sua *Rechèrche*: "La musica [...] mi aiutava a scendere in me, a scoprirvi qualcosa di nuovo".

La musica possiede un suo linguaggio, una sua innegabile e peculiare capacità di comunicazione; i suoi effetti sono sempre stati utilizzati per sollevare umori, placare gli animi, evocare, ricostruire memorie; travalica le barriere dello spirito, trasmette emozioni ed esperienze a donne e uomini, padri e figli, nonni e nipoti, a persone di storia, cultura e religione differenti; è un fenomeno transculturale: ogni gruppo etnico, più o meno evoluto, canta, danza, suona strumenti, anche molto semplici, rudimentali oppure articolati e complessi, con il materiale di cui dispone.

"La musica: il suo *finis* e la sua causa finale non dovrebbero mai essere altro che la ricreazione della mente; se non si bada a questo, in verità non c'è musica, ma solo grida e strepito", sosteneva Johann Sebastian Bach. La musica parla, si mette in comunicazione con il cervello e la mente. Da tempo le neuroscienze, soprattutto con le ricerche sull'emisfero destro, cercano di approfondire e chiarire i rapporti fra la musica, i suoi effetti e i domini cerebrali. La musica è nella natura, nell'ambiente, dentro l'essere umano che da sempre la esprime e comunica. Ogni modalità musicale – canto, melodia, motivo – trasmette qualcosa di diverso, consente di scoprire la varietà del sentire e del vivere. Cambiano i tempi e le mode musicali, ma non muta la forza esploratrice, creativa della musica, del suo continuo, innovativo dialogo con gli uomini, fra il dramma e la poesia del sentimento.

Annotava Carlo Maria Giulini: "È vero, la musica copre l'intera gamma dei nostri sentimenti, ma come ci riesce rimane un mistero, una domanda sempre aperta". La musica è uno strumento del sentire e del comunicare; siamo anche musica, la sua memoria e le sue "ouverture": la continuità di un processo creativo. Non è pensabile un mondo senza musica. "Senza musica la vita sarebbe un errore", scriveva Nietzsche.

Sono numerose le circostanze che testimoniano l'interesse, la passione, il piacere degli anziani di ascoltare e fare musica, suonare, ballare, cantare da soli o in gruppo, anche in cori tradizionali. Alcuni continuano l'attività musicale appresa da giovani e svolta tutta la vita, in diverse occasioni e situazioni. Con il trascorrere degli anni alcuni stabilizzano e perfezionano le loro conoscenze tecniche, strumentali del suono, di una melodia, di una canzone. Continuano a colorare, a vivacizzare la loro esistenza cantando, suonando, anche attraverso la rievocazione di brani musicali che hanno caratterizzato storie e passaggi della loro vita.

Il fare musica insieme con coetanei o con persone più giovani ha una particolare funzione aggregativa che per molti anziani significa riannodare, ricomporre un percorso biografico, ma anche rinnovare o ricostruire rapporti intergenerazionali. La musica è in grado di rasserenare e di rallegrare, di avvicinare individui di differente cultura, comportamento e costume; costituisce uno dei canali attraverso il quale si riesce a esprimere emozioni, sentimenti da condividere e comprendere all'istante con altri. E il sentire e l'esprimersi dell'anima di un gruppo musicale, di un coro, supera ogni età e qualsiasi altra barriera, trova all'unisono una sola voce, un canto libero, rappresentativo di un'esperienza comune, unica.

Diceva Thomas Mann: "La musica sveglia il tempo", quello degli affetti, delle memorie e di una loro maggiore consapevolezza. Siamo nati, cresciuti, circondati, composti da suoni. Non ci può essere vita senza musica, perché la musica rappresenta l'essenza stessa della vita. Non vi sono anni specifici per il caratterizzarsi congiunto dell'una e dell'altra, ma a ogni età, in un giorno qualsiasi, dall'inizio alla fine dell'esistenza, la musica può offrire, richiamare un senso della vita e l'esperienza vissuta riportare nell'anima, l'accordo armonico dei sentimenti e dei ricordi. Attorno alla musica si riuniscono, si incontrano le persone di età e cultura differenti, a volte per ritrovare il significato nascosto, inedito di uno spirito creativo che silenziosamente ricompone storie, memorie e destini.

Scriveva Alessandro Manzoni: "Come la luce rapida / Piove di cosa in cosa, / E i color vari suscita / Dovunque si riposa; / Tal risonò moltiplice / La voce dello Spiro: / L'Arabo, il Parto, il Siro / In suo sermon l'udì". E gli effetti della musica risuonano in ogni persona, secondo il proprio singolare sentire che in modo unanime misteriosamente si ritrova.

2.5
Artigianato

Le attività artigianali comprendono vari ambiti e orientamenti creativi: cucito, tessitura, ricamo, cura dei fiori, coltivazione dell'orto, bricolage, decorazioni varie su vetro, legno, tessuto, ceramica, manipolazione di carta, di cuoio e di altri materiali, riscoperta di antichi mestieri e usanze.

L'artigianato ha costituito per molti anziani un'opportunità professionale ed economica. La bottega rappresentava il luogo quotidiano di lavoro, spesso adiacente alla propria casa; il mestiere di artigiano tendeva a non avere orari prestabiliti, si svolgeva in ogni istante del giorno, dall'alba al tramonto, comprese talvolta le giornate di festa; non vi era tempo, né concezione della vacanza e ridotto era lo spazio riservato al riposo. La vicinanza della bottega alla casa ha consentito ad alcuni vecchi di continuare l'attività professionale in età molto avanzata, anche in considerazione del non rilevante impegno fisico e dell'esperienza che raffinava l'applicazione degli strumenti, la destrezza della manualità, diminuiva i tempi, o compensava, in alcuni, quelli allungati dalla lentezza dei movimenti e dall'impaccio articolare, arricchiva la creatività e l'arte del mestiere, la qualità dei prodotti. Numerosi lavori sono scomparsi, rimangono nei ricordi e nei racconti degli anziani o in qualche sporadica realtà talvolta ricreata come attrazione turistica anche con lo scopo di conservare la memoria di un passato di donne e uomini della nostra storia, specialmente del loro ingegno e della loro creatività.

Le nuove generazioni vengono più frequentemente a conoscenza di vecchi mestieri artigianali attraverso fotografie di famiglia o di altre riprodotte su libri o cataloghi, presentate anche in apposite mostre. Si possono scorgere costumi, utensili, arnesi, luoghi e banchi di lavoro; ogni attività artigianale utilizzava i suoi attrezzi, la sua "officina", gli oggetti del suo operato. L'ombrellaio, l'arrotino, il maniscalco, lo stagnino, il cappellaio, il materassaio, il ciabattino, l'impagliatore, il vetraio, lo spazzacamino, il seminatore, la merlettaia, la ricamatrice, la lavandaia sono mestieri pressoché estinti; certe attività artigianali venivano tradizionalmente praticate solamente in alcune ristrette aree geografiche, tramandate da una generazione all'altra, e in determinate stagioni o periodi dell'anno gli artigiani del luogo si spostavano, viaggiando per giorni, verso altre mete, città, comuni per prestare la loro opera professionale; alcuni mestieri artigianali persistono in località turistiche o come attività di tempo libero, oppure modernizzati con attrezzature avanzate e tecnologiche.

Molti vecchi riscoprono la coltivazione dell'orto o dei fiori. In varie realtà, amministrazioni o associazioni locali hanno messo a disposizione delle persone anziane piccoli appezzamenti di terra per la semina e la produzione di ortaggi e di frutti. Alcuni vecchi hanno trasformato terreni incolti, abbandonati, specialmente nelle periferie urbane, in file di aiuole, più o meno numerose e variegate, adibite alla raccolta di differenti verdure e legumi. Nelle zone montane vi sono anziani impegnati nel rimboschimento che segue regole e distribuzioni insegnate dalla natura e dalla tradizione. La cura dei fiori e delle piante, praticata specialmente dalle donne, si riflette in composizioni di colori, di apprezzabile gusto artistico, che abbelliscono davanzali, balconi, ingressi, viali, giardini.

Un'attività artigianale sviluppata soprattutto negli ultimi decenni viene definita con il termine di bricolage che comprende diverse iniziative, attitudini, interessi. Il "fai da te" applicato alle esigenze di un'abitazione si traduce in svariate opere manuali di ricostruzione, riparazione, decorazione, allestimento. Attraverso il bricolage si possono realizzare cambiamenti nell'ambiente domestico, utensili, oggetti e composizioni artistiche. Il "fai da te" rappresenta forse l'espressione libera, spontanea dell'antica anima creativa, inventiva, artigianale dell'uomo moderno: l'essere autonomo, originale, utile a sé e agli altri. "La più grande cosa del mondo è saper essere per sé", affermava Michel de Montaigne.

2.6
Attività organizzative

Il tempo libero disponibile consente a molti anziani di impegnarsi in attività organizzative di vario genere: spettacoli, intrattenimenti, animazione, cerimonie, visite a mostre e musei, viaggi turistici anche per partecipare ad avvenimenti sociali, culturali, musicali, religiosi, sportivi.

Chi nel corso della vita, per ragioni professionali, sociali o familiari, ha dovuto svolgere compiti organizzativi, anche complessi, in età avanzata tenderà a non incontrare peculiari difficoltà nel proseguire e realizzare tali impegni. Ma vi sono vecchi che iniziano dopo il pensionamento a occuparsi di attività di gestione e coordinamento. La cessazione del lavoro, specialmente per gli uomini, può rappresentare un momento delicato, un passaggio che spesso induce situazioni di sofferenza. La conclusione dell'attività professionale, la mancanza, anche forzata, di validi impegni, rischia di far emergere situazioni di disagio, di vuoto relazionale che talvolta scatenano vere e proprie crisi di identità. Il lungo tempo libero a disposizione si trasforma in un'infinita monotonia e ripetizione di gesti, azioni con conseguente impoverimento di sentimenti, pensieri e voglia di vivere. Scriveva Nathaniel Hawthorne: "[...] molti furono esonerati dall'arduo lavoro, ma morirono tutti dopo essere stati messi a riposo: come se l'unica loro ragione di vita fosse rappresentata dall'ufficio dove avevano lavorato per tanti anni".

Se vengono a mancare valide alternative al lavoro, il tempo non impegnato, disorganizzato rischia di assumere dimensioni angoscianti, di inutilità, inadeguatezza, disorientamento. Non diventa un tempo liberato e soddisfacente, ma si trasforma in una realtà opprimente e dolorosa. "Non si va in pensione perché si diventa vecchi, ma si diventa vecchi perché si va in pensione", affermava Cesare Musatti. Il declino della qualità della vita dopo il pensionamento, si correla alle caratteristiche dell'ambiente di appartenenza e alla tipologia del lavoro svolto – attività esecutive e ripetitive, di scarsa espressione immaginativa – nonché alle esperienze, alla personalità, alle capacità creative di organizzare la propria vita. La crisi del pensionamento può, tuttavia, aprire a nuove prospettive, a ritrovare atteggiamenti positivi, a riscoprire una identità liberata dai vincoli, familiari, sociali e culturali, e sorretta dalle capacità di scelta, dal desiderio di sentirsi valorizzati, di esprimere le potenzialità e di affermarsi come vecchio e come persona.

Specifiche opportunità, sempre più diffuse per superare condizioni di passiva inattività, solitudine ed emarginazione, sono costituite dalla frequenza a centri diurni, associazioni di volontariato, circoli culturali, università della terza età. Gli anziani che vi partecipano, manifestano più spesso atteggiamenti positivi, di apertura relazionale, sanno meglio disporre del tempo libero, sviluppano potenzialità creative. L'assenza di impegni prestabiliti offre la possibilità di riorganizzare la vita di tutti i giorni. Essi occupano attivamente lo spazio concesso dal pensionamento, interpretano una vecchiaia liberata dagli obblighi lavorativi, dalle tensioni e dalle energie impiegate per assolvere ai doveri richiesti dalla famiglia e dalla comunità. Sono prevalentemente le donne a essere propositive e creative, sembrano maggiormente cogliere l'occasione di un recupero di risorse, di un ripristino dei desideri inespressi, di un rilancio delle capacità, di un ritorno creativo.

Molti anziani, come testimoniano le ricerche, riferiscono di aver migliorato il modo di pensare e di vivere, frequentando i vari centri di aggregazione: escono, parlano e leggono di più, hanno maggiori interessi, attivano iniziative, organizzano manifestazioni, partecipano alla vita sociale, sono più sereni verso i familiari e meglio disposti alla dimensione affettiva e relazionale. E aggiungono che stanno meglio di salute.

La fine dell'obbligo lavorativo può aprire, facilitare la scoperta di nuove modalità organizzative della propria vita, del proprio modo di essere e di pensare. Trovarsi costretti a cambiare induce in alcuni anziani un radicale mutamento di stili, comportamenti e rappresentazioni, a riorganizzare il tempo, la sua progettazione, il suo divenire e attuarsi, a ricostruire talvolta la propria identità. Nuove immagini di sé e della vita quotidiana stimolano curiosità, creatività, motivazioni a partecipare a momenti di aggregazione, a contribuire a promuoverli e realizzarli. La riorganizzazione di se stessi e della propria esistenza – che spesso il pensionamento sollecita – può aiutare a ridestare, a riscoprire capacità organizzative di interesse e coinvolgimento più ampie e articolate, a impiegare il tempo in modo più propositivo e responsabile.

2.7
Attività psicomotoria

Sempre più anziani praticano esercizi fisici, ginnici e sportivi. Molti si avvicinano all'attività motoria dopo anni di inoperosità. Soprattutto per i vecchi non abituati a svolgere specifici movimenti, a utilizzare determinati muscoli e articolazioni è doveroso iniziare gradualmente attraverso gesti semplici, ritmici, coordinati con la guida o la supervisione di esperti. Istituzioni pubbliche e private, in diverse realtà, allestiscono palestre, centri di benessere e/o di attività motorie e sportive, si predispongono e si divulgano programmi, più o meno articolati, di esercizi fisici di vario genere e per ogni età.

Nell'iniziare un'attività motoria alcuni anziani hanno dovuto affrontare e superare pregiudizi, sociali e culturali, riconsiderare il rapporto fra lavoro e riposo, obblighi familiari e aspirazioni personali, riconciliarsi con una corporeità molte volte dimenticata e sottostimata, scoprire il valore soggettivo e relazionale di una pratica che si riteneva destinata solamente ai giovani o ai coetanei più fortunati. Si realizzano da vecchi esercizi fisici di ogni tipo: dalla ginnastica dolce al body-building e alle arti marziali, dallo yoga alla danza e al nuoto, dal surf alla nautica, dal jogging al trekking, dalle marce sciistiche a quelle podistiche.

Si vedono anziani passeggiare, correre, pedalare, navigare, arrampicarsi, volare con il deltaplano, giocare a golf o a tennis e svolgere altre attività sportive, anche di un certo impegno fisico e agonistico; sono diffuse le competizioni tra seniores che prevedono premi e trofei. Si viene a conoscenza di imprese che hanno del sensazionale con protagonisti anziani alla ricerca di primati personali o assoluti; ultrasettantacinquenni che conquistano l'Everest, novantenni che scalano il Gran Sasso, ultracentenari che corrono la maratona o che scendono con il parapendio. A parte le considerazioni relative alla voglia di stupire, di spettacolarizzare l'evento e l'età, sono comunque esempi che sottolineano la motivazione, la possibilità che da vecchi, indipendentemente quindi dagli anni anagrafici, si è in grado di realizzare attività e gesti sportivi quasi impensabili fino a qualche tempo fa.

Si possono anche inventare nuovi esercizi psicomotori, studiare e ricercare nuovi percorsi ginnici e itinerari campestri. Il movimento è un fattore di salute, da svolgere progressivamente in rapporto alle caratteristiche di ognuno. Un appropriato esercizio fisico favorisce una condizione di globale benessere: biologico, psicologico, sociale.

L'esercizio fisico, applicato con moderazione e rispetto delle capacità e risorse individuali, è consigliabile a ogni età. La scarsa agilità, difficoltà nei movimenti dell'anziano, l'ipocinesi non sono legate al processo di invecchiamento, ma all'inattività articolare e muscolare, facilitata da condizioni di solitudine ed emarginazione. "Le componenti del nostro corpo dotate di una funzione, se esercitate con moderazione e impegnate in attività per loro abituali, si mantengono sane e invecchiano più lentamente; se invece vengono lasciate inattive, presentano difetti di sviluppo, si ammalano facilmente e invecchiano rapidamente", affermava Ippocrate.

Prevalevano, intorno alla metà del secolo scorso, i pregiudizi che consideravano la persona anziana fragile, malata, destinata unicamente al decadimento, per cui il vecchio doveva astenersi dall'esercizio motorio, a eccezione di qualche passeggiata. Solamente negli ultimi tempi, nell'ambito di un processo di prevenzione delle affezioni respiratorie, cardiocircolatorie e delle alterazioni funzionali a livello dell'apparato osteoarticolare e muscolare, la medicina ha attribuito molta importanza all'esercizio fisico considerato come condizione in grado di ristabilire un equilibrio, di promuovere o consolidare il benessere generale, anche nelle persone in età avanzata.

La maggior disponibilità di tempo, una più ampia consapevolezza dei benefici dell'esercizio fisico sulla salute e sulla qualità della vita, la partecipazione di coetanei a iniziative e manifestazioni inerenti alla ginnastica e al movimento, il crescente interesse dei media per la cultura del corpo e delle pratiche sportive, anche in età senile, l'incremento di opportunità e strutture sul territorio come palestre, piscine, sale per il ballo e la danza, centri di *fitness*, percorsi campestri di varia difficoltà, oltre alle possibilità di utilizzare differenti strumenti e attrezzi ginnici a domicilio, hanno indotto un numero sempre più consistente di anziani a dedicarsi alle attività motorie.

Compiere esercizi fisici, fare del movimento, specialmente all'aperto, in aree verdi, permette di entrare in contatto con la natura, trovarsi con altre persone a loro volta impegnate in attività motorie e ginniche; si ha tempo di osservare il paesaggio, ciò che si incontra.

Il muoversi del corpo è connaturato, congiunto al muoversi della mente. Quando si muove il corpo, si mobilita in qualche modo la sua memoria antica, implicita, connessa alle prime esperienze legate al movimento. È il presupposto della psicomotricità; corpo e mente sono unità inseparabili, la salute dell'uno influenza quella dell'altra e spesso l'esercizio psicofisico – della mente e del corpo – tutela, previene i disturbi, il declino della persona, in termini biologici e mentali. L'antico motto di Giovenale, *mens sana in corpore sano*, ritrova attualità e forza soprattutto se lo si può considerare anche nel suo contrario: *corpus sanum in mente sana*.

L'attività fisica influisce positivamente sulla qualità della vita, può essere utile nella cura della depressione, contribuisce a ridurre il rischio di declino cognitivo, migliora il sentimento di sicurezza, di *autoefficacia* e fiducia in se stessi, rivaluta l'immagine fisica, realizza uno spazio ricreativo e relazionale, stimola comportamenti più attivi e dinamici, amplia le possibilità di comunicazione e partecipazione.

L'Organizzazione Mondiale della Sanità (OMS), nel World Health Report del 2002 afferma che l'attività fisica permette di conseguire un *well-being*, aiuta a ridurre ansia e stress, aumenta la produzione di endorfine, stimola i contatti sociali e nell'anziano promuove una migliore efficienza, una maggiore indipendenza. In un altro documento l'OMS riporta: "La maggior parte degli anziani che si impegnano in attività motorie e ricreative lo fa perché è divertente e piacevole; tuttavia appare evidente come l'attività fisica sia associata a un significativo miglioramento nelle abilità funzionali e nello stato di salute e possa frequentemente prevenire alcune patologie o diminuirne la gravità [...]. È importante sottolineare che il mantenimento dei benefici raggiunti richiede una partecipazione regolare e continua e che gli stessi possono svanire rapidamente col ritorno all'inattività".

Se l'attività motoria viene praticata con costanza e gradualità, permette agli anziani di mantenere e migliorare forza, resistenza, elasticità, scioltezza, in altre parole un'efficace, intatta funzionalità.

Se non vi sono controindicazioni mediche, l'attività motoria può essere praticata da tutti con modalità diverse, a qualsiasi età. È sempre opportuno che presso i centri sportivi vi siano persone professionalmente preparate a orientare e seguire gli anziani nella programmazione, nello svolgimento e nella personalizzazione dell'attività psicomotoria.

Nel mondo contemporaneo si tende sempre di più ad attribuire maggior importanza e valore all'apparire che all'essere, a proporre modelli discutibili di comportamento, a ricorrere a interventi di chirurgia estetica per eliminare rughe e reali o supposte imperfezioni, a voler sembrare sempre giovani, ad allontanare il fantasma della vecchiaia. La persona sana può invecchiare bene, purché sia impegnata in attività che suscitano coinvolgimenti, curiosità, interesse, si senta utile e integrata nell'ambiente di appartenenza.

Il concetto esasperato della valorizzazione della corporeità in tutte le sue espressioni tende a emarginare e a discriminare le persone più fragili, i disabili, gli anziani sottovalutando le loro capacità intellettive, le loro risorse umane e creative. Una pratica motoria orientata al benessere fisico e psicologico, al riconoscimento delle competenze e potenzialità individuali, all'inserimento nella comunità, al miglioramento della qualità della vita, alla realizzazione di sé offrirebbe opportunità a tutti i componenti della società, indipendentemente dalle loro condizioni e dalla loro età.

Come la mente può essere sempre più creativa, purché sia stimolata da interessi, partecipazione e conoscenza, così il corpo di ogni individuo richiede di essere valorizzato anche attraverso il soddisfacimento delle sue esigenze motorie. L'attività psichica e quella motoria migliorano il sentimento di sé, le capacità espressive e comunicative, in ogni fase dell'esistenza. Fare movimento, specie fuori casa e con altri, non solo aiuta a mantenersi in forma e in salute, a salire e scendere meglio le scale, a camminare più spediti, a compiere senza affanno brevi corse, ma anche a conoscere persone, ad ampliare gli spazi sociali, a prospettare incontri e iniziative. Muoversi fisicamente significa a volte mobilitare energie psichiche: emotive e motivazionali. Scriveva Lev Tolstoj: "Quando l'uomo si trova in movimento, immagina sempre uno scopo a quel movimento [...] Ha bisogno di immaginarsi una terra promessa per avere la forza di muoversi".

Sono la dinamica e il movimento a stimolare la crescita, a promuovere lo sviluppo, a migliorare, a costruire un futuro più sereno e sicuro per sé e per gli altri. È sempre opportuno muoversi, si previene o si rallenta il declino, si mantiene un'adeguata efficienza psicofisica, si stimola la creatività e la voglia di vivere. "Le cose che si muovono attirano più sguardi di ciò che resta fermo", scriveva William Shakespeare.

2.8
Fotografia e videoregistrazione

Le fotografie e le videoregistrazioni rappresentano gli strumenti, le modalità che consentono di poter offrire una continuità fra passato e presente. Attraverso le immagini filmate o fissate dall'obiettivo si possono ripercorrere le tappe, le vicende, i fatti che hanno caratterizzato la propria esistenza. Si rivedono, si rievocano luoghi, volti, persone che non si incontrano più da tempo o che ci hanno lasciato; si ripercorre un tratto autobiografico di esperienze, memorie e sentimenti. L'immagine fotografica o la videoripresa riflette o ripropone un momento della propria storia, un ricordo di ciò che eravamo in un determinato periodo o giorno, dove e con chi. Fotografie e filmati ci accompagnano, testimoniano le nostre esperienze, scandiscono la nostra vita e la proseguono.

Molte persone, di ogni età, si dilettano, soprattutto nei viaggi, nelle visite turistiche, durante le vacanze, nelle ricorrenze di famiglia, nel corso di eventi collettivi, di varia natura, a fotografare, a girare brevi sequenze. Sono numerosi i genitori che seguono e immortalano la crescita dei figli componendo album digitali o dvd; ma esistono anche i nonni che si divertono a riprendere con l'obiettivo i loro nipoti. Con la fotografia, la cinepresa si possono osservare e catturare immagini di ogni genere: paesaggi, monumenti, fontane, vetrine, vie e piazze, persone, costumi e comportamenti di vario tipo. Alcuni individui, indipendentemente dagli anni che portano, svolgono tale attività a livello amatoriale, allestendo veri e propri studi fotografici.

Come i dipinti, anche le immagini realizzate con la macchina fotografica riflettono peculiari stati d'animo, una certa sensibilità artistica riguardo a quanto si osserva. La realtà è composta da vari elementi oggettivi, ma un fotografo li coglie a modo suo; cerca angolazioni, sfumature, propone la sua visuale che rispecchia ciò che sta provando, pensando. L'artista ci presenta dati, caratteristiche della realtà in modo differente, spesso allegorico; alla stessa maniera un fotografo riprende aspetti di un paesaggio che spesso sfuggono all'osservazione abituale; un territorio, un'alba, un tramonto in determinate condizioni atmosferiche e stagionali sembrano riportare prospettive e colori diversi dal solito; la striatura di una nuvola, il pendio di una montagna, i raggi di sole fra gli alberi, il corso di un ruscello, lo zampillo di una fontana, le luci riflesse nell'acqua, il tocco rischiarato della luna, i giochi di polvere creati dal vento, il petalo o lo stelo di un fiore, la rugiada su una foglia, la posa di un animale, un frutto appeso, la forma o il dettaglio essenziale di un oggetto, l'attimo nello sguardo di una persona ci appaiono talvolta completamente nuovi e sorprendenti. E l'immagine può diventare poesia.

Alcuni fotografi si specializzano in determinati ambiti, per esempio nel riprendere panorami, scorci, costumi, atteggiamenti, volti oppure particolari di ciò che osservano; diventano veri e propri esperti, intenditori di un settore dell'immagine riprodotta.

Molti anziani fotografi, come i pittori e gli artigiani, raffinano, potenziano le loro capacità tecniche e artistiche; l'osservare e il sentire modulano ulteriormente le immagini colte con l'obiettivo. Cambiano continuamente le sfumature, i dettagli e la complessità del mondo reale in funzione del mutare della coscienza e dello spirito di sé. Le fotografie possono illustrare, raccontare indirettamente la storia narrativa, biografica di una persona, del suo rapporto con la vecchiaia e con la vita. Un fotografo di particolare sensibilità e ispirazione è un interprete dell'arte raccontata attraverso le sue riproduzioni, un poeta dell'immagine.

2.9
Cucina, teatro, invenzione di giochi, accudimento di animali domestici

La cucina è tradizionalmente considerato un luogo di attività della donna. Le ricette della nonna fanno parte di una conoscenza popolare. L'arte culinaria è sempre stata arricchita dalla fantasia e dalle necessità legate alla nutrizione, alla sussistenza. Un tempo, difficilmente si parlava di alimenti scaduti; ciò che si definivano gli avanzi della cucina, della tavola venivano ricomposti, ricombinati in piatti originali e gustosi. La scarsità degli approvvigionamenti non permetteva, non giustificava alcuna dispersione di vivande. Molte donne anziane hanno perfezionato le loro abilità culinarie, alcune si sono specializzate nella preparazione e nella confezione di particolari piatti e ricette. In tempi relativamente recenti anche gli uomini si sono avvicinati al mondo della cucina, rivelando peculiari capacità nel preparare alcuni piatti. Tuttavia, fra le persone anziane, in ambito familiare, sono soprattutto le donne a conservare, a esprimere le loro qualità nell'arte alimentare. Molti piatti rinomati, ricercati anche in famosi ristoranti, nascono da antiche ricette, dall'ingegno creativo delle donne che con quanto avevano a disposizione riempivano con gusto la tavola e saziavano l'appetito dei loro commensali.

Un'attività che in qualche località si è sempre svolta, anche da parte di anziani, ma che si è maggiormente diffusa negli ultimi decenni con la nascita dei centri di aggregazione e delle università della terza età è quella del teatro. Vi sono vecchi, particolarmente versatili che sanno interpretare sul palcoscenico vari ruoli, dal comico al drammatico, rivelando attitudini espressive e comunicative di reale interesse e apprezzamento. Alcuni scrivono la trama, il copione che altri e a volte loro stessi recitano. L'attività teatrale rappresenta anche una modalità per confrontarsi – oltre che con il pubblico e i compagni di scena – con le proprie emozioni, con il proprio mondo interiore, talora per liberarsi da timori e pregiudizi, per ridestare o revisionare memorie, per controllare ed elaborare meglio vissuti ed esperienze, per migliorare le capacità relazionali, per sentirsi più sicuri di sé.

Fra gli anziani c'è chi sa inventare giochi o arricchire di fantasia quelli conosciuti. In tale ambito svolge un ruolo fondamentale l'interazione con i bambini, con i nipoti. In alcune località i vecchi ripropongono alle nuovissime generazioni i giochi della loro infanzia, talvolta adattandoli, aggiornandoli alle esigenze dei piccoli partecipanti. Si insegna ai bambini a giocare con strumenti semplici, ma particolarmente efficaci per il divertimento; si stimola la loro creatività per inventarne di nuovi. Si sa che i bambini del mondo si divertono spesso con poco, poiché il gioco è parte essenziale della loro natura; sono i vecchi talvolta a ricordarlo e a svilupparlo con la fantasia, coadiuvata, sorretta dall'esperienza. Il gioco favorisce il rapporto e la conoscenza della realtà, anche se ostile, apre le vie della gioia e della creatività, pone le basi del sogno e della speranza, pure in contesti problematici e difficili. I vecchi sanno anche cimentarsi con i giochi digitali ed elettronici proposti dai nipoti, a confrontarsi con passatempi come l'enigmistica o il sudoku giapponese, suggerendo talvolta schemi e soluzioni innovativi.

L'accudimento di animali domestici rappresenta per molti anziani un'altra attività che stimola la dimensione creativa e affettiva. Spesso i vecchi vivono da soli e la presenza di un cane, di un gatto consente l'attivazione, il consolidamento di emozioni, sentimenti, comportamenti positivi e propositivi. Un animale domestico può suscitare atteggiamenti di protezione, di tutela, ma anche favorire – il cane soprattutto – un senso di sicurezza, di difesa da eventuali intrusioni nella propria casa o durante le passeggiate. Un gatto, un canarino, un criceto, un cane richiedono generalmente un impegno quotidiano, di acquisto e ricambio alimentare, di accompagnamento nelle uscite, di specifica organizzazione quando si lascia temporaneamente la casa, per vacanza o per altro. L'intesa che si viene a instaurare fra l'anziano e l'animale domestico funziona talvolta da sollievo, da conforto per la condizione di forzata solitudine conseguente alle perdite, alle separazioni affettive, dal coniuge, dai figli, da altri parenti e da amici. La compagnia di un cane, di un gatto rappresenta spesso un fattore di salute che può allontanare la noia e la tristezza di lunghe giornate vuote, arginare e prevenire i fantasmi depressivi, rallentare il declino psicofisico, anche per le uscite giornaliere che l'accudimento richiede.

Nella coppia anziana, soprattutto se poco coinvolta sul piano sociale, la presenza di un animale domestico viene a comporre, talvolta a ripristinare, seppure con significati diversi, una triade relazionale che può aiutare i due coniugi a spostare, ad ampliare, a stimolare nuovi interessi, a proporre e sviluppare altri elementi, contenuti comunicativi della loro interazione quotidiana. Con l'animale si trascorre, si impiega del tempo, ci si occupa delle sue esigenze, si gioca, si inventano passatempi, si comunica sul piano emotivo, anche profondo, nel rispetto dell'essenza – come ricorda Doris Lessing (Premio Nobel della letteratura nel 2007 a 88 anni) nel racconto *La vecchiaia di El Magnifico* – dell'anima di un gatto, di un cane. E forse la vera creatività nell'interazione con un animale domestico si esplica nella ricerca e nella scoperta della sua reale natura, della sua essenza, svincolata, liberata da meccanismi proiettivi, da inappropriati significati, da improvvide attese e comunicazioni affettive.

2.10
Comunicazione e ascolto

La comunicazione e l'ascolto per un anziano possono svolgersi in vari ambiti, con diverse persone: i familiari, gli amici, i coetanei, i residenti del contesto in cui vive, gli immigrati, i più giovani, i nipoti, le persone in situazioni di malattia o disabilità; per chi non è autosufficiente gli scambi verbali e non verbali avvengono anche con le badanti, con gli operatori socio-sanitari.

2.10 Comunicazione e ascolto

Nell'interazione con gli altri possono affiorare vari aspetti della creatività; specialmente in alcuni ambiti relazionali, il pensare, il ricercare le parole, gli atteggiamenti, i gesti più espressivi e comunicativi, più idonei richiedono un'attenzione, una sensibilità, uno sforzo immaginativo, creativo. Interloquire con gli anziani, i bambini, gli immigrati o chi vive condizioni di sofferenza stimola a ritrovare, a scoprire nuove e più efficaci modalità di comunicazione e di comprensione. Le caratteristiche di un'interazione cambiano in funzione delle esperienze, delle acquisizioni, delle tendenze creative, dell'ambiente sociale e culturale nel quale si è nati e cresciuti e in quello in cui si è inseriti.

Le relazioni costruttive, propositive, generalmente arricchiscono le persone, i gruppi, le comunità. Ogni persona, indipendentemente dalle condizioni di vita e salute, sa parlare di sé e della sua storia; a volte, specie nelle situazioni di sofferenza, di declino intellettivo, appare più problematica l'espressione e la comprensione; tuttavia è sempre utile incoraggiare e facilitare il dialogo e l'interazione con l'ambiente. Quanto più ampia e profonda è la conoscenza dell'interlocutore, tanto più chiara può emergere l'analisi e la decodifica del suo problema esistenziale; maggiori saranno le probabilità di una comunicazione valida, efficace che abitualmente avviene in una relazione caratterizzata da sentimenti di fiducia e solidarietà.

Comunicare non è solo trasmettere messaggi, informazioni, ma significa fondamentalmente interagire, favorire e costruire creativamente una relazione. Attraverso il rapporto e il suo sviluppo si modulano le informazioni, si orienta la comunicazione mediante il contributo e l'atteggiamento dei suoi interpreti. La qualità, la densità e il significato di una specifica relazione definiscono progressivamente le modalità, il valore, l'adeguatezza, il momento, la riservatezza delle comunicazioni che si sanno esprimere e ascoltare.

L'ascolto attivo, creativo, richiede apprendimento, impegno, esercizio, interesse per i contenuti espressi. Si impara ad ascoltare, a recepire quanto ci viene comunicato con le parole, i silenzi, le modalità non verbali. L'ascolto attento, partecipe, favorisce – in chi ascolta – la formazione creativa del pensiero e la scelta delle parole più appropriate da pronunciare. Il saper ascoltare rappresenta uno strumento fondamentale in ogni comunicazione, interazione. L'ascolto richiede pazienza, rispetto dei tempi di chi parla e di chi sta a sentire.

Fra gli anziani, gli immigrati, le persone in condizioni di svantaggio e di disagio psicofisico vi sono storie, esperienze, eventi da raccontare: le vicende che hanno tracciato il loro cammino esistenziale. La qualità, la creatività di un ascolto riflettono i contenuti e la validità della comunicazione. Spesso si ascolta quanto si è in grado di ascoltarsi, di recepire e accogliere nella propria dimensione emotiva, esperienziale, culturale. Come è possibile comprendere le esigenze, i turbamenti, i desideri, le aspettative di una persona se il suo racconto richiama le oscurità e i vincoli emotivi di chi ascolta? Ascoltare implica inevitabilmente anche l'impatto creativo con se stessi, la disposizione alla conoscenza del proprio mondo interiore, al viaggio attraverso sé, la motivazione all'incontro, il senso del suo realizzarsi e divenire.

Ascoltare è aprirsi al confronto, offrire tempo e opportunità, non solo a chi racconta, significa sapersi ascoltare – un atteggiamento sempre più raro nella società dei consumi e dei rumori – prestare attenzione alle parole, a ciò che vogliono dire o che, più o meno consapevolmente intendono nascondere, è osservare discretamente lo sguardo, la mimica, i movimenti del corpo, i gesti, la postura, la distanza relazionale, percepire i messaggi che vi sono contenuti, espliciti o inespressi. A volte comunicano più gli atteggiamenti delle parole, in particolare con le persone in difficoltà.

Anziani, immigrati, malati possono essere misurati nel parlare, soppesare le pause, soffermarsi nel silenzio, raccontare quanto sa cogliere chi ascolta. Il silenzio può rappresentare un forte richiamo alla partecipazione emotiva, all'ascolto sensibile, al rispetto di un pensiero, un sentimento, un dolore, un segreto che ricercano la via della parola, dell'accoglienza e della comprensione. Il silenzio nasconde infiniti significati, a volte può costituire un delicato invito alla compartecipazione della propria vicenda umana, il preludio e le prove dell'incontro. La disponibilità a un ascolto attento, sereno, profondo rappresenta una premessa indispensabile per consentire una via libera alla narrazione, per costruire e raggiungere una condizione di empatia relazionale che facilita l'espressione e la condivisione autentica di contenuti di particolare valore e significato, promuove l'intesa e l'esperienza comunicativa. Ascoltare è comprendere e sentire, media e orienta la narrazione.

Vi sono persone che hanno bisogno di molto tempo per raccontare e raccontarsi, devono percepire intorno a sé un clima di fiducia, di reale interesse, devono sentirsi accettati, liberi dai pregiudizi altrui. Un vecchio o un immigrato, per esempio, non avvertono la differenza di età, di cultura e di esperienza verso chi ascolta, se gli anni e la diversa provenienza non sono di ostacolo allo stesso interlocutore. Molti individui non riferiscono alcune storie, episodi della loro vita, peculiari esperienze poiché temono di non essere pienamente compresi; talvolta interrompono o cambiano discorso poiché percepiscono atteggiamenti di disagio, inadeguatezza o accentuata distrazione nelle persone alle quali sono rivolte le parole.

Anziani, immigrati, malati desiderano generalmente parlare di sé e sanno esprimere nell'intimità di un colloquio le passioni, i tormenti, le speranze, i valori e il senso del proprio vivere. Le parole, le espressioni di un racconto si modulano, si orientano, spesso inconsapevolmente, sulle capacità di chi ascolta; le opportunità o gli ostacoli di una comunicazione sono tracciati dalle caratteristiche verbali e non verbali dell'interazione. Nella comunicazione e nell'ascolto di un altro rimangono fondamentali il rispetto, la pazienza, la curiosità di conoscere per comprendere. Ascoltare un altro è imparare sulla sua avventura personale, sulla natura della vicenda umana, significa apprendere direttamente un brano della vita che non è mai solo privata.

Homo sum: nihil humani a me alienum puto, sono un uomo, nulla di ciò che è umano mi è estraneo, sosteneva Publio Terenzio Afro.

2.11
Volontariato

L'attività di volontariato si può effettuare singolarmente oppure con altri presso associazioni, strutture residenziali, talvolta a domicilio di chi si trova in peculiari condizioni economiche, di salute, di emarginazione, di integrazione. Si assistono, si sostengono coetanei in difficoltà, malati e disabili, non autosufficienti, si accompagnano o si insegna ai bambini nelle scuole, si consente l'apertura di mostre e musei, si costituiscono, si organizzano gruppi, sodalizi per la tutela di beni culturali o ambientali, per realizzare e distribuire un periodico, giornale o rivista, per produrre oggetti, composizioni, articoli da proporre nelle vendite di beneficenza al fine di sostenere oneri e iniziative di associazioni no profit, per sviluppare progetti di aggregazione e di collaborazione con le persone più giovani, con la realtà locale e i suoi servizi, pubblici e privati, per aiutare persone con problemi di vario genere.

Pensare e operare per le esigenze altrui – oltre che per le proprie – in particolare di chi non è in grado di provvedere autonomamente al loro soddisfacimento, significa sviluppare una cultura che rende ragione della dignità e del valore dell'essere umano. Il dedicarsi al prossimo in condizioni di disagio, di sofferenza permette di superare la rigidità di pensiero, le modalità egocentriche di interpretare l'esistenza, frequenti in età giovanile. Il pensiero e l'azione rivolti al sollievo di un proprio simile offrono parole e speranza al sentimento, al progresso culturale e civile dell'essere umano. Aiutare gli altri è un modo, specialmente nelle grandi città, per considerarsi utile, offrire un senso alla propria vita, avere un ruolo, sentirsi ancora qualcuno che conta, e non essere solamente uno dei tanti vecchi di un ambiente spesso anonimo e distratto nei confronti delle persone più fragili e sole.

"Un vecchio che, nei suoi limiti, dà la mano a un altro vecchio è ipso facto un po' meno vecchio, oltre che un vecchio migliore", sosteneva Vittorio Gassman. Alleviare, confortare, condividere le pene altrui aiuta a sentirsi meglio, ad avere una maggiore stima di sé, a promuovere il benessere proprio e di chi riceve un sostegno, un conforto, un gesto di amicizia, di solidarietà. Per gli anziani in buona salute e autonomi, il volontariato costituisce una risorsa di insostituibile contributo a sostegno di coetanei in difficoltà, non autosufficienti. La società contemporanea è formata da numerosi vecchi che dispongono di molto tempo libero, a volte impiegato in attività socialmente utili.

Soprattutto nelle metropoli i vecchi rappresentano una risorsa dispersa, un valore inutilizzato, un'esperienza e un sapere che rischiano di declinare nella solitudine forzata e nell'isolamento. Si osservano sempre più spesso figli anziani che assistono genitori longevi, specie di sesso femminile. La solidarietà fra i vecchi costituisce una proposta innovativa e una riscoperta della società moderna e può assumere un ruolo educativo, positivo per l'intera collettività. Sono persone anziane che ne soccorrono altre. È una generazione di individui che hanno vissuto, sofferto le vicende, le trasformazioni, i problemi, le angosce e le speranze del secolo scorso, che hanno condiviso le medesime esperienze e che possono ritrovare una reciprocità, un interesse comune.

Non tutti gli anziani che si dedicano al volontariato hanno iniziato da poco questo impegno filantropico. Alcuni svolgono tale attività da anni, a partire da un'età non ancora avanzata. La forza e la voglia di vivere dell'anziano autonomo, al servizio del coetaneo, ma anche dei minori in difficoltà possono rappresentare un sostegno dai contenuti unici, un valore carico di molti significati e, in situazioni specifiche, costituiscono un antidoto al pericolo di esclusione e di emarginazione.

Gli anziani che vivono una condizione di benessere e quelli che soffrono possono scoprire una mutualità il cui senso li può spingere oltre la dimensione contingente. Si comunicano e si discutono le esperienze della salute e del dolore, dell'autonomia conservata e di quella perduta, dei timori, dei desideri, delle speranze. A volte la dinamica del dare e del ricevere scorre su fili sottili del pensiero e del sentimento e riconosce nella reciprocità il valore del loro costituirsi ed esprimersi.

La forza della solidarietà trova spesso nell'anziano una naturale propensione, la ricerca o la realizzazione di un senso. La vecchia generazione che si aiuta, si soccorre e si assiste, oltre a superare le difficoltà evidenti e concrete, può riflettere una peculiare trasmissione culturale e un significato di tutela e richiamo genitoriale alle generazioni più giovani. Lo smarrimento, l'angoscia, l'incomprensione, l'abbandono, la confusione, la perdita di senso di alcune compagnie giovanili possono anche scorgere un importante modello di riferimento nella vissuta, meditata, intesa solidarietà umana fra i vecchi.

Gli anziani conoscono o intuiscono meglio le ragioni del disagio che talora insinua e avvolge la vecchiaia. Forse quelle ragioni rappresentano il sodalizio per la nuova assistenza e una diversa cultura dell'uomo. I vecchi rappresentano lo specchio di una società, il volto liberato dalla maschera, disegnano l'immagine di questo nuovo millennio. Il loro contributo culturale, la reciprocità intergenerazionale, la loro esperienza di solidarietà, trasmettono speranza a un uomo che sembra spesso smarrirsi nella confusione delle sue incertezze. Ci sono persone adulte che non crescono più, si cristallizzano, perché non hanno più nulla da comunicare, da manifestare, da progettare. Non solo nella vecchiaia, ma a ogni età si nasconde il rischio dell'arresto, della mancanza di evoluzione e conoscenza.

Molti vecchi, attraverso nuove esperienze culturali e di solidarietà, hanno scoperto un modo migliore di considerare la vita, le potenzialità personali, lo spirito creativo, la voglia di normalizzare la propria esistenza, il desiderio di pensieri e sentimenti positivi. L'età avanzata diventa occasione per il superamento delle inibizioni. I valori nascono e si coltivano in ogni persona e l'anziano ne sa inventare e trasmettere dei nuovi, disegna ulteriori prospettive e sa scoprire altre strade del vivere e del comprendere.

Scriveva Simone de Beauvoir: "La vita conserva un valore finché si dà valore a quella degli altri, attraverso l'amore, l'amicizia, l'indignazione, la compassione" (1970) e sostiene un proverbio cinese: "L'uomo che aiuta veramente un altro, adempie a ciò che di meglio si trova in lui".

2.12
Riflessioni conclusive

Ogni persona è potenzialmente creativa a partire dalla sua venuta al mondo; l'espressione creativa è influenzata dall'ambiente educativo, familiare e scolastico in cui si è cresciuti, dalle opportunità incontrate, dall'applicazione, dall'esercizio delle facoltà intellettive e immaginative.

Il processo creativo differenzia le persone, la qualità della loro vita, fra chi essen-

2.12 Riflessioni conclusive

zialmente trascorre il suo tempo quotidiano scandito da impegni e ritmi sempre uguali, ripetitivi e chi sa e riesce a innovare ogni giorno le sue attività, proporre e inventare qualcosa di nuovo, di diverso. L'abilità creatività si può acquisire e riscoprire a qualsiasi età, indipendentemente dal livello sociale e culturale. Contrariamente a quanto si riteneva anni fa, anche in età avanzata, purché si abbia il coraggio e la volontà di abbandonare percorsi e itinerari intrapresi da lungo tempo, è sempre possibile avviare nuove esperienze, ulteriori processi di apprendimento, continuare lo sviluppo della propria personalità e autonomia individuale, esprimendo liberamente e creativamente la propria identità in rapporto al contesto in cui si opera e si interagisce.

Esistono diversi ambiti e canali attraverso i quali si può esprimere lo spirito creativo. A ogni età risulta importante essere costanti, determinati nell'inseguire traguardi, obiettivi, disposti a confrontarsi con se stessi e gli altri, con il mondo esterno e interno per riuscire a esprimere la propria creatività. Non tutte le persone in età avanzata riescono a sviluppare, a manifestare le proprie potenzialità creative. Sono numerosi i fattori che possono inibire o limitare le capacità espressive: l'educazione esclusivamente raziomorfa, l'eccessiva ansia e tensione, l'abitudine a svolgere compiti ripetitivi ed esecutivi, la poca fiducia e stima in se stessi, l'apatia, la condizione depressiva, determinate patologie o disabilità.

La creatività si esprime in vari modi, da soli, a coppia o in gruppo. Alcune attività si praticano abitualmente da soli come la stesura dell'autobiografia, la composizione di un racconto, di una poesia, di una musica, la preparazione di un piatto, la realizzazione di un dipinto, di una scultura, di un ricamo, di una fotografia; molte altre si possono svolgere in compagnia. Il trovarsi insieme, specialmente in un gruppo consolidato, adeguatamente strutturato stimola, incoraggia a proporsi, a confrontarsi, a essere attivi e intraprendenti, a mobilitare le proprie risorse, a esprimere e potenziare le proprie abilità e competenze, a produrre idee e progetti. Osservare i coetanei coinvolti in determinati compiti o esercizi induce, facilita l'emulazione, la curiosità a tentare, a mettersi alla prova, a imparare. La scoperta dei neuroni specchio rivaluta e ripropone l'importanza e il significato di un gruppo, dell'interazione sociale. La comunicazione, quale area della creatività, può in un gruppo trovare varie opportunità di espressione, di sviluppo. Vi sono anziani che con la loro versatilità sanno raccontare aneddoti e storie con ironia e umorismo suscitando consensi e ilarità in chi ascolta. In gruppo è possibile condividere stati d'animo, pensieri, prospettive, memorie, creatività.

Scriveva Marcel Proust: *"Scrivere un romanzo o viverne uno, non è proprio la stessa cosa, comunque se ne dica. E pertanto la nostra vita non è separata dalle nostre opere"*. La creatività ci accompagna, ci sostiene per tutta la vita, ci consente di raggiungere le mete desiderate, gli obiettivi previsti, di scoprire e realizzare noi stessi.

A ogni anziano devono essere riconosciute le proprie capacità, competenze, qualità espressive, creative con l'auspicio di manifestarle, completarle nell'ambito che meglio lo rappresenta e definisce e con la speranza di una garanzia – da parte della famiglia, della società e delle istituzioni – che egli lo possa concretamente e liberamente attuare, affinché il romanzo personale di un vecchio disponga delle risorse necessarie per continuare le sue opere, arricchirle, anche con l'ultima.

2.13
Esempi di creatività

Innumerevoli (quanti gli uomini e le donne) sono gli esempi della creatività, che si estrinseca in ogni atto della nostra vita quotidiana. Molti assumono per noi valore paradigmatico, vuoi perché sono entrati, quali esempi universalmente assunti e noti, nella nostra cultura, vuoi perché ben si prestano a evidenziare la multiformità della creatività umana. Seguendo alcune partizioni, se ne illustreranno alcuni esempi.

2.13.1
La creatività di coppia

Volendo esaminare alcuni esempi della creatività di coppia, possiamo valutare i singoli, diversi aspetti, nei quali essa può estrinsecarsi e dai quali può essere condizionata.

In primo luogo, il tipo di coppia: familiare, coniugale, amicale, professionale. Anche la condivisione (o meno) dell'esperienza di vita deve essere presa in considerazione. Infine, l'oggetto su cui si incentra l'azione creativa di coppia può variare, nel suo peso specifico: può trattarsi di una completa condivisione, o trattarsi di una convergenza parziale, ovvero occasionale.

Potremmo allora definire la creatività di coppia come una gemma dalle molte sfaccettature, che riflettono la luce in maniera singolarmente differente; tuttavia il fascino sta nella globalità del risultato, che da queste si ricava.

2.13.1.1
I fratelli Babinski

I fratelli Henri Joseph Séverin (1855-1931) e Joseph Jules François Félix Babinski (1857-1932) nacquero a Parigi, figli di esuli polacchi. La creatività dei due fratelli si estrinsecò in campi differenti, che non sembrano avere punti e spunti di connessione: Henri fu ingegnere minerario di rilievo e grande maestro di culinaria, mentre Joseph occupa un posto inalienabile nella storia della neurologia (e della medicina).

Henri Joseph Séverin nacque a Parigi il 2 luglio 1855 ed è maggiormente noto al grande pubblico come gastronomo e autore di libri di cucina francese (con lo pseudonimo di *Ali Bab*), che come ingegnere minerario. Tuttavia, la sua attività scientifica rappresenta l'ineludibile base per la corretta comprensione della sua attività in campo gastronomico.

Anche il padre, Aleksander (1823-1899), era un ingegnere, immigrato a Parigi dalla Polonia nel 1848, per sfuggire alle persecuzioni russe; si era poi trasferito in Perù, ove contribuì a fondare la Scuola Mineraria di Lima; fece ritorno a Parigi, già gravemente ammalato, solo due anni prima della morte.

2.13 Esempi di creatività

Henri si diplomò alla prestigiosa *École des Mines* nel 1878 e diresse una fonderia di zinco. Anche in questo suo primo impegno, Henri dimostrò una creatività spiccata, recuperando e riutilizzando gli scarti di lavorazioni carbonifere limitrofe, e dirigendo con successo la riorganizzazione dello stabilimento. Si deve ricordare che proprio in quegli anni, a causa dello sviluppo della metallurgia dello zinco, questo metallo assunse un'importanza centrale nell'economia e nell'industria mondiale. Si trattava quindi di un'attività mineraria e mineralurgica in piena espansione.

Successivamente a queste esperienze, già di per sé rilevanti, Henri Babinski si dedicò alla prospezione e all'esercizio di miniere d'oro e di diamanti, soprattutto nella Guyana francese (dal 1880 al 1888). L'anno seguente battè a tappeto tutto il Canavese, e nei 100.000 ettari esaminati, rinvenne l'oro ovunque (ancor oggi, i cercatori d'oro dilettanti sanno bene che nelle sabbie trascinate dai fiumi provenienti da quella zona si possono trovare pagliuzze d'oro). Dal Canavese si spostò in Patagonia, sempre alla ricerca di oro e diamanti, ma senza successo (tuttavia vi trovò il petrolio). Anche verso la fine del secolo, quando ormai aveva raggiunto una solidità economica personale, non cessò di viaggiare, alla ricerca di nuovi giacimenti auriferi e diamantiferi: dal Far West americano al Brasile (Bahia); dalla Siberia al Transvaal.

Il contatto con popoli e culture nuove e differenti, fu di impulso per lo sviluppo dei suoi interessi nel campo dell'arte culinaria (della quale l'aspetto creativo è parte ineliminabile). Una riflessione sulla sua opera principale, la *Gastronomie pratique* (comparsa nel 1907), ci consente di sottolineare la versatilità e la creatività dell'autore.

La frugalità dei cibi, dei pasti e delle preparazioni (si pensi alle condizioni in cui poteva lavorare un ingegnere minerario durante le attività di prospezione, che si svolgevano in luoghi spesso disagiati e isolati) imponeva la necessità di arricchire, in qualche modo, i sapori con varianti e accomodamenti. Non si tratta solo di un libro di ricette, ma di un'opera che contiene riferimenti alla storia di settore, nonché testi specifici sugli alimenti, con riferimenti anche alla medicina (*Gastronomie pratique, études culinaires, suivies du traitement de l'obésité des gourmands*. Paris, Flammarion, 1907).

Non mancano poi aneddoti, descrizioni sapide o ironiche, come quella degli *spaghetti*:

> C'è uno spettacolo veramente pittoresco da vedere, nei ristoranti di Napoli, gli abitanti arrotolano con destrezza sulle loro forchette cordicelle di pasta di circa 50 cm di lunghezza per farne delle "palle" che portano alla bocca, dove scompaiono come per incanto.

Ogni tanto fa capolino lo scienziato, l'ingegnere, che propone un'equazione che consenta di stabilire il diametro ideale della caffettiera cilindrica, destinata alla produzione di un numero n di tazze di caffè:

> L'equazione che fornirà il diametro D adatto per il serbatoio cilindrico di una caffettiera destinata a produrre un certo numero n di tazze è la seguente:

HDpD2/4=20n nella quale H rappresenta l'altezza ottimale espressa in centimetri per una densità D dei due elementi dovendo essere determinata sperimentalmente.

Il capitolo dedicato al *Traitement de l'obésité des gourmands* è autobiografico, e testimonia un successo terapeutico.

A conferma che la *Gastronomie pratique* non dovesse intendersi come un'opera conchiusa e conclusa, ma di un progetto sempre in divenire, possiamo ricordare che l'edizione del 1928 (siamo quindi a pochi anni dalla morte) aveva ormai superato le 1000 pagine. Il successo che arrise all'opera di *Ali Bab* (non può mancare una puntualizzazione sull'autoironica scelta dello pseudonimo) superò le vicende umane dell'autore, tanto che il volume è stato ancora ristampato, in tempi recenti, raggiungendo la decima edizione nel 2001 (oltre a essere stato tradotto in varie lingue).

Henri morì a Parigi, il 20 agosto 1931.

Fratello minore di Henri, Joseph Jules François Félix, frequentò con il fratello l'*Ecole polonaise* (e in seguito gli ambienti degli esuli polacchi a Parigi). Essi maturarono una doppia sorta di patriottismo, che li vide Francesi e Polacchi all'estremo grado: noi potremmo definirli più Francesi dei Francesi e più Polacchi dei Polacchi. La loro formazione scolastica primaria e secondaria fu comune; successivamente le loro strade si divisero.

Joseph si dedicò alla medicina, con una brillante carriera studentesca, coronata dalla laurea nel 1885, da incarichi prestigiosi presso Jean Martin Charcot (1825-1893), che gli prospettarono anche la possibilità di una carriera universitaria di rilievo. Sappiamo che così non fu, anche per ragioni di rivalità universitaria fra capiscuola: Joseph non superò nel 1892 il concorso di aggregazione alla facoltà medica (nonostante ne avesse le capacità e i meriti), né mai più si sottomise al concorso.

Nel 1895 assunse il servizio alla *Pitié*, istituzione ospitaliera considerata di rango inferiore: in questa istituzione egli prestò servizio fino al pensionamento, nel 1922. Lungi dal rappresentare un ostacolo, la possibilità di avere a disposizione una grande casistica clinica gli consentì di affinare le sue competenze e di applicarle all'osservazione, con una dose rilevante di creatività. Tutti gli studenti di medicina e i medici conoscono il *segno di Babinski* (noto anche come riflesso plantare) che consente di distinguere l'emiplegia organica da quella funzionale (a tale scopo fu proposto da Babinski), ma il nome di Babinski è legato a un rilevante numero di osservazioni, soprattutto in ambito neurologico.

Fra i due fratelli, Joseph era maggiormente votato alla sintesi: si deve osservare che la comunicazione del febbraio 1896 alla Société de Biologie di Parigi, nella quale viene descritto il riflesso plantare (che gli darà fama imperitura) è lunga solo 28 righe.

La sua attività in ambito medico (scientifico, assistenziale) fu intensa, e si avvalse, soprattutto per gli aspetti amministrativi e organizzativi, dell'aiuto del fratello (che mise a disposizione anche le sue competenze ingegneristiche): si trattava, per certi versi, di un segretario ideale.

Non è possibile correttamente valutare l'ergobiografia di Joseph, senza ricordare che dopo la morte dei genitori (avvenuta a breve distanza, giacché nel 1897 era deceduta Henryeta Weren-Babinska (che era nata nel 1819) e due anni più tardi il padre Aleksander), Henri e Joseph proseguirono e condivisero la loro vita a Parigi, poiché non erano sposati e non si sposarono. Il loro rapporto fu assai intenso e i due fratelli ebbero in comune interessi culturali (scientifici, letterari, artistici), amicizie, luogo di domicilio, partecipazione a serate musicali e teatrali. Gli unici viaggi di Henri, furono dettati dagli interessi gastronomici.

Joseph Babinski cessò l'attività medica nel 1931, alla morte di Henri. Senza Henri, nulla avrebbe avuto più senso autentico: la morte di Henri viene, infatti, considerata la principale causa del rapido declino di Joseph, che morì come il padre, affetto dalla malattia di Parkinson, il 29 ottobre 1932 (Poirier, 2008; Skalski, 2007).

2.13.1.2
I fratelli Forlanini

Figli (Carlo ed Enrico) di Francesco Forlanini, medico milanese allora primario all'Ospedale Fatebenefratelli, e Marianna Rossi (che morì di tisi nel 1858). Figlio (Giuseppe) di Francesco Forlanini e della seconda moglie, Teresa Cassinelli.

Il filo rosso che lega l'attività dei tre fratelli è rappresentato dall'aria. Diverse vicende personali, diversi luoghi di residenza, diversi ambiti di studio, ricerca, lavoro, non impediscono ai tre fratelli di far convergere le loro competenze sulla risoluzione di un problema comune, dai risvolti sociali e sanitari rilevantissimi. In questo caso, i pur differenti campi d'azione, sono, almeno parzialmente, in stretto contatto e la creatività si sviluppa eminentemente su un piano tecnico (soprattutto per Carlo ed Enrico).

Carlo Domenico Francesco nacque a Milano il giorno 11 giugno 1847. Condusse gli studi a Como e a Milano, ove si guadagnò un premio per lo svolgimento di un tema sui palloni aerostatici. Si immatricolò nella Facoltà medica dell'Università di Pavia, ove si laureò nel 1870. Entrato nei ranghi del personale medico dell'Ospedale Maggiore di Milano, ben presto indirizzò i suoi studi verso la tubercolosi, e aprì in città un istituto aeroterapico, nel quale si avvalse della collaborazione del fratello Enrico, ingegnere.

Pressoché contemporaneamente alla scoperta (1882), da parte di Robert Koch (1843-1901), dell'agente eziologico della tubercolosi (il *Mycobacterium tuberculosis*), Forlanini mise a punto un trattamento curativo (il cosiddetto pneumotorace artificiale terapeutico), basato sulla messa a riposo funzionale del polmone, ottenibile grazie all'introduzione di aria filtrata nel cavo pleurico (che portava a un collasso del polmone e alla sua inespandibilità). Solo nel 1888 eseguì il primo intervento su un paziente e presentò i suoi primi risultati nel 1894 e nel 1895, ma solo nel 1912 il suo metodo fu consacrato dalla comunità internazionale. Dall'Università di Torino si era trasferito a quella di Pavia.

Morì a Genova-Nervi il 25 maggio 1918.

Enrico nacque a Milano il 13 dicembre 1848; dopo gli studi tecnici, si formò negli ambienti militari torinesi, diplomandosi nel 1870 e prendendo servizio come tenente del Genio: ciò gli consentì di dedicarsi ai primi studi sulle eliche e sugli elicotteri. Si iscrisse poi alla Scuola di Applicazione del Regio Istituto Tecnico Superiore di Milano (l'odierno Politecnico), ove incontrò docenti interessati, come lui, ai problemi dell'aeronautica. Dopo la laurea in ingegneria industriale, riprese il suo servizio nell'Esercito, e i suoi studi sugli elicotteri, che portarono alla dimostrazione pubblica milanese del 1877, nella quale un elicottero a motore si levò in aria per 13 metri e per una ventina di secondi. Lasciato l'esercito si trasferì a Forlì, ove proseguì i suoi studi, dedicandosi alla propulsione a razzi.

Enrico Forlanini può anche essere considerato come un pioniere dello studio e dell'elaborazione dei dirigibili. Il suo primo modello (F.1-Leonardo da Vinci), la cui costruzione era stata iniziata nel 1901, volò il 22 luglio 1909; il secondo modello (F.2-Città di Milano) volò il 17 agosto 1913, ma il 9 aprile 1914 andò distrutto. Forlanini ottenne i finanziamenti per proseguire la costruzione dei suoi dirigibili (F.3, F.4, F.5, F.6), che furono impiegati durante la prima guerra mondiale. L'ultimo dirigibile di Forlanini fu l'*Omnia Dir* (che volò nel 1931): era fornito di dotazioni d'avanguardia, come il controllo direzionale a mezzo di getti d'aria compressa.

Forlanini elaborò anche un modello di *idroplano*, che può essere considerato un vero e proprio aliscafo: si trattava di un battello il quale, raggiunta una certa velocità, si sollevava completamente dall'acqua. I suoi studi iniziarono nel 1905 e già nel 1910 aveva elaborato un modello che poteva trasportare 6 persone.

Morì a Milano il 9 ottobre 1930.

Giuseppe Vincenzo Domenico nacque a Milano il giorno 4 febbraio 1863. Terminati gli studi liceali, si immatricolò presso la Facoltà medica dell'Università di Torino, laureandosi nel 1886 (il fratello Carlo era allora professore). Entrato, come il fratello Carlo, nell'Ospedale Maggiore di Milano, si dedicò all'oftalmologia (come anche Carlo aveva cercato di fare, senza successo), ma una grave infezione contratta in servizio gli impedì di conseguire il titolo di direttore oftalmico. Conseguito il primariato, diresse il reparto per la cura dei tubercolotici, mettendo a disposizione del fratello Carlo la sua imponente casistica.

Giuseppe trovò il modo di espletare il suo impegno nella lotta antitubercolare in modo completo: da primario ospedaliero, da scienziato, da filantropo, da Presidente dell'Associazione Sanitaria Milanese, da uomo politico vicino alle idee socialiste. Nel 1924 si ritirò a vita privata, constatate anche le precarie condizioni dell'Ambulatorio antitubercolare dell'Ospedale Maggiore, che dirigeva.

Morì a Milano il 24 dicembre 1938 (Porro e Franchini, 1997; Pozzato e Silvestri, 1997; Cosmacini et al, 2004).

2.13.1.3
I coniugi Curie

In questo caso l'identificazione delle biografie di Pierre Curie e di Maria Skłodowska Curie, con il campo di attività loro e la creatività è totale. Molto spesso, le biografie dei due personaggi sono unificate a indicarci e a sottolineare questa sostanziale sovrapposizione. La collaborazione della moglie fu, fin dall'inizio, alla base delle ricerche sulla radioattività che resero famoso Pierre Curie.

Un altro aspetto biografico deve essere sottolineato: la lunga sopravvivenza di Maria, rispetto alla prematura, tragica morte di Pierre. Ciò fece di lei non solo la con-

2.13 Esempi di creatività

tinuatrice del lavoro di ricerca (con il mantenimento dei livelli di eccellenza raggiunti), ma anche la conservatrice della memoria storica e scientifica del marito.

Pierre nacque a Parigi il 15 maggio 1859, figlio di un medico. Si laureò in fisica nel 1878 e nel 1895 iniziò la carriera universitaria, che si completò nel 1904. I suoi primi studi, condotti con il fratello, Paul Jacques (1856-1941), mineralogista, ebbero a oggetto la cristallografia e portarono alla scoperta della piezoelettricità. Si dedicò anche a studi sul magnetismo.

Nel 1895 sposò Maria Skłodowska, che aveva conosciuta l'anno precedente: provenivano e operavano nello stesso ambiente di studio e di ricerca.

Gli studi sulla radioattività, che renderanno famosi i coniugi Curie, si innestano su quelli di Antoine Henri Becquerel (1852-1908) condotti nel 1896: nonostante le condizioni di ricerca non fossero ideali, quanto a strutture, essi annunciarono la scoperta del polonio (così denominato in onore della terra di provenienza di Maria) e del radio nel 1898, e successivamente si occuparono delle proprietà del radio e dei suoi prodotti di trasformazione.

Si può dire che gli studi condotti da Pierre e Maria Skłodowska Curie rivoluzionarono le ricerche nei campi della fisica nucleare e della chimica: ai due coniugi parigini, con Becquerel, fu assegnato il Premio Nobel per la Fisica del 1903 "in riconoscimento dei servizi straordinari che essi hanno reso nella loro ricerca sui fenomeni radioattivi".

Esploratore, con la moglie, di campi di ricerca nuovi, la produzione scientifica di Pierre, gli apparati da lui inventati ed elaborati ci ricordano che la sua creatività si esplicò in ogni senso.

Morì a Parigi, vittima di un incidente stradale, il 19 aprile 1906.

Maria nacque a Varsavia, il 7 novembre 1867, figlia di un insegnante. Coinvolta in una organizzazione studentesca anti-russa, si trasferì dapprima a Cracovia (facente allora parte della Galizia Austriaca), indi (1891) a Parigi, ove proseguì e condusse a termine gli studi, laureandosi in fisica e matematica.

Dopo il matrimonio con Pierre Curie (1895), la sua carriera accademica ne seguì le orme: alla morte del marito, Maria prese il suo posto come professore titolare (fu la prima donna a raggiungere una tale posizione) e diresse il Laboratorio Curie (Istituto del Radio) a partire dal 1914. Fu Maria a proporre e ad introdurre l'uso del termine *radioattività*, e non brevettò il suo processo di isolamento del radio, preferendo lasciarlo libero, a disposizione della comunità internazionale. L'apporto di Maria allo sviluppo degli studi sul radio fu fondamentale: ella si dedicò con vigore allo studio delle applicazioni in campo sanitario.

A Maria Skłodowska Curie furono assegnati due Premi Nobel: nel 1903 ottenne quello per la fisica, insieme al marito Pierre e a Henri Becquerel, "in riconoscimento dei servizi straordinari che essi hanno reso nella loro ricerca sui fenomeni radioattivi"; nel 1911 ella ricevette anche quello per la chimica, "in riconoscimento dei suoi servizi all'avanzamento della chimica tramite la scoperta del radio e del polonio, dall'isolamento del radio e dallo studio della natura e dei componenti di questo notevole elemento".

Morì a Passy, il 4 luglio 1934, probabilmente a causa dell'esposizione alle radiazioni subita in decenni di intenso lavoro.

La scoperta della radioattività mutò non solo la fisica, la chimica, la medicina, ma ebbe rilevantissimi effetti anche sulla geofisica, l'astrofisica, la biologia, le applicazioni dell'industria (sia in senso positivo, sia in senso negativo): si potrebbe sostenere che il Novecento posò (e il secolo attuale posa) molti dei suoi sviluppi scientifici proprio sul solido piedistallo rappresentato dalla radioattività (Nobel Lectures, 1967).

2.13.1.4
Stanlio e Ollio (Stan Laurel e Oliver Hardy)

Il caso dei due noti attori teatrali e cinematografici Stan Laurel (Arthur Stanley Jefferson 1890-1965) e Oliver (Norwell) Hardy (1892-1957) ci propone l'esempio nel quale è il concetto stesso di coppia, a giustificare, sostenere, produrre, implementare la creatività. Inoltre siamo, essenzialmente, nell'ambito dell'ultima (cronologicamente parlando) delle arti belle, frutto della tecnologia e della tecnica. La cinematografia propone nuovi linguaggi, per propalare messaggi antichi relativi al sentire e al vivere umano.

La coppia di attori (noti in Italia con i nomi, rispettivamente, di Stanlio e Ollio) si formò nel 1926, quand'essi avevano già maturato esperienze artistiche, e s'impose immediatamente all'attenzione del grande pubblico. Quando essa si sciolse, nel 1952, i due attori non riuscirono più a raggiungere i vertici di successo ottenuti in precedenza. Non solo il mondo (anche quello cinematografico) era cambiato, ma l'essenza ultima del loro successo, il concetto di coppia da loro incarnato, non esisteva più: inevitabilmente anche il successo svanì.

Stan nacque a Ulverston, nel Lancashire, il 16 giugno 1890. Il padre era un produttore, attore, commediografo, impresario teatrale. Le vicende familiari, con periodi di sviluppo e di crisi, acquisti e vendite di teatri locali, portarono il padre a dirigere il Metropole Theatre di Glasgow.

Il giovane Stan era cresciuto nel mondo teatrale, nel quale testardamente cercò di inserirsi (tralasciando gli studi e nonostante gli esordi non brillanti). La prima, importante, occasione di emergere fu rappresentata dalla possibilità di lavorare con la compagnia teatrale più famosa del paese, quella di Fred Karno (Frederik John Westcott, 1866-1941), la cui stella sarebbe ben presto diventato Charlie Chaplin (Charles Spencer Chaplin, 1889-1977).

La svolta della sua carriera può essere riconosciuta nella decisione di raggiungere gli Stati Uniti d'America. Già nel periodo della prima guerra mondiale egli aveva incrociato Oliver Hardy, ma solo nel 1926 si unì a lui, a formare una celeberrima coppia del cinema. Il successo arrise loro in maniera naturale, progressiva, e costantemente rapida, ma cominciò a calare, negli Stati Uniti d'America, verso il 1940, quando venne meno il rapporto con gli Studios di Hal Roach (1892-1992). In Europa, però, la loro fama era ancora intatta, e i due comici decisero di trasferirvisi.

L'ultima parte della sua vita, nel periodo successivo allo scioglimento del sodalizio artistico con Oliver Hardy (e a maggior ragione dopo la morte di quest'ultimo), nonostante alcuni tentativi falliti di ritornare con successo sulle scene (anche sfruttando il mezzo televisivo) fu resa meno amara dal conseguimento del Premio Oscar.

Morì il 23 febbraio 1965. Con Buster Keaton (Joseph Francis Keaton 1896-1966) e Chaplin, Laurel è considerato uno dei più raffinati inventori della comicità cinematografica. La sua comicità surreale era profondamente permeata di una caratterizzazione psicologica attenta e precisa. Le sue straordinarie qualità mimiche erano emerse già agli esordi della carriera e furono riconosciute, in seguito, da uno dei maggiori esponenti di questa branca dello spettacolo, Marcel Marceau (nome d'arte di Marcel Mangel, 1923-2007).

Oliver nacque il 18 gennaio 1892 ad Atlanta, in una famiglia estranea al mondo teatrale. Le difficoltà della famiglia (dopo la morte del padre, avvocato, la madre aveva garantito alla famiglia condizioni di vita accettabili, ma non agiate) gli impedirono di intraprendere la carriera di cantante, dopo buone prove di studio espresse nel conservatorio di Atlanta.

Il suo mondo diviene, ben presto, quello cinematografico, e le vicende si intrecciano con quelle di Stan Laurel e Hal Roach: nel periodo d'oro (1926-1940) della produzione artistica del duo Laurel/Hardy, furono prodotti 89 film (di cui 30 cortometraggi muti e 43 cortometraggi sonori). A partire dal 1913, Oliver entra nell'agone cinematografico con parti di cattivo, ma ben presto la sua vena comica s'impose. Quando, nel 1926, iniziò la sua collaborazione stabile con Laurel, la vis comica era diventata la sua sigla identificativa. Hardy fu non solo la spalla ideale, di evidente corporeità, di Laurel ma ne rappresentò un complemento ideale. Hardy fu doppiato in Italia da un grande esponente della nostra cinematografia: Alberto Sordi (1919-2003).

Morì il 7 agosto 1957 (The picturegoer's who's who, 1933).

2.13.2
La creatività di gruppo

Il canto è uno dei modi più antichi di trasmettere, di generazione in generazione, informazione (e cultura). Amore, lavoro, guerra, religione sono fra i temi che vengono affrontati e propagati. I popoli che cantano mantengono e trasmettono la propria identità culturale in diversa guisa e possono darsi diverse condizioni nelle quali questa trasmissione si mostra evidente.

2.13.2.1
Il popolo che canta: in pace

Un esempio paradigmatico è quello dei popoli che compongono la Confederazione Elvetica. Il filo conduttore, in questo caso, sarà il canto religioso: le diverse confessioni compresenti nella Confederazione ci aiutano a comprendere le sfumature delle diverse sensibilità, ma ci indicano anche dei termini di periodizzazione.

Il primo periodo precede la riforma protestante: il canto mostra le sue radici nel canto cosiddetto gregoriano, e in seguito, in pieno medioevo, la traduzione di inni e brani di ordine spirituale si può anche adattare a melodie profane. Tuttavia, è con la diffusione delle idee riformate, che il canto dei Salmi, introdotto nel culto già da Martin Lutero, divenne centrale. Si deve però ricordare che Zurigo inizialmente proibì il canto, reintroducendolo solo verso la fine del XVI secolo.

L'evoluzione delle varie correnti della Riforma si riflette anche nei contenuti del canto: così i temi del pietismo, del risveglio e anche tematiche illuministe sono nel tempo presenti. Negli ultimi anni sono comparsi innari impostati su base ecumenica.

Per quanto concerne il mondo cattolico, è con la Controriforma, che si cerca di contrapporre alla ricca e variegata messe di canti riformati una raccolta di canti. Le Diocesi germanofone furono le più attive nella produzione di raccolte di canti, seguite da quelle francesi; la Diocesi di Coira fu l'ultima a dotarsi di una raccolta di canti (in retoromancio). Per quanto concerne la Svizzera Italiana, il legame con alcune Diocesi dell'Italia Settentrionale è attestato dalla comunanza nell'uso delle raccolte di canti. Sono, naturalmente, diffusi in tutta la Confederazione i canti ecumenici.

La storia dell'Inno Nazionale Svizzero è interessante, perché dimostra il passaggio di un canto dal carattere religioso a quello di inno nazionale. Nel 1841 il parroco Alberico Zwyssig (1808-1854) a Zug riceve da Leonhard Widmer (1809-1867), editore musicale di Zurigo, il testo di un canto patriottico, che musica riprendendo un brano da messa composto nel 1835. Nasce così il *Salmo Svizzero*, che ha subito una grande diffusione nelle riunioni patriottiche. Fino agli anni Cinquanta del Novecento era però diffuso anche un altro testo, che veniva cantato sulla musica dell'inno inglese (con ovvi problemi e situazioni anche imbarazzanti). Negli anni Sessanta (1961) il Consiglio Federale lo introdusse provvisoriamente, e definitivamente nel 1981 (Commissione, 2010).

2.13.2.2
Il popolo che canta: in guerra

Nella storia recente d'Italia, volendo considerare il secolo XX, due guerre (come mai s'erano viste prima) si succedettero nel corso di un trentennio: il canto ne testimoniò e tramandò eventi e tragedie.

Nella Prima Guerra Mondiale (per l'Italia occupò gli anni dal maggio 1915 al novembre 1918), che venne al tempo considerata quale compimento delle guerre risorgimentali, il canto rappresentò un elemento di unificazione del popolo. Tuttavia, non si deve pensare solo alla dimensione spontaneistica, quale movente dell'elaborazione di canti guerreschi: Piero Jahier (1884-1966) ci ha tramandato una raccolta di canti di soldati, la quale può ricordarci che anche questo aspetto della vita militare fu programmato e indirizzato. Essa è posta sotto "il buon consiglio che un fante compagno aveva graffiato nella parete di una dolina CANTA CHE TI PASSA".

La raccolta di Jahier può essere suddivisa in differenti sezioni. Si apre con gli inni patriottici, fra i quali spicca l'*Inno di Mameli*. Seguono gli inni nazionali, e le canzoni dei soldati delle potenze alleate. La scelta di due brani verdiani (il *Va' pensiero* dal Nabucco e *O Signor che dal tetto natìo* da I Lombardi alla prima Crociata) introduce la serie di canzoni reggimentali (o d'arma). Talune sono rimodellate sulla melodia di canzoni maggiormente popolari (ad esempio, *O' surdato 'nnamurato*). Non mancano, naturalmente, le melodie popolari proprie di pressoché ogni riunione (come *Il mazzolin di fiori*) o quelle tipiche di ambiti regionali (ad esempio, si può citare il veneto *Gobo so pare*). Piero Jahier identifica, nella sua raccolta, una peculiarità delle popolazioni friulane (e dei loro canti): egli presenta quindi in una sezione specifica alcune villotte in lingua friulana (Jahier, 2009).

Anche nella memorialistica di guerra possiamo trovare riferimenti al canto, quale momento unificante e caratterizzante l'identità nazionale: è il caso del canto *in limba* (e del *ballu tundu*) dei fanti sardi della Brigata Sassari, ricordato nelle opere letterarie di Emilio Lussu (1890-1975).

Quali canti, invece, produsse la guerra? Alcune drammatiche battaglie, durate talora mesi e mesi, e i rispettivi luoghi si possono ritrovare in molti dei canti prodotti durante la guerra: si pensi al Monte Ortigara e alla canzone *Ta-pum, Ta-pum*, composta dal musicista e compositore clarense Nino Piccinelli (1898-1984).

Una fra le più famose canzoni prodotte durante la guerra resta *La leggenda* (meglio conosciuta come *La canzone del Piave*) fu composta nel giugno 1918 da E.A. Mario (pseudonimo di Ermete Giovanni Gaeta, 1884-1961).

Volendo invece trattare del periodo della Seconda Guerra Mondiale, spiccano nel panorama dei canti guerreschi quelli promossi dalla compagine fascista e quelli delle forze della Resistenza, che caratterizzarono l'ultimo periodo del conflitto. I canti della Resistenza (fra i più noti possono essere considerati *Bella ciao!* e *Fischia il vento*) possono essere esemplificativi di una composizione che si basa su fonti preesistenti, ma autoctone (*Bella ciao!*), ovvero di una elaborazione di una canzone popolare russa (*Fischia il vento*). Si deve tuttavia ricordare che la diffusione di molti canti della Resistenza si ebbe dopo la fine del secondo conflitto mondiale. Quanto ai canti di origine fascista, si può ricordare che *Giovinezza* (l'inno del partito fascista) raggiunse una sorta di semi-ufficialità, venendo di norma eseguito dopo la *Marcia Reale*. Esso fu ripreso, insieme all'*Inno di Mameli*, in funzione antimonarchica dalle autorità della Repubblica Sociale Italiana. Successivamente al Referendum che istituì la Repubblica, questo fatto procurò non poco imbarazzo, giacché l'inno, repubblicano e risorgimentale, di Mameli apparve difficilmente adottabile. Così, e per circa due anni (1946-1947), come inno nazionale fu adottata *La leggenda del Piave*.

2.13.2.3
Il popolo allo stadio: alla guerra pacifica

Le divisioni in parti (fazioni) e le vicende della guerra sono state spesso rielaborate nell'ambito pacifico della sfida e della gara. Alle armi da punta, taglio e fuoco si sono sostituite quelle dell'arguzia, della prontezza, o della forza (sempre, però, codificata e delimitata).

Senza voler riandare alle antiche olimpiadi, che sospendevano guerre e conflitti, si può riflettere sulla differente creatività messa in atto da chi partecipa direttamente all'evento, e da chi è solo indirettamente coinvolto.

Sono questi ultimi a interessarci, quali artefici di alcuni tratti di creatività, che della diretta partecipazione in parte derivano.

Un esempio particolarmente significativo, su una dimensione locale, della complessità della simbologia e della creatività di gruppi ben definiti su base territoriale, può essere rappresentato da una città, Siena, e dal suo *Palio* (Fileti Mazza, 2006; AA.VV., 2009). Come si estrinsecano i vari livelli di creatività dei contradaioli senesi? Durante la *carrera* di Piazza del Campo, la creatività tattica del fantino riflette il lavoro diplomatico delle autorità e la creatività del popolo mediata dalle tradizioni.

Se passiamo a un livello più generale, spicca per numero di persone interessate al e dal fenomeno, il cosiddetto *tifo* negli stadi (soprattutto quelli calcistici): appare inoltre particolarmente interessante cercare di analizzare quello che viene organizzato in gruppi strutturati. Questi gruppi possono essere, talvolta, l'unico momento di aggregazione sociale per gruppi non irrilevanti di giovani (e anche di meno giovani). Due sono gli aspetti, che saltano maggiormente all'occhio, come derivazioni di più nobili espressioni artistiche: il contrappunto dei cori e le coreografie (che riconnettono alcuni elementi del teatro e dell'arte, a riguardo delle rappresentazioni iconografiche).

Si può e si deve considerare che spesso si tratta di citazioni di *seconda* o *terza mano*, di un livello qualitativo scarso o talora inquietante: tuttavia, il compito di ritrovarne alcune radici ci può consentire di valutarne alcune derivazioni. Si pensi, ad esempio, alle tenzoni poetiche. Questo modello antico di sfida, nobile, dotto, e a un tempo popolare, ci rende sicuramente conto dell'abilità del singolo, ma diviene cultura del gruppo: allora, nel contrappunto dei cori noi la possiamo intravedere (e non solo come estrinsecazione e manifestazione di appartenenza).

Così, il movimento coordinato di un numero elevato di persone sugli spalti ci può far pensare a una seppur rudimentale necessità (e realizzazione) coreografica, che non esclude anche la proposizione iconografica (si è giunti anche a riprodurre l'*Urlo* di Munch). Siamo ben consapevoli che questi potrebbero essere considerati fra gli aspetti meno negativi (e molto minoritari) del tifo calcistico organizzato: non dobbiamo dimenticare che dalla creatività del gruppo si trapassa con troppa facilità alla delinquenza del gruppo (e dei singoli).

La creatività viene allora indirizzata non verso il bene (dei singoli e comune) ma verso il male.

Creatività nell'infanzia 3

3.1 Introduzione

Che i bambini siano particolarmente creativi, ricchi di fantasia è un concetto risaputo, condiviso. L'ambiente esterno, le esperienze, le relazioni sono filtrate, assimilate nei primi anni di vita mediante il pensiero magico e fantasmatico, le capacità e le produzioni immaginative. La creatività applicata, concreta prende origine, si intreccia e progredisce attraverso la fantasia. La dimensione creativa permette l'elaborazione dell'esperienza, la formazione del pensiero post-formale, critico; consente di organizzare, di regolare il rapporto fra immaginazione e realtà, soggetto e ambiente. L'espressione creativa facilita l'abbandono del mondo fatato od oscuro del sogno e della fantasia per confrontarsi progressivamente con la realtà – i suoi vari aspetti, positivi e negativi, gradevoli e dolorosi – in un processo continuo, dall'infanzia alla vecchiaia.

L'essere umano e il suo spirito creativo si sviluppano e si realizzano nell'arco dell'intero percorso esistenziale. Le ipotesi più ricorrenti che le ricerche si sono poste relativamente al processo creativo si riconoscono nei quesiti: qual è il rapporto che caratterizza o che si viene a determinare fra creatività e sviluppo? quali elementi, fattori dello sviluppo sostengono e promuovono la creatività?

La creatività è un mutamento evolutivo, una riorganizzazione significativa della conoscenza e della comprensione che causa modificazioni nei prodotti, nelle idee, nelle credenze e nelle tecnologie: la creatività è fondamentalmente un fenomeno di sviluppo. Quando si superano i vincoli degli schemi cognitivi si riscontrano un cambiamento evolutivo, relativamente rapido e una riorganizzazione delle strutture su una scala più ampia.

Molti studiosi hanno rilevato come l'atteggiamento creativo si sviluppi nel tempo e come, specialmente nel corso dell'infanzia, se le condizioni sono favorevoli, si possano notevolmente consolidare le naturali potenzialità più o meno presenti in ogni individuo. Si ritiene pertanto, che per realizzare una società costituita da donne e uomini liberi e creativi, si debba garantire precocemente al bambino la possibilità di realizzare esperienze di espressività e comunicazione immaginative. I bambini che sono liberi, ma anche guidati, sostenuti, incoraggiati nel comportarsi, nel "fare" i bambini, hanno l'opportunità di diventare degli adulti più sicuri, aperti, consapevoli dei propri ruoli e responsabilità. L'infanzia è la culla della crescita del pensiero, del sentimento, della coscienza; chi ne è deprivato rischia di non imparare, di non crescere, di vivere ignaro della vita, delle sue prospettive. Un'adeguata preparazione educativa per l'evoluzione della futura attività creativa costituisce una base di sicurezza della possibilità di "creare", di progredire e apprendere continuamente, in funzione del livello di sviluppo raggiunto.

L'educatore, l'insegnante devono favorire lo sviluppo della creatività, consapevoli delle potenzialità del loro allievo nel quale devono riporre una fiducia incondizionata, svincolata dalle condizioni e capacità del momento. Un clima d'accoglienza favorevole, atteggiamenti positivi trasmettono al minore un senso di sicurezza: la base per una crescita armoniosa. Il bambino si sente considerato come persona dotata di valore, di potenzialità, indipendentemente da ciò che effettivamente compie, e questa consapevolezza gli permette di abituarsi gradualmente a superare le incertezze, a rivelarsi con crescente fiducia e sicurezza per quello che è, a scoprire la sua identità, le sue risorse e qualità, a cercare di realizzare se stesso senza inibizioni e paure, in attività spontanee e creative.

Se il bambino si cimenta in attività in cui sa di non essere valutato e giudicato, si sente molto più libero di esprimersi e di agire; inoltre, non essendo oggetto di giudizi esterni, tenderà, anche con una certa rapidità, a sviluppare la sua esperienza sempre più in funzione dei suoi gusti e dei suoi interessi. Questo suo comportamento faciliterà una più chiara comprensione di se stesso, oltre ad abituarlo a fare affidamento su una fonte interiore di valutazione.

Inoltre, è necessario comprendere il bambino nella sua complessità e globalità, identificarsi nei suoi sentimenti e nelle sue azioni, cercando di vedere il suo mondo così come lui lo vede. Infine è importante consentirgli un'ampia libertà nell'attività e nell'espressione simbolica, in cui spesso riesce a manifestare ciò che pensa e sente. Spontaneamente il suo mondo interiore si realizza in diverse immagini e in costruzioni della fantasia. In questo modo egli sperimenta una completa libertà psicologica e contemporaneamente attiva le condizioni interiori della creatività costruttiva.

3.2
Rapporti fra gioco simbolico e realtà

Il gioco simbolico esercita un ruolo fondamentale per la creatività e svolge una funzione molteplice: ha un effetto liberatorio dai sentimenti e dalle emozioni negative e garantisce ai bambini soddisfazioni e gratificazioni che trascendono i limiti imposti dalla realtà quotidiana. Chi abitualmente deve rispettare i principi e le norme dettate dai genitori diventa spesso nel gioco un papà o una mamma autorevole, mentre la bambola o l'orsacchiotto tendono a sostituire il ruolo del bambino. Chi aveva paura del trattamento del medico, lo fa subire nel gioco ad altre persone e identificandosi nel sanitario sdrammatizza la funzione di questa figura, eliminando, almeno in parte, i timori associati. Così, di volta in volta, animali di pezza, fantocci, bambole prendono vita nella fantasia del bambino riportando immagini, eventi ed esperienze che più lo hanno reso inquieto oppure felice.

I bambini gioiscono, si amareggiano, si addolorano, fanno capricci per molteplici motivi, ricevono rimproveri per comportamenti incongrui, si rallegrano nell'essere lodati, considerati o nel ricevere regali. Se durante l'infanzia ogni individuo ha l'opportunità di poter realizzare molte esperienze positive, conserverà da adulto tracce profonde, quali radici delle sue scelte e del suo modo di operare e interagire. In particolare, egli avrà maggiori probabilità di sviluppare una significativa inclinazione verso l'immaginazione e la creatività.

Recentemente, gli studiosi hanno evidenziato come il gioco di fantasia sia fondamentale per lo sviluppo del pensiero. Le attività imitative, il gioco simbolico e soprattutto la drammatizzazione con lo scambio dei ruoli risultano favorire notevolmente l'assimilazione e l'elaborazione dei concetti.

Un'interessante ricerca condotta su bambini in età prescolastica ha evidenziato che nella drammatizzazione delle favole, in cui si interpretano in rapida successione vari personaggi, ci si può identificare in situazioni diverse, ma anche opposte (per esempio: prima in Cappuccetto Rosso, poi nel lupo o nel cacciatore); il bambino si abitua a utilizzare e familiarizzare con un pensiero flessibile che considera i diversi punti di vista e le differenti prospettive in cui la situazione può essere vissuta. I bambini che nell'arco di un anno avevano svolto regolarmente esperienze di attività teatrale, progrediranno in misura notevolmente maggiore nella maturazione dei concetti, rispetto a un gruppo di controllo corrispondente per età, sesso e livello socio-economico.

3.3
Creatività inibita e mascherata

Ogni educatore dovrebbe essere consapevole che nessun bambino è privo di attitudine creativa, di curiosità e chi non le manifesta non ne è sprovvisto, ma inibito, intimorito. Nel caso in cui la curiosità e la creatività non riescano a emergere, si dovrebbero mettere in atto tutti i tentativi necessari per aiutare i ragazzi a superare gli ostacoli che ne impediscono l'espressività e la progressione. Innanzitutto l'educatore dovrà comprendere quale sia la natura che la consistenza degli ostacoli e incoraggiare il bambino a fronteggiarli, a cercare e a provare soluzioni, anche temporanee.

L'inibizione, il mascheramento creativo sono generalmente dovuti a due fattori principali: a) insicurezza e sfiducia nelle proprie capacità, di varia origine; b) educazione ricevuta soprattutto o esclusivamente in termini restrittivi e autoritari. Nei ragazzi ai quali vengono continuamente imposti modelli convenzionali, regole rigide, schemi dogmatici si evidenzia spesso lo sviluppo di un'accentuata tendenza verso atteggiamenti di dipendenza e acritico conformismo, il ricorso frequente alle imitazioni e la generale preferenza a svolgere attività secondo una traccia nota o una guida esterna. I disegni spontanei sono molto eloquenti: solitamente viene ripetuto un modello in una forma rigida e stereotipata. La loro marcata difficoltà a produrre qualcosa di nuovo, li induce a rifugiarsi nella reiterazione di comportamenti convenzionali, a mascherare i loro interessi creativi e a ripiegare verso modelli conformistici.

L'istruzione scolastica si diversifica per i metodi e per i contenuti dalla preparazione acquisita in una certa disciplina: la persona creativa può essere stata penalizzata da un'eccessiva educazione razionale reprimendo il proprio talento, ma spesso consegue un adeguato apprendimento nelle materie, nelle aree in cui si esprime la creatività. Per chi è creativo, una delle molteplici aree artistiche diventa un motivo infinito di sfide, di soddisfazioni e di possibilità di espressione e di esplorazione. La rivelazione di un talento precoce non prelude necessariamente allo sviluppo di un'elevata e concreta creatività. Tuttavia, gli individui creativi hanno evidenziato precocemente interessi per posizioni preminenti e una volta assunte tali posizioni hanno compiuto rapidi progressi.

In molte situazioni della vita di una persona creativa è possibile identificare "un'esperienza correlata alle abitudini" – una sorta di consolidamento del sentimento di sicurezza attraverso la costante presenza di riferimenti – che ha determinato le maturazioni successive degli interessi: la mente del giovane si orienta e si organizza su un determinato obiettivo; si può manifestare l'improvviso interesse o attaccamento a un certo settore, una forte motivazione e un intento deciso riguardo a ciò che si vuole fare della propria avventura esistenziale.

3.4
Creatività nel disegno

In età infantile, la creatività – oltre che nell'attività ludica – si esprime frequentemente attraverso il disegno. Nei primi due anni di vita, l'intelligenza si manifesta principalmente nell'azione, nelle attività pratiche e manipolative.

Nel primo stadio degli scarabocchi, i primi abbozzi di disegni (corrispondono alla fascia di età compresa fra 15 mesi e i due anni), il bambino traccia casualmente delle linee, talvolta protendendo lo sguardo in altre direzioni, spinto dal piacere del movimento e successivamente dal gusto del produrre, soddisfatto di ciò che realizza. Generalmente a questa età rimane affascinato dai propri scarabocchi che lo impegnano, in modo continuo, per diversi minuti, anche se la coordinazione dei movimenti non è ancora completamente controllata e i segni tracciati appaiono disordinati, privi di linearità.

Dopo circa sei mesi, da quando ha iniziato a scarabocchiare, egli progredisce nel disegno. Si verifica un maggior coordinamento fra capacità visive e motorie e contemporaneamente il bambino inizia a rendersi conto che può eseguire, guidare il suo movimento per produrre determinati segni. Compaiono linee verticali, orizzontali, circolari: è la fase definita dello "scarabocchio controllato".

Dopo circa altri sei mesi, sempre più interessato e soddisfatto da quanto compone, il fanciullo inizia a personalizzare i suoi scarabocchi assegnando spontaneamente un nome a questi abbozzi di disegni che sono poco dissimili da quelli precedenti. Tuttavia, questa nuova fase rispecchia l'evoluzione del pensiero che è diventato simbolico e rappresentativo. Il significato simbolico dello scarabocchio risulta evidente con le spiegazioni e con i commenti ad alta voce che il bambino esprime mentre disegna e che intendono definire le linee e i segni tracciati come la mamma, il papà, la palla, il cane e altri oggetti e figure dell'ambiente in cui è inserito e con il quale interagisce.

Successivamente, verso i quattro anni, appaiono i primi abbozzi di figura. Inizialmente si tratta di tentativi di riprodurre un corpo umano composto unicamente da una palla equivalente alla testa e da linee verticali che rappresentano gli arti inferiori: verranno poi aggiunti quelli superiori; più avanti apparirà una nuova forma chiusa, il tronco fra la testa e gli arti inferiori e altri segni all'interno e all'esterno del viso per rappresentare gli occhi, il naso, la bocca e i capelli. Nell'attività simbolica dei bambini si vedono anche i primi abbozzi del disegno della casa e di altri oggetti noti, quali la macchina, il gatto, ecc. I colori sono usati in modo totalmente soggettivo. Il bambino si serve dei pastelli colorati in base alle sue preferenze, prescindendo dal riferimento al modello reale, per cui i volti possono essere rossi o blu, il cane verde o giallo. Già in questa prima fase il disegno e la pittura spontanea consentono al bambino di esprimere liberamente le sue esperienze, sia relative al proprio corpo, che agli spazi fisici che occupa e di sviluppare la fantasia.

Durante il periodo dell'egocentrismo, il disegno spontaneo riflette ampiamente le rappresentazioni mentali, parzialmente svincolate dalle leggi dell'organizzazione percettiva. Il bambino disegna quanto sperimenta, senza preoccuparsi di rispettare l'ordine e la struttura obiettiva delle cose, ma in base al loro impatto emotivo. Egli potrà quindi disegnare un volto, poi a una certa distanza gli occhi, un tavolo e più avanti la casa che dovrebbe contenerlo.

In particolare, le dimensioni eccessive degli oggetti riflettono non le proporzioni e i rapporti che essi hanno con la realtà, ma l'interesse e l'affetto suscitati nel bambino. Per effetto della distorsione percettiva, i bambini tendono facilmente a disegnare figure umane più grandi degli alberi e delle case e a rimpicciolire nel disegno il fratello o la sorella maggiore considerati come rivali. Deformazioni e omissioni nei disegni dipendono da come il bambino vive la situazione sul piano emotivo.

In questo primo periodo il disegno appare già strettamente correlato alla maturazione intellettiva, affettiva e sociale. Per esempio, il fanciullo che si è legato a uno schema che ripete in continuazione senza l'apporto di un minimo cambiamento, è molto probabilmente insicuro e inibito nella creatività; il bambino che a cinque anni disegna ancora la figura umana sulla base dello schema iniziale testa-gambe, rivela un ritardo nella percezione dello schema corporeo (questo ritardo si verifica anche nei minori superdotati intellettualmente, quando non è stato ancora raggiunto un adeguato sviluppo sociale).

Mentre il bambino si libera progressivamente dal suo comportamento egocentrico, le sue percezioni diventano "più obiettive", accentuandosi sopratutto dai sei-sette anni di età. Nel disegno si coglie la relazione fra il colore e l'oggetto; mentre la rappresentazione dello spazio è indicativa di una nuova consapevolezza inerente ai rapporti spaziali, la figura umana appare sempre completa nelle sue caratteristiche principali. In questa fase il bambino progredisce sotto l'aspetto cognitivo non rappresentando più oggetti in riferimento esclusivamente a se stesso, ma in una relazione logica fra loro. Non succederà più che gli occhi siano disegnati all'esterno del viso, né che i vari oggetti compaiano in una sequenza casuale, per esempio un'automobile, una casa e un bambino raffigurati in ordine sparso e disposti dove capita, ma l'automobile sarà riprodotta sulla strada e il bambino all'interno della macchina. I vari oggetti vengono collocati su una linea principale di base che può rappresentare una strada, un terreno e un pavimento: tale attitudine è rilevabile in ogni disegno spontaneo realizzato dai bambini di questa età.

Alcuni studiosi asseriscono che la linea di base non può derivare da esperienze visive del bambino, in quanto né gli oggetti, né le persone collocate su un terreno si appoggiano in realtà su un'unica linea: si tratta soprattutto di un fenomeno universale che può essere concepito quale componente dello sviluppo del fanciullo, come il correre e il saltare. La linea di base potrebbe derivare dall'esperienza percettiva, anche se il bambino non la riproduce in modo corretto. Egli percepisce un ordine nella disposizione degli oggetti, che ripete in modo semplificato e sintetico, con un processo analogo a quello che si verifica per la rappresentazione della figura umana. Che il bambino non esprima unicamente le percezioni visive è dimostrato dal fatto che facilmente "vede" con l'immaginazione ciò che non si potrebbe vedere in realtà: per esempio, attraverso i muri esterni di una casa riesce a visualizzare l'interno. In genere oltre la linea di base su cui sono collocati i vari oggetti, appare una seconda linea, quella del cielo, a una rimarchevole distanza dalla prima.

La maturazione dei concetti nel periodo dai sei ai nove anni rende il bambino sempre più abile a raggruppare gli oggetti secondo categorie logiche che esprime chiaramente nelle sue rappresentazioni grafiche. Così nel disegno spontaneo i concetti sono espressi mediante schemi particolarmente esemplificati, stilizzati, ma riproducenti ogni caratteristica essenziale. Come ciascun individuo acquisisce ed elabora modelli di pensiero in modo soggettivo, per cui lo stesso concetto ha connotazioni diverse da persona a persona, così ogni bambino apprende le rappresentazioni e gli schemi dei vari oggetti dalla propria esperienza.

Per esempio, dopo molte prove, il fanciullo giunge alla comprensione di uno schema della figura umana. Mentre nella fase precedente il disegno di uomo si modificava continuamente, ora si tende a ripetere lo schema, che tuttavia è sempre diverso da quello di altri coetanei. Lo schema riproduce l'esperienza in modo esemplificato, sintetico: è composto da linee e figure geometriche che rappresentano il corpo, la faccia, le braccia e le gambe; è notevolmente individualizzato, in quanto costituisce l'effetto di numerose esperienze percettive, cinestesiche, emotive con le quali il bambino ha acquisito un concetto della propria identità corporea.

Lo schema caratteristico di questa età, pur connotato dalla ripetitività, si differenzia dal disegno stereotipato riscontrabile negli insicuri e inibiti; le rappresentazioni mentali si differenziano, si modificano in base all'esperienza che il bambino intende raffigurare e proporre. Le peculiarità soggettive, come le dimensioni ecces-

3.4 Creatività nel disegno

sive, sproporzionate attribuite a una parte anatomica e la trascuratezza o l'omissione di altre parti, evidenziano sempre vissuti emotivi correlati a questa o a quella parte anatomica.

Il colore viene spesso utilizzato secondo uno schema astratto e simbolico: l'azzurro per indicare il cielo, il verde per il prato. Ma anche in questo caso lo schema colore-oggetto è ottenuto attraverso le esperienze individuali dirette e indirette (mediante illustrazioni e figure), per cui sono rilevabili differenze fra bambino e bambino. La rappresentazione spazio-temporale evidenzia come il bambino nel disegno tenda a vivere un'esperienza complessa che trascende i limiti della percezione visiva.

Dai nove anni in avanti si evidenziano graduali cambiamenti in diverse direzioni nei disegni che dimostrano i progressi della maturazione percettiva e intellettiva e contemporaneamente una diversa sensibilità e un nuovo gusto per la descrizione. Scompaiono progressivamente gli schemi ripetitivi per rappresentare gli oggetti, ora riprodotti con ricchezza di dettagli e sfumature. Nel disegno si evidenzia una più acuta capacità di osservazione del ragazzo che gli consente di cogliere numerosi aspetti dell'ambiente che lo circonda. Questo evento può essere dovuto, almeno in parte, al definitivo superamento dell'egocentrismo, rendendo l'individuo più sensibile e obiettivo verso il mondo esterno. Anche le proporzioni degli oggetti diventano più realistiche: scompaiono la maggior parte degli ingrandimenti e deformazioni con cui il bambino investiva le proprie risorse emotive sulle varie figure, ora focalizzate sulla particolare ricchezza e articolazione dei dettagli. In merito al colore si assiste al superamento del rigido schema oggetto-colore; il ragazzo manifesta una nuova sensibilità e capacità di osservazione dei colori stessi che vengono utilizzati in modo più variegato e differenziato. La rappresentazione spaziale rileva una maggiore maturità nel cogliere i rapporti e nel comprendere alcuni fenomeni visivi.

La linea di base continua ad apparire, ma al di sotto di essa lo spazio assume un'importanza e un'evidenza del tutto nuove. Il terreno acquista un significato concreto tramite particolari realistici che lo caratterizzano, come ondulazioni, strade, pozzanghere, marciapiedi ecc. Pure in questo ambito viene superato lo schematismo dello stadio precedente. Una nuova consapevolezza delle caratteristiche del mondo fisico porta a una rappresentazione più realistica della sovrapposizione e della disposizione degli oggetti. Quello in primo piano ora nasconde ciò che rimane dietro, coperto avendo il ragazzo superato la fase della "trasparenza".

Verso gli undici anni è rilevabile un ulteriore progresso nella rappresentazione naturalistica; il ragazzo diventa sempre più consapevole dei diversi effetti ottici indotti dalle varie condizioni ambientali, dalle variazioni di luce e spazio, e sempre più attento a cogliere i particolari e le sfumature nelle situazioni. Attualmente egli ha acquisito una notevole maturazione nella percezione tridimensionale degli oggetti e una nuova coscienza della prospettiva e delle sue visioni ottiche; disegna gli oggetti più piccoli in lontananza e tende a far convergere le linee parallele, quando queste si allontanano dal primo piano. La descrizione dei particolari si arricchisce di ulteriori elementi, diventa più flessibile, gli abiti disegnati acquistano maggiore scioltezza rispetto al periodo precedente. Tale scioltezza viene sottolineata, per esempio dall'orlo delle gonne non più rigido, ma ondulato per suggerire le pieghe, dalle ombreggiature e dalle sfumature di colori che cercano di esprimere la plasticità della forma e il movimento. L'espressività dei volti diventa più varia e significativa, come quella della figura intera, in cui acquistano importanza nuovi particolari, quali per esempio le articolazioni che rendono possibile una maggiore variazione di movimenti e di gesti.

La preadolescenza è caratterizzata anche da un rinnovato interesse per i caratteri sessuali che spesso si proietta nel disegno, in cui questi elementi vengono evidenziati e valorizzati. La maggiore sensibilità emotiva, prerogativa di questa età, può esprimersi nell'uso specifico dei colori, che si differenziano sempre di più nei singoli ragazzi, manifestando le inclinazioni, le attitudini personali di ognuno. In alcuni casi predominano i colori sfumati e tenui, espressione dei sentimenti di tristezza e insicurezza che preannunciano le future crisi adolescenziali; in altri casi i colori vivaci e di tonalità intensa esprimono la forza vitale e la gioia di vivere del ragazzo. Con l'adolescenza si accentuano notevolmente le differenze della personalità e delle attitudini. Nei disegni di alcuni è prevalente lo spirito critico che può indurre a una ricerca minuziosa dei particolari, a un'acuta analisi visiva ed esplorativa della situazione, a un'accurata rappresentazione degli effetti ottici di luce e di ombra, specialmente in relazione alla prospettiva e al movimento. Nei disegni di altri, l'espressione appare dominata dal significato emotivo che si esprime sia attraverso l'uso prevalente dei colori che tramite deformazioni egocentriche dei particolari. Il ritorno all'espressione soggettiva è tipico dell'adolescenza, in cui il ragazzo è coinvolto in forti conflitti emotivi non sempre facilmente controllabili.

Talvolta un blocco emotivo, che può indurre un sentimento di alienazione e di inibizione, si riflette nella difficoltà o nell'incapacità di espressione grafica, per cui il ragazzo si rifiuta di disegnare o si rifugia nell'imitazione e nella ripetizione di modelli stereotipati. Alcune volte, purtroppo, tale condotta di ripiego è riconducibile a esperienze scolastiche negative che determinano l'abitudine a collegarsi a modelli preesistenti o ad opere altrui, invece di provare a esprimere creativamente i propri pensieri e sentimenti.

3.5
Setting e creatività infantile

Un particolare problema, sollevato dalla valutazione delle potenzialità di pensiero creativo infantile, consiste nella difficoltà di predisporre un ambito di rilevazione che, pur rispettando le esigenze di controllo specifiche di ogni procedura psicometrica, rispecchi le caratteristiche delle situazioni in cui di solito la creatività affiora. Più precisamente, per favorire l'espressione della creatività, sono state modificate le procedure di applicazione degli appositi strumenti valutativi, rispetto a quelle comunemente adottate per altre prove, in modo da consentire al bambino di attingere liberamente a processi cognitivi inconsueti. Con questa finalità, in genere i test sulla creatività sono presentati in forma di gioco, in un'atmosfera distesa, e non si impongono limiti temporali per le risposte. Le stesse istruzioni fornite nelle prove per misurare i livelli di creatività evidenziano la natura non valutativa – secondo i criteri tradizionali – delle prove stesse e invitano le persone a esprimere ogni idea, senza la preoccupazione di doversi adeguare a modelli precostituiti e/o ad esigenze di accettabilità e desiderabilità sociale.

L'espressione del pensiero creativo infantile è favorita, oltre che da fattori riconducibili al contesto e alle procedure di applicazione, dalla qualità del rapporto che intercorre fra l'esaminato e l'esaminatore. Inoltre, si è osservato che l'applicazione collettiva dei test sulla creatività tende a riportare punteggi superiori rispetto a quella individuale; il contesto della relazione diretta fra esaminatore e bambino presenta fattori e variabili che spesso rischiano di inibire le capacità intellettive divergenti dell'esaminato.

Per verificare se, nell'ambito di un contesto di applicazione individuale e di una fascia di età poco studiata in relazione al pensiero creativo, il tipo di rapporto che esiste fra il bambino e l'operatore influisca sulle performance creative di quest'ultimo, è stata condotta una ricerca sui bambini di quattro-cinque anni, finalizzata a valutare gli effetti svolti dalla familiarità/estraneità dell'esaminatore sull'espressione di capacità intellettive collegate alla creatività ed evidenziate da prove considerate abitualmente indici di vari aspetti del pensiero creativo. Alcuni bambini sono stati sottoposti a varie prove di creatività tramite l'intervento diretto del proprio insegnante (condizione "esaminatore familiare"); ad altri bambini i test sono stati applicati da un insegnante mai incontrato precedentemente (condizione "esaminatore estraneo").

Nella maggior parte sia delle prove di creatività applicate sia dei punteggi registrati, si riscontra la presenza di differenze significative nelle prestazioni, connesse a caratteristiche ed effetti dell'esaminatore e/o alle interazioni fra esaminatore ed età. Più precisamente, nella maggior parte dei punteggi si ottengono prestazioni superiori nei bambini a cui la batteria di test è stata applicata dal proprio insegnante. I fanciulli di quattro anni hanno rendimenti decisamente inferiori con un esaminatore estraneo rispetto a uno conosciuto, familiare, mentre quelli di cinque anni con il primo tipo di esaminatore o hanno prestazioni migliori o non molto inferiori rispetto a quelle con un esaminatore familiare.

Il ruolo dell'età sembra concernere l'atteggiamento e la reazione nei confronti della presenza di un estraneo; mentre i bambini più piccoli vengono limitati nelle possibilità delle loro espressioni da un esaminatore a loro non familiare, i bambini più grandi riescono a superare eventuali timori od ostilità indotti dalla persona estranea, che in certi casi agisce da stimolatore di produzioni divergenti. In particolare, l'inibizione prodotta dall'estraneo è più accentuata nelle prove di produzione libera dei propri pensieri, nelle quali il bambino deve esprimere i suoi contenuti mentali compiendo una ridotta valutazione. Tale inibizione è meno rilevante nelle prove in cui è richiesto un certo grado di organizzazione strutturale e quindi una valutazione della loro adeguatezza. Verosimilmente, nel primo caso l'esaminatore estraneo induce il bambino ad attuare un'analisi preliminare delle sue possibili risposte, a escludere quelle eccessivamente divergenti e a fornire risposte più convenzionali; ne risulta una produzione di idee meno abbondante e diversificata, più conformistica rispetto a quella osservabile in presenza di un esaminatore familiare. Nel secondo caso, la presenza di un esaminatore conosciuto, familiare non aiuta in modo particolare il bambino, in quanto egli è comunque invitato dalla natura stessa del compito a eliminare risposte eccessivamente bizzarre e non rispondenti ai vincoli imposti dal contesto e dalla relazione sperimentali.

3.6
Creatività ed equilibrio emotivo

Varie funzioni sono svolte da questa attitudine tipicamente umana: solamente tramite l'esercizio di tale abilità l'individuo può realizzare pienamente se stesso e la sua presenza è indice di equilibrio e di stabilità emotiva.

Chi è insicuro e turbato da ansie e timori o predisposto alla depressione difficilmente può essere creativo, sia perché manca della fiducia in se stesso, che sta alla base della motivazione all'autorealizzazione, sia perché queste condizioni psicologiche non consentono esperienze serene e realistiche. Una persona non potrà costruire o produrre qualcosa di nuovo quando, per proteggere se stesso, inconsciamente permette alle sue tendenze di raggiungere lo stato di coscienza in maniera distorta, non potrà attivare le sue energie fisiche, intellettive e affettive per dare vita a un comportamento integrato, come è necessario nell'atto creativo, se è connotata da una tensione profonda, né potrà avere uno slancio verso il futuro, credere in ciò che fa, se è affetta da depressione e sfiducia nelle proprie capacità.

Qualora si senta sicura e libera psicologicamente avrà maggiore probabilità di esprimere la sua creatività costruttiva. Questa condizione non evita alla persona creativa di avere limitazioni, dolori e contrarietà. In passato molte opere creative sono state realizzate in condizioni di costrizioni o problemi rilevanti. Evidentemente, l'artista è riuscito a superare le difficoltà senza alterare il proprio equilibrio personale, in modo da realizzare la sua opera attraverso un comportamento integrato, espressione di tutti gli aspetti della personalità. Si deduce che tutti i limiti imposti non insidiavano la libertà individuale profonda e le basi di sicurezza psicologica dell'artista. Così, pure Dante compose la sua opera più creativa durante gli anni dolorosi dell'esilio: ciò fu reso possibile anche dal fatto che non cessò mai la speranza che le cose cambiassero in meglio. Una fiducia profonda nelle sue convinzioni gli aveva permesso di reagire al dolore in modo valido e costruttivo, un notevole equilibrio favorì una rara integrazione di eccezionali potenzialità emotive e intellettive.

La relazione fra sentimento di sicurezza ed espressione creativa è stato esaminato in vari studi; il sentirsi sicuri permette di affrontare meglio le situazioni nuove, di sviluppare e potenziare le competenze immaginative. L'atmosfera emotiva – familiare, sociale e culturale – esercita una funzione determinante soprattutto nei primi anni della crescita e della formazione della personalità. I bambini che non vivono in un clima di sicurezza emotiva possono risentirne nella loro maturazione affettiva e intellettiva. Essi possono presentare ansia e insicurezza che ostacolano l'esplorazione dell'ambiente, l'assimilazione di nuovi stimoli: condizioni indispensabili allo sviluppo emotivo e cognitivo. I bambini che non manifestano curiosità verso il mondo che li circonda, che tendono a intimorirsi – pur in presenza di figure di riferimento e nel loro ambiente abituale – di fronte a condizioni o persone sconosciute, che appaiono eccessivamente timidi, ritrosi, sfuggenti hanno molto probabilmente vissuto esperienze negative con conseguente inibizione della creatività, precarietà del sentimento di sicurezza, fragilità degli affetti e dei pensieri.

L'essere creativo permette di confrontarsi, di trovare soluzione in eventuali situazioni difficili, potenzialmente disadattive. Per chi non lo è, tali situazioni si trasformano spesso in esperienze deprimenti, in quanto la persona ha un bisogno disperato di certezza, di sicurezza, di ordine e si attacca con forza a quanto è familiare. In alcuni casi il bisogno di ordine e di precisione, congiuntamente all'inibizione delle abilità immaginative, può culminare in forme patologiche, ossessive: in queste circostanze l'estrema insicurezza, associata a un'angoscia profonda e all'incapacità di utilizzare le competenze creative, induce alla ricerca esasperata di una situazione precisa, chiaramente definita e ordinata secondo schemi rigidi. Viene ricercata e "trovata" una forma di apparente sicurezza a scapito della libertà di pensiero e di espressione. Meglio il fittizio di una presenza che il suo vuoto, la maschera che il suo nulla.

L'educatore – specialmente genitore e insegnante – deve essere consapevole che è necessario preparare il ragazzo a immaginare, a prevedere, a considerare momenti particolari, inevitabili, in cui la vita richiede di accettare e di confrontarsi con il dubbio, l'indefinito, l'imprecisato e talvolta anche con ciò che appare o si sperimenta come disordine per poter procedere a nuove strutturazioni, organizzazioni e certezze. Scriveva Nietzsche: "Bisogna avere un caos dentro di sé per generare una stella danzante".

3.7
Creatività e autonomia personale

Un atteggiamento creativo è la migliore garanzia per una libertà personale. Tuttavia, esiste nel mondo attuale una tendenza a limitare gli individui e a dominarli con il potere economico, politico o militare, spesso imposto attraverso un abile condizionamento, caratterizzato da slogan, da "persuasioni occulte" della propaganda e dei mass-media. Viene facilmente sottomesso chi ha sviluppato una tendenza verso il conformismo e l'accettazione acritica di quanto gli viene proposto dalle autorità, chi ha percezioni rigide secondo schemi fissi e comuni pregiudizi che sono generalmente ben sfruttati da chi organizza condizionamenti su larga scala: si pensi a quante volte il nome di "patria" o di "focolare domestico" veniva utilizzato per assicurarsi l'adesione emotiva e in questo modo suscitare determinate opinioni e atteggiamenti. Chi invece è abituato all'autoanalisi, all'esercizio della crescita, a pensare in libertà, beneficia di atteggiamenti creativi e autonomi, ha una visione problematica della realtà, opporrà maggiore resistenza ai tentativi di asservimento.

Molti studiosi hanno messo in evidenza come l'atteggiamento creativo si sviluppi nel tempo e come, specialmente durante l'infanzia, se le condizioni ambientali sono favorevoli, si possano notevolmente potenziare e consolidare le competenze creative presenti in ogni individuo. Si pensa, perciò, che per promuovere una società composta da uomini liberi e creativi, si debba garantire al bambino la possibilità di vivere esperienze positive. Il bambino è spontaneamente creativo se è sereno e felice; le sue attività spontanee nel gioco, nelle costruzioni, nel disegno libero lo dimostrano con particolare evidenza. Nel corso della crescita, la sua creatività segue diverse fasi che riflettono lo sviluppo globale della sua personalità e del suo pensiero.

3.8
Condizioni che promuovono la creatività

L'educatore che coglie l'importanza della creatività in rapporto allo sviluppo della personalità dell'allievo, alla sua futura impostazione nella vita di adulto e desidera promuovere e incentivare tale attitudine, deve tenere conto delle differenti tappe evolutive e delle specifiche esperienze vissute dal bambino per poter realizzare le condizioni ottimali di espressione delle sue capacità immaginative. Una buona preparazione per la futura attività creativa è assicurata dalla possibilità di "creare" costantemente secondo il livello di sviluppo raggiunto. Pur non sottovalutando esigenze particolari legate alle varie fasi dello sviluppo, esistono tuttavia condizioni generali fondamentali e necessarie per stimolare l'atto creativo.

Innanzitutto, come sostengono vari studiosi, la sicurezza psicologica deve essere garantita e considerata come valore incondizionato, base essenziale per ogni sistema educativo. L'insegnante deve stimolare la creatività, consapevole delle potenzialità dell'allievo, al quale deve dimostrare una fiducia totale, indipendentemente dalle condizioni contingenti. L'allievo coglie questo atteggiamento che gli trasmette un'atmosfera di sicurezza; si sente come una persona valorizzata a prescindere da quello che fa e ciò gli permette di abituarsi a superare gradualmente le incertezze, a mostrarsi con crescente sicurezza per quello che è, e tentare in questo modo di realizzare se stesso senza inibizioni, in attività spontanee e creative.

In secondo luogo occorre rinunciare alle valutazioni. Se il bambino si impegna in un'attività in cui non viene valutato e giudicato, egli si sente molto più libero di esprimersi e di agire. Inoltre, se non è soggetto a giudizi esterni, indirizzerà la sua esperienza verso i suoi gusti e curiosità e ciò faciliterà una più chiara comprensione di se stesso, oltre ad abituarlo a ricorrere a una fonte interiore di valutazione.

Inoltre appare di primaria importanza saper comprendere pienamente l'allievo, identificarsi nei suoi sentimenti e nelle sue azioni, cercare di vedere il mondo come egli lo percepisce, dal suo punto di vista. In questo modo gli si possono offrire migliori contributi e strumenti per costruire e incrementare il suo senso di sicurezza, facilitare l'espressione della sua personalità attraverso la realizzazione di nuove attività, lo sviluppo di interessi e progetti.

È necessario anche permettere una libertà incondizionata di espressione simbolica. Il bambino esprime spesso ciò che pensa e sente nell'azione simbolica. In questo modo egli sperimenta una completa libertà psicologica e al tempo stesso tende ad attivare le condizioni interiori della creatività costruttiva.

Si evidenzia che essendo l'identificazione con i propri simili uno dei più importanti presupposti per la collaborazione alla base della scienza pedagogica, dovrebbe essere promossa l'autoidentificazione dell'insegnante con i bisogni del bambino e di questi con le proprie esigenze. Dallo sviluppo della creatività dei bambini può dipendere realmente il futuro della nostra gioventù, poiché è in gioco la loro capacità di vivere cooperando nella società, come di acquisire una personalità equilibrata, armoniosa, di soccorrere e sostenere chi si trova in difficoltà.

Diviene sempre più urgente e indispensabile una preparazione psicologica degli insegnanti, un percorso formativo di studio, di approfondimento delle dinamiche relazionali e degli aspetti peculiari, delle fasi dell'età infantile e adolescenziale. Tuttavia, le caratteristiche dell'insegnante, maggiormente favorevoli a garantire un adeguato sviluppo alla creatività dell'allievo, dipendono prevalentemente dalla personalità del docente, soprattutto dalla sua sensibilità, disponibilità e duttilità nelle relazioni con l'ambiente e si traducono nella capacità di immedesimarsi, di porsi il più possibile al posto dell'altro, di conoscerne e comprenderne i bisogni e stimolarne eventualmente la creatività.

Quanto alle attività simboliche, sono state spesso trascurate dagli educatori, in quanto non è stata adeguatamente sottolineata l'importanza delle azioni improntate all'immaginazione e all'inventiva nel promuovere lo sviluppo della personalità del bambino. La funzione del gioco simbolico è molteplice: ha un effetto liberatorio dai sentimenti e dalle emozioni negative e garantisce ai bambini soddisfazioni e gratificazioni che superano i limiti imposti dalla realtà quotidiana.

Il bambino le cui attività fuori dal gioco sono evidentemente limitate per vari motivi, nella situazione ludica vive, attraverso la fantasia, esperienze molto più varie e importanti. Egli può diventare un astronauta, un pilota di aerei, uno scienziato, raggiungere luoghi lontani, sperimentando il gusto delle invenzioni e della creatività. Spesso inizia con una situazione imitativa che nasce dal bisogno di esprimere emozioni e sentimenti rivivendo determinate circostanze ed esperienze; in seguito prevalgono l'invenzione e l'immaginazione che arricchiscono e articolano sempre di più le rappresentazioni e le storie. Nella tarda infanzia i bambini cercano luoghi appartati, esclusivi per realizzare spesso in situazioni di gruppo giochi che fanno vivere loro avventure suggestive, alla ricerca di una sorta di indipendenza e tutela del loro mondo fantastico, lontano dagli occhi indiscreti ed estranei degli adulti.

Il contatto con la natura, con i suoi colori, suoni e immagini può essere molto stimolante: i boschi, i prati, i torrenti alimentano la creatività del bambino e stimolano il fascino del mistero, il gusto dell'invenzione e della scoperta.

Le esperienze dell'infanzia lasciano spesso tracce profonde nella vita adulta; la creatività espressa, sperimentata, traccia le sue memorie e le sue potenzialità di crescita. Qualora il bambino non riesca a manifestare la sua creatività, gli insegnanti dovrebbero impegnarsi per aiutarlo a superare gli ostacoli che ne impediscono l'espressione. Innanzitutto l'educatore dovrà comprendere la natura di tali ostacoli ed escogitare, anche insieme all'allievo, le migliori strategie per aggirarli o vanificarli.

La libertà espressiva consente al fanciullo di sviluppare le sue capacità immaginative, di manifestare ciò che pensa e prova. Schemi rigidamente imposti, metodi didattici, educativi esclusivamente razioformi tendono a inibire le abilità creative; ma forse anche l'eccessivo spazio di azione lasciato ad alcuni bambini può essere percepito, vissuto come un atteggiamento di disinteresse, di abbandono, di scarsa considerazione della propria attività produttiva, fantastica. La creatività per esprimersi, per realizzarsi compiutamente richiede equilibrio emotivo, armonia interiore che solo attraverso un'educazione adeguata, corretta, un clima relazionale favorevole, un ambiente – familiare, scolastico, sociale – sensibile, attento alle esigenze affettive e comunicative del bambino, alla sua curiosità, è possibile promuovere, garantire, sviluppare.

3.9
Esempi di creatività in età infantile

I cosiddetti "bambini-prodigio" hanno sempre attirato l'attenzione dei singoli e dei gruppi, anche perché rappresentano modelli di espressione creativa apparentemente non condizionata. Poiché non sempre è stato così, da quando si può riconoscere (ammesso che sia possibile) questa sorta di laicizzazione della creatività?

In effetti, una fra le più antiche determinazioni della creatività infantile è stata collegata con il concetto di santità: le eccezionali doti di conoscenza, le attività prodigiose erano spesso correlate a un'esistenza regolata da tempi e spazi differenti da quelli comuni. La vita poteva essere drammaticamente e insolitamente breve, ovvero lunga e trascorsa talora nella separazione dal mondo.

Nel Settecento la creatività infantile diviene di dominio pubblico: il suo spettacolo intrattiene salotti e corti. Non mancano vicende e vite che potremmo definire drammatiche, come quella di Christian Heinrich Heinecken (1721-1725), più noto come "il bambino prodigio di Lubecca", che nei primi anni di vita imparò le sacre scritture, il latino, il francese, la storia e la geografia, fu proposto come esempio della nuova pedagogia del suo tempo e fu mostrato a corti, accademie e salotti (Guerzoni, 2006).

Tuttavia, sono altri i modelli che si propongono e restano nella cultura: si tratta di una creatività che caratterizza una vita sufficientemente lunga da poter essere ricordata. Si tratta di vite e creatività che danno una celebrità unita alla popolarità.

3.9.1
L'ambito musicale

La storia della musica ci ha tramandato molti esempi di bambini-prodigio, talvolta con caratteristiche di aneddotica che scivolano verso la leggenda.

Tutti ricordiamo i tratti singolari dell'esistenza (e la sua fine, che provocò e provoca continue discussioni) di Wolfgang Amadeus Mozart (1756-1791): già a quattro anni egli si esercitava al clavicembalo e nel 1762 scrisse il suo primo *minuetto*, seguito da un *Allegro* in si bemolle (si può considerare come un tempo da Sonata già compiuto e completo) (Mozart, Schubert, Bach, Liszt, 2009).

Anche altri musicisti possono essere ricordati.

Giovanni Battista Pergolesi (1710-1736), nell'infanzia dimostrò precoci capacità musicali nella città natale, Jesi (ove iniziò la sua formazione musicale presso la cappella musicale comunale e in quella del duomo locale), e fu inviato a Napoli per completarla. Assunse in breve tempo un importante ruolo di violinista e compose il suo capolavoro, lo *Stabat Mater*, poco prima della morte: ciò può essere considerato anche un esempio di "ultima creatività". Il tratto drammatico del termine della sua breve vita (minato dalla tisi, nel 1735 egli si era ritirato nel Convento dei Cappuccini a Pozzuoli) contribuì a riservargli un posto nella mitologia musicale.

Anche nell'Ottocento non mancano i bambini-prodigio. Fryderyk Franciszek Chopin (1810-1849), conosciuto anche come Frédéric François Chopin (a 21 anni si trasferì a Parigi), esempio di prodigiosità e di creatività transgenerazionale; nacque infatti in una famiglia di musicisti: il padre suonava il flauto e il violino, la madre cantava accompagnandosi al piano; precocissimo pianista e compositore, suonò sin da piccolissimo nei migliori salotti di Varsavia; a sette anni debuttò con la *Polacca in Sol minore*.

Si può inoltre ricordare George Bizet (1838-1875), la cui precocità gli consentì di imparare la notazione musicale prima della scrittura e fu ammesso in anticipo (a soli 9 anni) a seguire i corsi al Conservatorio parigino. Volendo citare anche un musicista dalle idee completamente opposte, si può ricordare Charles Camille Saint-Saëns (1835-1921) che compose un breve pezzo per pianoforte a 4 anni (e la sua prima esibizione pubblica risale all'anno seguente).

Anche Claude Debussy (1862-1918), che colleghiamo non solo allo sviluppo del pianoforte, ma anche al più generale movimento artistico parigino del tempo entrò precocemente nel mondo musicale (la sua composizione per voce e pianoforte *Ballade à la lune* è del 1879).

Per quanto concerne il mondo musicale, deve però essere considerata la prassi consolidata che prevede un training formativo iniziato in tenerissima età. Come valutarla, in relazione alla creatività? Si pensi al training violinistico di Niccolò Paganini (1782-1840), che iniziò nella più tenera età (già intorno ai quattro anni): implacabile, severo, meticoloso.

Sviluppò la creatività o la condizionò?

3.9.2
L'ambito letterario

Posto che la creatività dell'infanzia si propone in minor grado nelle discipline scientifiche rispetto all'ambito artistico, nella letteratura appare meno evidente la produzione di autori giovanissimi, rispetto a quanto avviene in ambito musicale. Non mancarono, tuttavia, autori che diedero prova di creatività, producendo opere mature in età giovanile.

Se gli esempi di competenza critica già compiuta, come nel caso di Victor Hugo (1802-1885), che in giovanissima età era in grado di commentare i principali autori classici, possono far riferimento all'intensità degli studi condotti, esistono casi che fanno pensare a una vera e propria creatività giovanile.

Ad esempio, e per restare nel nostro ambito culturale, Alberto Moravia (pseudonimo di Alberto Pincherle, 1907-1990) pubblicò quello che è considerato il suo più importante (e primo) lavoro nel 1929: si tratta del romanzo *Gli indifferenti* (iniziato nel 1925). Moravia pubblicò oltre trenta racconti e romanzi; reportages giornalistici; sceneggiature cinematografiche; opere teatrali. Fu anche impegnato politicamente ed eletto al Parlamento Europeo.

Luigi Pirandello (1867-1936), premio Nobel per la letteratura nel 1934, a soli dodici anni, dimostrando precocemente il suo interesse per il teatro, scrive una tragedia andata perduta; nel 1889 pubblica *Mal Giocondo*, una raccolta di poesie che aveva cominciato a comporre a sedici anni.

Un altro esempio di creatività dell'infanzia può essere considerato Howard Phillips Lovecraft (1890-1937), che viene considerato fra i maggiori scrittori di letteratura horror. Lovecraft fu un bambino prodigio: recitava versi all'età di due anni ed era in grado di comporre poesie già all'età di sei anni. Si deve riconoscere che egli non fu molto apprezzato in vita, mentre la sua produzione letteraria è stata ampiamente rivalutata dopo la sua morte.

Si può infine ricordare che il tema dell'eccezionale creatività infantile è stato affrontato da autori novecenteschi di gran rilievo. Thomas Mann (1875-1955) scrisse un racconto intitolato *Das Wunderkind* (Mann, 1984). Irene Nemirovsky (1903-1942) pubblicò (1926) un testo dal titolo *Un enfant prodige* (Nemirovsky, 1995). La famiglia della scrittrice, ebrea ucraina che si convertì al cattolicesimo, si era trasferita a Parigi dopo la rivoluzione bolscevica; arrestata dagli occupanti tedeschi in quanto ebrea, Irene Nemirovsky fu inviata nel luglio 1942 ad Auschwitz ove in poche settimane morì, probabilmente in seguito a tifo.

3.9.3
La pittura e la scultura

Come per la musica, anche per la pittura, la scultura (e le arti minori) sono relativamente frequenti le manifestazioni della creatività nel periodo giovanile e dell'infanzia, tanto che si potrebbe rimanere nel nostro ambito culturale, per proporre alcune esemplificazioni (Vasari, 2009).

Le opere giovanili di Leonardo da Vinci (1452-1519) come la Testa d'angelo, particolare del Battesimo di Cristo del Verrocchio (1473-1478), Michelangelo Buonarroti (1475-1564, si possono ricordare i marmi conservati nella casa di Firenze, risalenti al 1488-1492), Raffaello Sanzio (1483-1520), con la Madonna con bambino del 1498, Gian Lorenzo Bernini (1598-1680, la scultura raffigurante la capra amaltea è considerata anteriore al 1615) sono universalmente note, ma altri artisti di gran rilievo produssero autonomamente nei primi anni di vita.

Il caso di Andrea Mantegna (1431-1506) appare esemplificativo: entrato a bottega in Padova all'età di dieci anni, a diciassette anni era già autore di opere importanti, come una pala d'altare (perduta) per la chiesa di Santa Sofia, datata 1448 (ed era pronto a trasferirsi a Mantova, presso la corte dei Gonzaga, dove avrebbe trascorso una carriera di grandissimo rilievo). Andrea d'Agnolo di Francesco di Luca di Paolo del Migliore Vannucchi (più noto come Andrea del Sarto, 1486-1530) fu apprendista orafo già all'età di 7 anni. Anche Francesco Mazzola, detto il Parmigianino (1503-1540) non ancora ventenne aveva già dato prova della sua abilità pittorica (con un Battesimo di Cristo attribuito al 1519). Giulio Pippi (detto Giulio Romano, 1499-1541?), altro autore che lascerà indelebile segno della sua maestria a Mantova (ad esempio, nel Palazzo Tè), fra i dieci e i quindici anni d'età collaborò con la bottega di Raffaello Sanzio a Roma e alla morte del grande urbinate (1520) la rilevò.

Anche talune artiste diedero prova di sé in giovanissima età: si può ricordare Artemisia Gentileschi (1593-1652), figlia del pittore Orazio (1563-1639). Crebbe a Roma, artisticamente parlando, nella bottega del padre, e già quindicenne portò a compimento alcune tele, aventi a soggetto la natività.

Venendo a tempi più vicini a noi, non si può non citare Pablo Picasso (1881-1973): già alla metà degli anni Novanta del XIX secolo, si può riconoscere in lui una maturazione pittorica, seppur iniziale. Una figura particolare è quella di Alberto Savinio (pseudonimo di Andrea Francesco Alberto de Chirico, 1891-1952), che in giovanissima età si dedicò allo studio del pianoforte, fu compositore, scrisse testi narrativi, fu pittore e scenografo. Per quanto concerne la nostra tradizione pittorica, si può ancora ricordare che Renato Guttuso (1911-1987) già all'età di tredici anni iniziò una consapevole produzione artistica. Durante la sua lunga attività fu anche impegnato politicamente nel parlamento italiano.

Creatività e salute in età senile 4

4.1
Introduzione

Si diventa sempre più vecchi, si allunga il periodo dell'esistenza, gli anni da vivere; il superamento del secolo di vita, un tempo considerato un evento eccezionale, meritevole di pubblica conoscenza, anche attraverso i mezzi di informazione a diffusione sul territorio nazionale, quale conquista di uno storico traguardo dell'individuo e della comunità, attualmente appare un fenomeno che coinvolge molte persone; sembra costituire ancora notizia chi raggiunge i centodieci anni, chi in età particolarmente avanzata è progenitore di cinque, sei generazioni o compie azioni che suscitano interesse, curiosità, come volare con il deltaplano, scalare una vetta o correre la maratona che, a parte il carattere sensazionale che tali eventi evocano, rappresentano comunque, in qualche misura, un gesto creativo, innovativo.

Si può invecchiare, aggiungere anni e continuare a crescere, a sviluppare l'esperienza, la scoperta, la conoscenza di se stessi e della vita. Si può continuare a imparare, sempre. Il percorso esistenziale, dall'inizio alla fine, è un costante processo di apprendimento, di comprensione di quanto accade, dentro e fuori di sé: da anziani si potrebbe essere più esperti, creativi e preparati nell'affrontare i vari problemi della vita.

Non tutti gli individui invecchiano allo stesso modo; si procede negli anni in rapporto alle esperienze vissute, a quanto si è appreso, alle condizioni economiche e di salute, al contesto familiare, sociale e istituzionale in cui si è inseriti. "Il tempo non scorre allo stesso modo nei diversi momenti della nostra esistenza", sosteneva Simone de Beauvoir. Vi sono anziani – donne e uomini – che stanno bene, si mantengono attivi, intraprendenti, autonomi, affrontano la vecchiaia con fiducia, esprimono liberamente la loro personalità, comunicano e interagiscono con gli altri, continuano a essere creativi, altri che soffrono sul piano psicofisico, relazionale o ambientale.

L'ultima creatività. C. Cristini, M. Cesa-Bianchi, G. Cesa-Bianchi, A. Porro
© Springer-Verlag Italia 2011

L'età senile presenta numerosi fattori di disadattamento, maggiori rischi alla salute e all'autonomia. Sul piano biologico diminuisce il margine di sicurezza; il metabolismo e diverse funzioni dell'organismo rallentano, si modificano; si allungano i tempi di recupero delle energie fisiche; aumenta la vulnerabilità all'inquinamento e alle aggressioni dell'ambiente. E tuttavia, molti anziani si incamminano verso la longevità, oltrepassano i cento anni, stanno bene, ricordano, sanno cogliere l'istante, pensano al giorno dopo, a quelli successivi, a ciò che faranno, che sapranno ancora inventare della loro vita.

Da giovani si può pensare alla vecchiaia come a un periodo di impoverimento di curiosità, interessi, creatività, passioni e sentimenti, di rinuncia alle opportunità, ai vecchi come persone fuori dal tempo e dalla moda, dagli avvenimenti e dalle trasformazioni del mondo contemporaneo. È un modo di intendere comprensibile, forse anche legittimo per chi in realtà non ha ancora vissuto, compreso l'esistenza, le sue difficoltà, il suo valore, il suo senso e non ha sviluppato rapporti positivi con gli anziani. Ma l'età senile raccoglie le esperienze delle età precedenti, interpreta le sue memorie, è il risultato di ciò che si è vissuto, imparato, di come si affrontano gli impegni, le novità, i cambiamenti.

Si vedono anziani protagonisti in vari ambiti della cultura, dell'arte, della politica e dell'economia, del volontariato e della solidarietà; si osservano vecchi cimentarsi nello sport, intraprendere viaggi e avventure, insegnare nelle scuole, fare i nonni a tempo pieno, innamorarsi, rinnovarsi; ci sono vecchi che sanno apprezzare e ravvivare le attività di ogni giorno, riscoprire qualità e significato di pensieri ed emozioni, perfezionare la propria esperienza, coniugare fragilità e forza degli eventi, trascorsi e attuali, ritrovare lo spirito creativo delle cose semplici, l'essenzialità dei gesti, dello sguardo, della parola, dei suoi silenzi.

L'essere curiosi, imparare e scoprire non si esauriscono con l'età, ma si qualificano e si definiscono attraverso ogni età; non vi è un termine anticipato alla conoscenza, alla realizzazione completa di sé e della propria vita. Riporta Helmut Walter (1995): "E infine non è solo importante quando si diventa vecchi, ma come lo si diventa". Non si improvvisano il vivere e il suo invecchiare, ma si apprendono, si scoprono, qualche volta si inventano, ma sempre sulla base di quanto si è sperimentato, acquisito. Si può soffrire di vecchiaia, ma si può vivere creativamente l'età senile come ogni altro periodo della vita. Scriveva Paolo Mantegazza: "Ad ogni età un clima diverso, ma fiori sempre e frutti sempre".

Non vi è un modo uniforme di invecchiare, ma esistono tante vecchiaie quanti sono i vecchi. Ogni vecchio è diverso da un altro; a ciascuno la sua biografia, la sua psicologia, la sua creatività da conoscere, comprendere, rispettare, sostenere, valorizzare. È fondamentale superare i molti pregiudizi che ancora gravano sull'età senile e imparare a considerare sempre più approfonditamente il mondo degli anziani, soprattutto mediante i racconti, le memorie e il senso creativo delle loro esperienze, a volte nascoste e dimenticate, ma non per questo meno intense. Scrive Gabriel García Márquez: "Quanto sbagliano gli uomini nel pensare che si smette di innamorarsi quando si invecchia, senza sapere che si invecchia quando si smette di innamorarsi".

Creatività e curiosità possono crescere sempre, aprire continuamente nuove dimensioni del sapere e del comprendere, del vivere e del realizzarsi, oltre il confine dell'età. Il desiderio di apprendere e approfondire ciò che si sta vivendo – come è stato dimostrato dalle teorie dell'ottimizzazione e dell'incapsulamento – può manifestarsi fino al termine, come ricordato da un detto popolare: "La vecchia non voleva mai morire perché ogni giorno aveva qualcosa da imparare".

4.2
Anziano e creatività

L'anziano può ottenere risultati apprezzabili in ogni campo, purché non vada incontro a gravi patologie e si mantenga in costante esercizio psicofisico; le relazioni sociali, i rapporti familiari, affettivi, le motivazioni, la voglia di vivere consentono di continuare a essere curiosi, intraprendenti, creativi.

Tuttavia, anche gli anziani costretti da anni a vivere in condizioni di disagio possono cogliere un significato diverso dell'esperienza, conseguire una serenità non conosciuta nelle età precedenti attraverso gli affetti e l'espressione creativa. In tal senso l'invecchiare può consentire il raggiungimento di un equilibrio per lungo tempo cercato e scoprire qualità e potenzialità immaginative, inventive che non si sapeva di possedere.

Ogni persona ha un proprio modo di affrontare la vita, il progredire dell'età, l'invecchiamento, non vi sono regole sicure; ognuno dovrebbe imparare a conoscersi, a costruire la propria storia, a realizzarsi, a esprimere le capacità creative.

Il vecchio costituisce idealmente la sintesi di un sapere umano che si realizza attraverso l'esperienza che congiunge intuizione e vissuto. Conosce la propria storia, la propria vita, è depositario di anni ed esperienze, custodisce un suo sapere e un suo modo di pensare, spesso considerati marginali ai modelli emergenti, ma che possono contenere i presupposti per proporsi come riferimento a una cultura più generale dell'uomo.

La vecchiaia rappresenta l'epilogo di un processo di acquisizione e conoscenza sviluppato attraverso tutto il ciclo di vita. Le ricerche hanno dimostrato che il processo di invecchiamento assume più caratteristiche positive negli anziani che frequentano un ambiente ricco di stimoli, di interessi, di promozione della creatività e della socialità. I vecchi che non hanno potuto usufruire di opportunità, di iniziative favorevoli, di aperture e di sostegno, generalmente presentano maggiori difficoltà e disagi.

Essere, per quanto le condizioni psicofisiche lo consentono, il più possibile creativi, mantenere in esercizio le funzioni motorie e mentali, avere l'opportunità di prospettarsi e di vivere come protagonisti o coinvolti nel proprio avvenire, di contare sugli affetti, il sostegno e la comprensione, su relazioni significative e solidali – in particolare per gli anziani in difficoltà – poter esprimere e realizzare se stessi, completare la propria avventura esistenziale aiutano a invecchiare – e forse a diventare sempre più vecchi – con maggiore serenità e fiducia. Continuare a essere attivi, a sviluppare desideri di partecipazione, capacità di autonomia, di espressione della creatività consente più facilmente di interpretare in modo positivo la propria esistenza, di definirne il senso, fra memoria e prospettive.

Quanto vissuto diviene patrimonio soggettivo, esclusivo, differenzia gli individui fra loro e il processo di sviluppo di una persona, la sua storia, dall'inizio alla fine. Ogni interpretazione dell'esistenza rivela la composizione interiore di un volto, la narrazione di una vicenda umana, l'avventura di uno spirito creativo. Si invecchia diventando quel qualcuno che ci identifica inconfondibilmente e per sempre in noi stessi. Scrive Javier Marías: "passiamo la vita a scegliere, a rifiutare, a selezionare, a tracciare una linea che separi quelle cose che sono identiche e faccia della nostra storia una storia unica da ricordare e raccontare". Sono il senso e le modalità di rispondere e sperimentare i vari fattori di adattamento e disadattamento che caratterizzano e diversificano le storie delle persone, i loro ricordi e i loro volti.

L'invecchiamento, la longevità sembrano assumere come finalità ontologica quella di esprimere la specificità e l'essenzialità di un individuo attraverso un processo in continua trasformazione, nel quale si intreccino e si adattano perdite e acquisizioni, timori e speranze, limitazioni e creatività. "[...] le arti e l'esercizio delle virtù, coltivate in ogni età, quando si è vissuti a lungo e intensamente, danno frutti meravigliosi, non solo perché non ci abbandonano mai, nemmeno nel tempo estremo dell'esistenza, sebbene questa per vero sia la cosa più importante, ma anche perché la coscienza di una vita bene trascorsa e il ricordo di molte buone azioni danno grande felicità", scriveva Marco Tullio Cicerone nel *Cato Maior de Senectute* (III, 9).

4.3
L'ottimizzazione selettiva con compensazione

L'invecchiamento è stato per molti secoli inteso come un processo caratterizzato da un decadimento progressivo e inarrestabile delle funzioni biologiche e mentali e da un coinvolgimento sempre maggiore dei fenomeni patologici. Ne è stata successivamente riconosciuta la grande variabilità inter- e intra-individuale e una serie di situazioni altamente differenziate per quanto riguarda il livello espresso dai singoli individui.

Sulla base dei risultati conseguiti mediante ricerche sempre più diffuse e approfondite – anche in funzione dell'aumento costante dell'aspettativa media di vita e di livelli di età cronologica sempre più elevati raggiunti da un numero crescente di persone – si è venuto modificando il modo di intendere il trascorrere e l'avanzare degli anni. Di particolare interesse è, a nostro modo di vedere, il concetto di ottimizzazione selettiva con compensazione, che tende a capovolgere il significato attribuito all'invecchiare dalle concezioni del passato: non più decadimento selettivo, ma ottimizzazione selettiva. Non più perdite peculiari per ogni individuo, ma continuo arricchimento relativo per ogni individuo a determinate funzioni.

In generale la selezione permette di conseguire obiettivi e si ritiene che inizi già nell'ontogenesi embrionale. Vi sono più fattori che determinano il processo selettivo. Esiste innanzitutto un orientamento, una tendenza verso le finalità dello sviluppo; le persone, i gruppi, le società rappresentano un prodotto, un'articolazione e una differenziazione evolutiva di una ampia, variabile gamma di possibilità. Un secondo fattore è costituito da limiti di risorse e di tempo di cui una persona può disporre durante l'intero arco della vita. Un terzo fattore considera la divergenza, l'incompatibilità che può emergere fra scopi e risultati. Un quarto fattore si riferisce alle modifiche riguardo alla plasticità e al potenziale di base. È opportuno anche distinguere fra selezione elettiva e quella centrata sulla perdita. La prima rappresenta il risultato di una selezione basata su modelli evoluti di pensiero e sulla motivazione nell'intraprendere e proseguire nei percorsi di apprendimento, di crescita personale. La seconda dipende dalla indisponibilità dei mezzi, degli strumenti e delle risorse per raggiungere certi risultati, per realizzare progetti.

L'ottimizzazione si può ottenere attraverso l'acquisizione, il miglioramento e il mantenimento di strumenti o potenzialità efficaci nel conseguire risultati desiderabili e nell'evitare quelli indesiderabili. Il processo di ottimizzazione viene facilitato dalle opportunità ambientali e da adeguate condizioni di salute, fisica e psichica. In senso lato per ottimizzazione si intende l'apprendimento e l'attivazione di modalità, strategie, capacità che costituiscono una riserva evolutiva preposta al raggiungimento di obiettivi desiderati. Lo sviluppo di un certo profilo di personalità, di un determinato modo di essere e di vivere può anche essere considerato un esempio di ottimizzazione.

La compensazione è la risposta funzionale alle riduzioni e alle perdite. Si possono distinguere due categorie funzionali di compensazione: la prima consiste nell'utilizzare nuove strategie per realizzare lo stesso scopo; la seconda considera i mezzi più idonei per modificare gli obiettivi dello sviluppo come risposta alla perdita delle risorse. L'attività compensatoria può essere condizionata dal tempo e dalle energie impiegate, dalle caratteristiche ambientali e sociali, dal declino delle funzioni biologiche, da eventi patologici, oltre che dalla motivazione, dall'emotività e dal senso della progettualità. Una efficace compensazione può permettere la revisione degli obiettivi personali.

Ogni processo dello sviluppo umano implica l'organizzazione della selezione, dell'ottimizzazione e della compensazione, correlati al clima educativo, alle esperienze vissute, al tipo di personalità, al contesto socio-culturale. I processi di selezione, ottimizzazione e compensazione possono essere attivi o passivi, consci o inconsci, interni o esterni. Un determinato grado o risultato evolutivo può in un periodo esistenziale più avanzato o in un ambiente differente essere considerato in vario modo: vantaggioso, adeguato, disfunzionale o inappropriato. Inoltre ciò che costituisce una acquisizione o una perdita dipende dai metodi, soggettivi o oggettivi, impiegati per definirli.

Ad Arthur Rubinstein, ultraottantenne, nel corso di una intervista televisiva, venne chiesto come riusciva a mantenere un livello di destrezza così elevato nel suonare il pianoforte. Egli rispose che innanzitutto suonava meno pezzi (selezione) di un tempo; tendeva a suonare questi pezzi molto più frequentemente di altri (ottimizzazione); per superare ed eludere la diminuita velocità di esecuzione utilizzava un piccolo accorgimento, particolarmente efficace: suonava più lentamente i pezzi che precedevano e seguivano i brani musicali che richiedevano una maggior rapidità, in tal modo essi apparivano all'ascolto effettivamente molto più veloci (strategia compensativa).

La nuova concezione – ottimizzazione selettiva con compensazione – non comporta la negazione di involuzioni con il passare degli anni, ma sottolinea la contemporanea presenza di potenziamenti e valorizzazioni. L'individuare tale presenza anche in persone con un declino psicofisico importante, consente in molti casi di attuare prospettive di recupero.

Sul piano psicologico, l'ottimizzazione selettiva può comportare l'evoluzione per la realizzazione di se stessi attraverso un processo di continua crescita, con il quale la persona esprime, evidenzia sempre di più le proprie caratteristiche. In questi termini, l'invecchiare cessa di porsi come temuta condanna alla quale è inevitabile sottrarsi e si propone come possibilità di esprimersi secondo le proprie potenzialità e attitudini, in base alle esperienze sviluppate, vissute, a quanto ha imparato. E l'ultima creatività rappresenta il completamento di un'esistenza, il suggello a un processo che ha visto il susseguirsi di una fase di crescita e una di consolidamento delle proprie qualità, risorse e specificità più significative, più incisive. Si deve tenere presente che, se l'ottimizzazione selettiva è riscontrabile solo in alcuni individui, è possibile indurla anche in molti altri attraverso un'azione di sostegno e potenziamento delle attitudini personali; l'apporto psicologico può così costituire sia una struttura di supporto per realizzare pienamente la propria personalità sia uno strumento preventivo di molte sofferenze rilevabili in vecchiaia.

4.4
Invecchiamento e processo artistico

Molti artisti hanno proseguito anche da vecchi nella produzione, composizione di opere di elevato valore; alcuni hanno iniziato da giovani e hanno sempre mantenuto nel corso della loro lunga vita la capacità di esprimersi artisticamente a grandi livelli, come Pablo Picasso; altri hanno lavorato, realizzando i loro capolavori fino all'età adulta e riprendendo la vena artistica in vecchiaia, come Gioacchino Rossini che ha composto il suo ultimo melodramma, il *Guglielmo Tell* a 37 anni, per riapparire musicalmente in modo significativo a 71 anni con *La petite messe sollennelle*; altri, numerosi, specialmente fra i pittori, hanno modificato, migliorato il loro stile espressivo, figurativo, nel procedere degli anni, della vecchiaia, fino all'ultima opera composta, considerata – anche da loro stessi – il loro capolavoro artistico.

Rudolf Arnheim – psicologo della Gestalt e dell'arte, autore del volume *Arte e percezione visiva*, scomparso nel giugno 2007, a 103 anni – ha proposto un grafico in cui sono raffigurate – intersecandosi – una curva a campana, prima ascendente e poi discendente e una scala sempre ascendente. La figura a campana raffigura la linea biologica della vita che presenta un periodo di sviluppo, uno di mantenimento e un altro successivo di progressivo declino; la scala riflette le capacità creative, di pensiero e di conoscenza dell'uomo, potenzialmente in continua ascesa, oltre il confine degli anni e della propria vita; si pensi ai libri postumi (fra i tanti, l'esempio di Hermann Hesse con *Liriche tarde* edito nel 1963, un anno dopo la sua morte, di Mario Luzi con *Lasciami, non trattenermi*, pubblicato nel 2009, quattro anni dopo la sua scomparsa) e a tutte quelle svariate opere artistiche di ogni epoca che continuano, in ogni nuova generazione, a produrre, sviluppare pensieri, sentimenti, creatività.

Da vecchi è possibile continuare ad apprendere, a sviluppare e perfezionare le proprie capacità creative, a superare i problemi di salute, rinnovando la qualità, lo stile del proprio pensiero, come viene dimostrato nella vita di molti grandi artisti. L'anziano è in grado di scoprire la propria creatività dimenticata e di manifestarla in tante modalità diverse, individualmente, in coppia, in gruppo. Il suo pensiero si orienta verso soluzioni innovative, la sua intelligenza viene sottoposta a frequenti stimolazioni e in tal modo va incontro meno facilmente a quel progressivo declino tanto frequente in chi non continua a far lavorare attivamente – e non solo passivamente – il proprio cervello.

La creatività può emergere in età senile, e quando compare consente di invecchiare con maggiore serenità. Il ritorno delle espressioni creative in età avanzata – favorito dalle maggiori opportunità relative al tempo libero, dall'allentamento dei vincoli sociali e familiari, connessi al lavoro e al mantenimento dei figli – dimostra che la loro potenzialità non si era estinta ma soltanto congelata in età lavorativa.

Battista Solero, un *picapere*, uno scalpellino della Val di Stura, il quale, dopo aver lavorato per anni con le pietre del fiume, si è rivelato da anziano uno scultore naif, tanto che la Provincia di Torino ha organizzato un'esposizione delle sue opere più significative. Gabriele Mucchi, ingegnere e pittore, ha dipinto fino agli ultimi tempi della sua vita, conclusa a 104 anni; nell'occasione del suo centesimo compleanno, il Comune di Milano ha allestito presso il Castello Sforzesco una mostra personale dell'artista, quasi tutti i giorni presente all'evento. Gillo Dorfles, a 100 anni, ha esposto nella primavera del 2010 presso il Palazzo Reale di Milano, le sue opere, comprese le ultime, da poco realizzate. Sam Savage, statunitense del South Carolina, ex professore di filosofia, poi carpentiere, falegname, meccanico di biciclette, pescatore, si è rivelato, recentemente, uno scrittore di successo, dopo aver composto a 66 anni, nel 2006, il suo primo libro, *Firmino. Avventure di un parassita metropolitano*, una favola, un romanzo per il quale ha vinto i più importanti premi letterari per esordienti negli Stati Uniti e dopo la Fiera di Francoforte (2007) è diventato un caso, un fenomeno narrativo, librario internazionale.

Non vi è un limite di età per esprimere le potenzialità creative, artistiche. In età senile la dimensione creativa può influenzare la qualità del processo di invecchiamento, sollecitare nuovi interessi e impegni, modificare il senso della quotidianità e dei giorni a venire. Le capacità creative esprimono la personalità e l'identità di ogni individuo, tendono a manifestarsi nelle varie situazioni che l'essere umano incontra nel corso della vita; in vecchiaia possono aiutare le persone a non smarrirsi nel vuoto esistenziale, a stimolare le funzioni cognitive, in declino o conservate; il processo creativo può favorire la ripresa di attività e risorse, dare più senso a una fase della vita spesso trascurata dal mondo attuale.

Sono numerosi, in ambito artistico e scientifico, gli esempi di longevità creativa. Fra gli scrittori: Sofocle, *Edipo a Colono* a 89 anni; Voltaire, *Irene* a 84 anni; Johann

Wolfgang Goethe, *Faust* a 80 anni; Victor Hugo, *L'arte di essere nonno* e *Storia di un crimine* a 75 anni; Alessandro Manzoni, *Saggio comparativo sulla rivoluzione francese del 1789 e la rivoluzione italiana del 1859*, a 88 anni, lasciandone incompiuto un altro, *Dell'Indipendenza dell'Italia*; Francisco Coloane, *Una vita alla fine del mondo* a 90 anni; i premi Nobel della letteratura come Gabriel García Márquez, con il suo ultimo romanzo, *Diatriba d'amore contro un uomo seduto*, a 81 anni, Dario Fo con *Sotto paga! Non si Paga!*, a 81 anni; José de Sousa Saramago, con *Caino* a 87 anni; Doris Lessing, con *Alfred and Emily*, a 89 anni, Nadine Gordimer, con *Beethoven per un sedicesimo nero*, a 85 anni. Si ricordano inoltre Omero, Eschilo, Democrito, Platone, Plutarco, Henrik Ibsen, Junichiro Tanizaki, Marino Moretti, Giuseppe Tomasi di Lampedusa, Hermann Hesse, Mario Luzi.

Fra i musicisti: Giuseppe Verdi, *Pezzi sacri* a 85 anni, *Falstaff* a 80 anni, Igor Stravinskij, *Elegia per John Fitzgerald Kennedy* a 82 anni, Luigi Cherubini, *Messa funebre* a 76 anni, Arnold Schönberg, *De profundis*, a 75 anni, Claudio Monteverdi, *L'incoronazione di Poppea*, a 75 anni, Franz Liszt, *Bagatella senza tonalità*, a 74 anni.

Fra i direttori d'orchestra e gli interpreti: Arthur Rubinstein, James Hubert (Eubie) Blake, Arturo Toscanini, Vladimir Horowitz, Herbert von Karajan, Andrés Segovia, Sviatoslav Teofilovich Richter, Claudio Arrau, Arturo Benedetti Michelangeli, Carlo Maria Giulini, Pierre Boulez.

Fra gli architetti (le opere citate rappresentano quelle più significative degli autori, indipendentemente dell'età in cui sono state realizzate): Frank Lloyd Wright (The Living City), Le Corbusier, pseudomino di Charles-Edouard Jeanneret (progetto per il centro di calcolo elettronico Olivetti a Rho (MI), progetto per l'ospedale di Venezia), Giò Ponti (Grattacielo Pirelli), Pier Luigi Nervi (Aula Nervi), Giovanni Muzio (Università Cattolica di Milano), Giovanni Michelucci (Stazione di Santa Maria Novella di Firenze), Ignazio Gardella (Facoltà di Architettura di Genova), Lodovico Barbiano di Belgioioso (Torre Velasca), Luigi Caccia Dominioni (ristrutturazione Facoltà di Agraria di Bologna).

Fra i registi cinematografici: Charlie Chaplin, Akira Kurosawa, Alfred Hitchcock, Robert Bresson, John Huston, Ingmar Bergman, Michelangelo Antonioni, Mario Monicelli, a 91 anni ha realizzato *Le rose del deserto* nel 2006, Manoel de Oliveira, a 96 anni ha presentato alla mostra di Venezia del 2004 *Un film parlato*, a 97 anni ha girato *Il quinto impero*, a 98 anni *Bella sempre*, a 99 *Cristoforo Colombo – O Enigma*, a 100 ha presentato fuori concorso alla 65a mostra di Venezia i cortometraggi *O Vitral* e *a Santa Morta, Do Visìvel ao Invisìvel, Romance de Vila do Conde*, a 101 *Singularidades de uma Rapariga Loira*, presentato al Festival Internazionale del Cinema di Berlino nel 2009 e ha in preparazione *O Estranho Caso de Angélica*.

Fra gli scienziati: Ardito Desio, geologo, geografo, esploratore, ha scoperto in Libia ricche sorgenti sotterranee di acqua e giacimenti di petrolio, ha diretto la spedizione alpinistica italiana alla conquista del K2 (31 luglio 1954, ascensione Compagnoni-Lacedelli); Renato Dulbecco, medico, biologo, insignito del Premio Nobel per la medicina nel 1975, assieme a David Baltimore e Howard Temin; Rita Levi Montalcini, laureata in medicina, insignita del Premio Nobel per la medicina nel 1986 e nominata senatrice a vita nel 2001 da Carlo Azeglio Ciampi; Albert

Einstein (Premio Nobel per la Fisica nel 1921) e Bertrand Russell (Premio Nobel per la Letteratura nel 1950), che insieme ad altri, il 9 luglio 1955, firmarono il manifesto contro gli armamenti nucleari.

Nei grandi vecchi l'esperienza artistica tende a manifestarsi attraverso un affinamento continuo. Molti grandi artisti negli ultimi anni della loro vita hanno dovuto confrontarsi con la malattia, la disabilità, le limitazioni sensoriali, articolari e motorie. Per alcuni la sofferenza fisica è stata un'esperienza temporanea, anche se significativa sul piano della riflessione, della conoscenza dell'arte, di se stessi e dell'esistenza; per altri la malattia, con le sue complicazioni in termini di progressiva cronicità, invalidità, dolore ha rappresentato una presenza, un "accompagnamento" più costanti, ma che non hanno ostacolato l'ispirazione e l'espressione creativa, di elevato valore artistico.

Molti grandi artisti, malgrado i problemi di salute e autonomia, sono riusciti in vecchiaia a sviluppare il loro talento. Si riportano alcuni esempi di artisti famosi che nonostante i disturbi, le difficoltà, i vincoli connessi alla malattia hanno continuato a esprimere, a rinnovare, a migliorare la loro produzione e qualità artistica.

Donatello era affetto da "parletico", una forma di parziale paralisi, paragonabile a una forma di parkinsonismo a esordio tardivo (nel linguaggio popolare fiorentino, il Parkinson viene chiamato ancora oggi "palletico"); dice il Vasari: "Gli occhi non lo sostenevano più molto bene, le sue mani erano ormai malsicure, soffriva di parletico", ma aiutato dai suoi allievi, Bertoldo e Bellano conclude l'ultima opera, il capolavoro della sua vita: i pannelli bronzei del pulpito della Chiesa di San Lorenzo a Firenze.

Michelangelo ha continuato, da longevo, a ricercare, approfondire, inventare un nuovo stile espressivo, raffigurativo; a 84 anni si definiva: "vecchio, cieco, sordo e mal d'accordo con le mani e con la persona"; una condizione psicofisica che non gli ha impedito l'anno successivo di progettare la cupola di S. Pietro, introducendo un innovativo stile architettonico, di occuparsi dei lavori della Basilica Vaticana e di realizzare a 89 anni la sua terza Pietà, l'ultima sua fatica, il suo ultimo capolavoro, la *Pietà Rondanini* che si trova nel Castello Sforzesco di Milano.

Nicolas Poussin scriveva in età senile: "Non trascorro giornata senza dolore, e il tremolio delle mani aumenta con gli anni", tuttavia riuscì a dipingere in quel periodo il suo capolavoro, *Le quattro stagioni*, lasciando incompiuta l'ultima opera, a riprova della sua predilezione per il mito classico, *Apollo e Dafne*, dipinta con una mano tremante.

Francisco Goya, ristabilitosi da una grave malattia patita a 73 anni – testimoniata da un quadro dedicato al medico che l'ha guarito – nel periodo di convalescenza compose le famose *Pitture nere* tracciate sui muri di una stanza della sua casa di campagna sulle rive del Manzanarre, chiamata dagli abitanti del posto la "Quinta del Sordo", prima di realizzare i suoi ultimi grandi dipinti.

Pierre-Auguste Renoir, costretto in vecchiaia su una sedia a rotelle da una progressiva, invalidante affezione reumatica, sollecitato e aiutato da un medico provò ad alzarsi, a muoversi, dopo due anni. L'episodio viene descritto dal figlio, il regista Jean: "Il medico lo sollevò dalla poltrona. Mio padre era in piedi per la prima volta dopo due anni [...] raccogliendo tutte le forze del suo essere fece un primo passo, poi un altro, girò intorno al cavalletto e fece ritorno alla sua poltrona. Ancora in piedi disse al medico: – Rinuncio. Ciò impegna tutta la mia volontà e non me ne resterebbe per dipingere. Tutto sommato, e strizzò l'occhio maliziosamente, se devo scegliere fra camminare e dipingere, preferisco ancora dipingere – . Si rimise a sedere e non si rialzò più. Dopo questa importante decisione, ebbe inizio il fuoco d'artificio finale. Dalla sua tavolozza sempre più austera nascevano i colori più straordinari, i contrasti più audaci [...] Era raggiante, nel vero senso della parola [...] Era ormai libero da tutte le teorie, da tutti i timori".

Matisse, legato da una profonda amicizia a Renoir, si recava spesso a fargli visita, ne avvertiva una particolare stima e ammirazione. Racconta Matisse dell'amico Renoir: "Ha sofferto per vent'anni della peggior forma di reumatismo [...] Non poteva tenere il pennello che fra il pollice e l'indice, dritto, perché il dito era senza forza [...] E tuttavia continuava a lavorare con allegria, il morale alto, e una grande vivacità di spirito [...] mentre il suo corpo declinava, il suo spirito sembrava rinfrancarsi sempre più ed esprimersi con una facilità più radiosa".

Renoir negli ultimi anni della sua vita, provato dalla malattia, dalla sofferenza, si sente sciolto dai vincoli, dagli schemi tradizionali dell'arte e sembra riscoprire nella pittura lo strumento per esprimere spontaneamente, liberamente i suoi pensieri e sentimenti. Di questo periodo alcuni suoi dipinti di elevato valore artistico: *Gabrielle con cappello largo*, *Donna appoggiata sul gomito*, *Ritratto di Adèle Besson*, *Le bagnanti*, il vero, autentico canto del cigno di Renoir.

Henri Matisse, in età senile, viene sottoposto a un impegnativo intervento chirurgico per una seria patologia all'intestino; si riprende e malgrado le precarie condizioni di salute ricomincia a dipingere; confida all'amico Picasso: "Non pensavo di rimettermi dall'operazione; da allora considero i giorni che mi restano come concessi in sovrappiù. Ogni nuovo mattino è un rinvio che accetto con gratitudine. Dimentico completamente le sofferenze fisiche e tutte le noie della mia condizione attuale; penso soltanto alla gioia di vedere una volta di più il sole, e alla possibilità di lavorare ancora un po', anche in condizioni difficili".

Pablo Picasso che aveva sempre goduto di una buona salute, a 85 anni viene sottoposto a un intervento chirurgico; un'esperienza che influenza profondamente il suo impegno artistico. Durante la convalescenza ripensa a tutta la sua opera precedente. Per un anno non dipinge alcuna tela, ma i suoi appunti di lavoro testimoniano una notevole attività. Riprende con stili e temi, presenti anche nelle opere successive. Ma a 87 anni manifesta una vera e propria esplosione creativa; fra marzo e ottobre del 1968 realizza 347 incisioni. Negli anni seguenti, fino a pochi mesi prima di morire, Picasso continua a essere creativo; le sue opere testimoniano un'incessante vitalità artistica. Attraverso l'intervento chirurgico subìto a 85 anni si era reso pienamente consapevole della sua vulnerabilità, reagendo con una nuova, entusiasmante fase creativa. Scriveva: "Ma la cosa peggiore di tutte è che non si termina mai. Non c'è mai un momento in cui puoi dire: ho lavorato bene e domani è domenica. Non appena ti fermi, è ora di ricominciare. Non si può mai scrivere la parola fine".

Ricordiamo fra molte sue opere realizzate in vecchiaia: *Jacqueline au ruban jaune* composto a 80 anni, *Femme assise* a 81 anni, *Raffaello e la Fornarina* a 87 anni, *Il pittore e la modella* a 82 anni, *Donna sul cuscino* e *Il bacio* a 88 anni, *L'Entrainte*, *Visage* e *Cavaliere con pipa*, a 89 anni, *Donna sul divano I* e *Ritratto di vecchio arlecchino*, a 90 anni, *Autoritratto, Due figure, Nudo disteso e testa, Il Moschettiere*, a 91 anni – un anno prima di morire nel 1973.

Tiziano Vecellio, Francisco Goya, Claude Monet, malgrado seri problemi di vista, di quasi cecità, realizzano in longevità autentici capolavori, come Matisse gravato da una impegnativa malattia. Affermava Platone: "Gli occhi dello spirito non cominciano a essere penetranti che quando quelli del corpo cominciano ad affievolirsi".

Numerosi altri artisti hanno saputo mantenersi attivi, spesso rinnovandosi in età senile. Il processo creativo, l'espressione della propria identità, costituiscono l'elemento fondante, essenziale delle loro opere, dei loro capolavori, specialmente degli ultimi. Alcuni esempi, oltre a quelli già citati, di pittori attivi anche dopo gli ottant'anni: Giovanni Bellini detto il Giambellino (*San Domenico, Noé, Il festino degli Dei, Giovane donna allo specchio*, a 85 anni), Frans Hals (*Reggenti dell'Ospizio dei vecchi a Haarlem* e *Reggitrici dell'Ospizio dei vecchi a Haarlem*, a 84 anni), Gian Lorenzo Bernini (*Autoritratto*, a 82 anni), Jean-Etienne Liotard (*Rosa, papavero e fiordaliso*, a 84 anni), Katsushika Hokusai (*Autoritratto*, a 83 anni), Jean-Auguste-Dominique Ingrès (*Bagno turco*, a 83 anni), Francesco Hayez (*Autoritratto*, a 88 anni), Giovanni Boldini (*Anima portata al cielo dagli angeli*, a 82 anni), Edvard Munch (*Autoritratto tra l'orologio e il letto*, a 80 anni), Pierre Bonnard (*Il mandorlo in fiore*, a 80 anni), Georges Rouault (*Cristo*, a 85 anni), Edward Hopper (*Due attori*, a 84 anni), Giorgio de Chirico (*Sole sul cavalletto*, a 85 anni), Oskar Kokoschka (*Peer Gynt*, a 87 anni), Joan Miró (*Donna e uccello*, a 89 anni), Virgilio Guidi (*L'uomo e il cielo*, a 92 anni), Marc Chagall (*Il pittore e la sua fidanzata*, a 93 anni), Balthus (*L'attesa*, a 93 anni).

Le capacità creative di conoscere, approfondire e inventare non si esauriscono con il passare degli anni. Molti grandi artisti ci hanno testimoniato come sia possibile in longevità continuare a essere creativi, a cercare e ad esprimere se stessi, attraverso le loro ultime opere, a volte le migliori della loro produzione. Non si sono stancati di esplorare, ascoltare e realizzare ciò che vivevano e sentivano, non hanno rinunciato, nemmeno nei giorni conclusivi dell'esistenza, come Donatello, Michelangelo, Tiziano, Picasso a offrire significati e pensieri innovativi alla loro arte e alla loro vita.

Affermava il violoncellista, novantatreenne, Pablo Casals: "Quando si continua a lavorare e si resta sensibili alla bellezza del mondo che ci circonda, si scopre che la vecchiaia non significa necessariamente invecchiare, o perlomeno, non l'invecchiare nel senso comune. Oggi sento, più intensamente di prima, molte cose, e la vita mi affascina sempre di più".

4.5
Note conclusive

In vecchiaia diminuisce il margine di sicurezza biologico, si è più vulnerabili agli agenti patogeni, ai rischi connessi alla salute; tuttavia, molti artisti, nonostante il peso, le limitazioni di importanti, seri disturbi fisici hanno continuato a esprimere la loro creatività, a realizzare opere di rilevante valore artistico, a volte i loro capolavori.

Il processo creativo non si esaurisce, non si conclude alle soglie di un'età; il progredire degli anni, l'esperienza accumulata favoriscono la ricerca, l'espressione di nuovi stili artistici, di rinnovati modelli di pensiero e di raffigurazione di ciò che si immagina, si sente e si va acquisendo.

Per alcuni artisti sembra che lo spirito creativo li abbia aiutati a superare, a ridurre o a contenere difficoltà, problemi di salute; per altri il desiderio, la motivazione di portare a termine la loro opera, a sviluppare e completare un'ispirazione artistica li ha spinti a lavorare fino all'ultimo, malgrado le malattie, il progressivo indebolimento fisico.

I pregiudizi che consideravano, in ambito medico, psicologico e sociale, la vecchiaia come un periodo caratterizzato unicamente da perdite, rinunce, minore qualità e valore dell'esistenza, irreversibile, inarrestabile declino delle funzioni psicofisiche vengono superati, confutati dagli esempi dei tanti personaggi dell'arte che hanno prodotto opere significative, innovative e di molti anziani della vita semplice che sanno organizzare, inventare le loro giornate, le loro attività, spesso non solo per sé.

Da vecchi è sempre possibile imparare, aprirsi alle novità, scoprire altri itinerari del pensiero e del sentimento. "Invecchio imparando ancora" e "Invecchio imparando sempre ogni giorno cose nuove", dicevano rispettivamente Sofocle e Platone. La creatività consente di rinnovarsi, di imparare sempre, a volte di inventarsi la vita, anche in longevità, spesso indipendentemente dalle condizioni di salute.

Ciò che dà senso e forza all'esistenza non si modifica, in senso negativo, con gli anni, ne trae spesso un maggior arricchimento. Elkhonon Goldberg (2005) sostiene che "la mente diventa più forte quando il cervello invecchia", se si riescono a mantenere attivi gli interessi, le curiosità, il desiderio di saperne sempre di più, di essere protagonisti e consapevoli delle proprie scelte e vicende umane, di quanto accade della propria vita e di ciò che la circonda, influenza e determina. I processi affettivi e creativi rappresentano fattori determinati per invecchiare positivamente, per procedere con fiducia e serenità verso nuove esperienze. Vi sono una storia e un invecchiamento per ogni persona, leggi generali che delineano l'architettura, l'espressione della natura umana e percorsi individuali di apprendimento, conoscenza, creatività.

Da vecchi si può continuare a "crescere", in libertà – svincolati dallo sviluppo fisico e da altre incombenze familiari, professionali e sociali – per il piacere, la curiosità e l'esigenza di capire meglio, di più il proprio destino, i pensieri e i sentimenti che attraversano e formano, senza sosta, la mente e l'animo.

"La natura, durante lo sviluppo non cresce solamente nei muscoli e nella mole, ma allo stesso modo s'accresce, di dentro, l'ufficio interiore dell'anima e dello spirito", scriveva William Shakespeare nell'*Amleto* (1, III). Quell'accrescersi dentro dell'"ufficio interiore dell'anima e dello spirito" che caratterizza creativamente, significativamente la storia, la vita di molti anziani, del loro ricordo, a volte del loro imperscrutabile sguardo, senza tempo.

4.5.1
Gli ultracentenari

Riteniamo interessante riportare aneddoti relativi ad alcuni dei numerosi centenari.

Caso 1
Un giovane medico racconta.
"Un giorno di primavera ricevo una piccola lettera chiusa, un biglietto, apro, leggo, contiene un invito di compleanno: "La S.V. è invitata a partecipare il giorno… alle ore… presso… per la festa di compleanno" e la firma ben leggibile. All'istante penso a un errore, non conosco alcuna persona con quel nome. Alcune informazioni brevemente raccolte mi orientano, mi chiariscono sostanzialmente le possibili ragioni di quell'invito.
La domenica successiva, alle tre del pomeriggio mi presento. Sono uno dei circa trecento invitati. Una giovane donna mi accoglie, mi accompagna, mi ringrazia di aver accettato l'invito e mi presenta a un'altra signora che mi porge il suo saluto, mi stringe la mano calorosamente, mi ringrazia a sua volta, è vestita con eleganza, ben curata nell'aspetto, nei dettagli, dall'acconciatura al tocco lieve del rossetto, alle calze di nylon, alle scarpe con i tacchi, con un foulard variopinto sulle spalle e un'espressione serena, a tratti divertita. È la sua giornata, è la sua festa di compleanno, il primo che festeggia in grande stile: sono cento primavere!
Ha organizzato con una nipote i preparativi della cerimonia, ha un sorriso, una parola, un'espressione di compiacimento, di ringraziamento per tutti. Rimaniamo fino alle nove di sera. La signora centenaria appare sempre attenta, lucida, mai imbarazzata, segue le varie operazioni della festa fino all'immancabile taglio della torta. Non manca nemmeno il fotografo a immortalare l'importante evento.
Non ci conoscevamo, se non per interposta persona, tramite una nipote. Al momento del commiato, la ringrazio vivamente dell'invito, mi complimento per la riuscita della festa, per la gradevole atmosfera e le esprimo il desiderio di conoscere la sua storia; la signora accetta di buon grado, "volentieri", come lei dice, aggiungendo di mettersi in contatto con la nipote o di chiamarla per telefono.
Nei giorni, nei mesi e negli anni successivi ci siamo incontrati più volte e mi ha raccontato la sua storia, ricca di aneddoti: cent'anni di esperienza. A ogni incontro, in salotto o in giardino, nelle giornate in cui era consentito, non è mai mancata la sua accoglienza, la sua cortesia, la sua ospitalità.
Primogenita di una famiglia numerosa, trascorre una fanciullezza e un'adolescenza serene. Il padre è proprietario di un'azienda agricola, di una fattoria, coltiva campi, alleva bestiame, commercia in animali e in prodotti della terra. Sin da bambina segue spesso il padre nei suoi affari, si reca con lui al mercato per la pesa delle merci, per la compravendita di animali, sementi, erba, fieno, paglia, mangimi, concimi, ecc.
Frequenta la scuola con profitto, ottiene il diploma di scuola media inferiore, recandosi nella città più vicina con il tram, oppure in bicicletta nella bella stagione; è un titolo di studio elevato a quei tempi, soprattutto per una ragazza, e di campagna per giunta; siamo intorno agli anni della grande guerra di cui ha qualche ricordo dai racconti degli adulti, di alcuni parenti e vicini che sono stati sul fronte a combattere.
È una ragazza come tante, vivace, allegra, che divide il tempo fra i giochi e gli impegni di una famiglia numerosa. Trascorrono gli anni, racconta di alcune "simpatie", di qualche giovanotto che si mostra interessato a lei, ma nulla di più, nessun sentimentalismo, nessun fidanzamento. "Non c'era nemmeno il tempo per pensarci", taglia corto la signora.
Il padre, una notte, muore improvvisamente d'infarto. È un durissimo colpo per tutta la famiglia. La

madre, dopo il funerale, riunisce i figli con l'intenzione di assegnare al primo figlio maschio la conduzione dell'azienda. A quel punto lei prende la parola ed esprime con determinazione le sue opinioni: "sono io la maggiore, la prendo in mano io l'azienda, so come si fa, ho imparato in questi anni". La madre sorpresa per la reazione inattesa e risoluta della figlia le comunica le sue preoccupazioni: "ma sei una donna, come fai tu a commerciare in buoi, maiali, cavalli, paglia, concimi, trattori, a farti ascoltare dai mezzadri e farti ubbidire dai contadini, dai mandriani, a guidare il calesse, a recarti al mercato dove ci sono solo uomini e più vecchi di te, ti prenderanno in giro, come farai a farti valere?", ma la figlia non si perde d'animo e ribatte: "Ho accompagnato il papà tante volte, conosco le faccende del mercato, i prezzi che circolano, quanto costano i concimi, i mangimi, gli animali e tutto il resto, conosco le persone con le quali il papà trattava e loro conoscono me, alcune volte insieme a papà le trattavo anch'io certe questioni, certi affari, e qualche volta lui lasciava fare tutto a me, poi da anni, lo sapete tutti, tengo la contabilità dell'azienda e so bene quello che si deve comprare e quello che si deve vendere, quando lo si deve fare e a quale prezzo, con i contadini non ci sono mai stati problemi e con i mezzadri ho sempre parlato e mi hanno sempre ascoltato, lui (rivolta al fratello) è bravo, è coscienzioso, lavora tanto, ma non sa niente di queste cose, e poi sono la maggiore e me la sento di prendere queste responsabilità, tocca a me, il papà sarebbe stato d'accordo". La madre, pur non nascondendo le sue titubanze, acconsente e comincia per la giovane signora, poco più che ventenne – in una società di forte impronta maschilista – l'avventura dell'imprenditorialità agricola che condurrà e svilupperà negli anni a seguire.

Verranno i tempi oscuri della dittatura, delle minacce, della seconda guerra mondiale: la schiera degli sfollati, dei rifugiati, dei molti che ha soccorso, nascosto, rifocillato, salvato. E i racconti legati al secondo conflitto bellico si intrecciano con quello precedente e trapela, riaffiora il dolce e nostalgico ricordo di un giovane, simpatico, bello, osteggiato dalla famiglia, in particolare dalla madre; ritagli di memoria che si congiungono a frammenti di storia, dei tanti dispersi delle guerre, commemorati e pianti sulla tomba del milite ignoto.

E poi giungono gli anni della ricostruzione, delle rinnovate speranze, dell'avvento industriale, della fuga dalle campagne, dell'assenza di mano d'opera, compensata in breve tempo dall'evoluzione tecnologica dei mezzi agricoli. La fattoria ha continuato la sua attività modificando, adeguandosi agli investimenti, al mercato, alle trasformazioni sociali, ai prodotti da coltivare.

Oggi l'azienda agricola, ereditata dai nipoti, è sempre operante e la vecchia zia rimane un vivo ricordo, un esempio di tenacia, abnegazione, forza, autonoma e lucida longevità".

Caso 2

Un insegnante viene a sapere che un collega ha una nonna ultracentenaria e gli esprime il desiderio di conoscerla. Si concorda il giorno dell'appuntamento.

Racconta l'insegnante: "Alle 10.00 di un sabato mattina mi presento puntuale all'appuntamento; il nipote, in cortile, mi invita a salire le scale di una casa a due piani; sul pianerottolo del secondo piano la signora mi attende, mi saluta, mi fa accomodare in salotto dove mi offre un tè con i biscotti. All'inizio il colloquio appare difficoltoso poiché la signora parla esclusivamente il dialetto locale, sebbene comprenda perfettamente l'italiano. Nel volgere di pochi minuti, anche con l'aiuto del nipote, il linguaggio idiomatico della signora mi diventa progressivamente comprensibile e familiare.

È una storia centenaria che si apre al racconto e all'ascolto. La signora è nata e vissuta in un piccolissimo borgo, di poche case, fra le colline dell'Appennino centrale; è rimasta in quello sparuto gruppo di case fino a pochi anni dopo il matrimonio.

Nell'ambiente collinare i mezzi di trasporto, all'epoca della sua infanzia e giovinezza, erano pressoché inesistenti: qualche carretto, niente biciclette, quasi sempre sentieri e mulattiere. Ogni famiglia provvedeva autonomamente alle necessità primarie; in casa, oltre al camino, vi era un forno per fare il pane, il pane nero di segale; la proprietà di una mucca o di un paio di capre permetteva l'approvvigionamento quotidiano del latte e la possibilità di preparare burro, formaggi freschi e da stagionare; l'allevamento di un maiale consentiva di avere insaccati per tutto l'anno; le galline fornivano giornalmente le uova; una piccola ghiacciaia permetteva la conservazione del burro, della carne, del lardo. Dalla primavera all'autunno non mancavano mai la frutta raccolta dagli alberi e la verdura dall'orto; nei boschi adiacenti si raccoglievano i funghi, bacche ed erbe medicamentose; nei ruscelli, nei fossi dall'acqua limpida ci si poteva dissetare, rinfrescare dalla calura estiva e pescare piccoli pesci.

I vestiti, le calzature passavano dai più grandi ai più piccoli, ogni pezzo di stoffa, di arnese veniva riutilizzato. "La necessità aguzza l'ingegno", come dicevano in famiglia.

La signora racconta del lungo isolamento invernale e dell'assoluta necessità di essere autonomi nel produrre i generi alimentari. Racconta di un inverno caratterizzato da ingenti nevicate, al punto da dover uscire una mattina dalla finestra del secondo piano, poiché la porta d'ingresso era rimasta bloccata dalla neve scesa abbondantemente durante la notte.

Ricorda che da adolescente, nei mesi primaverili ed estivi, per aiutare l'economia familiare, si alzava al canto del gallo, prima che sorgesse l'alba e percorreva i sentieri fra le colline per oltre due ore per recarsi in una fattoria a lavorare e la sera prima del tramonto riprendeva la via del ritorno, altre due ore di cammino e così ogni giorno. Racconta che al mattino si alzava senza far rumore per non svegliare i fratellini che dormivano, si infilava in tasca un tozzo di pane duro, di segale e a metà circa del percorso passava vicino a dei fontanili, ad acque sorgive, vi inzuppava il pane nero: la sua colazione quotidiana per diversi anni.

Si è sposata a diciannove anni, ma l'anno dopo è rimasta vedova con un figlio in grembo. "Il grande regalo di mio marito, che non ho mai dimenticato", dice la signora che non ha più voluto risposarsi, sebbene più di uno si fosse "fatto avanti".

Attualmente passa diversi pomeriggi con i "coetanei" (è l'unica ultracentenaria, gli altri viaggiano oltre gli ottanta, novant'anni) e quasi tutti i sabati "tira" la pasta, prepara le tagliatelle per il figlio, la nuora, i nipoti e i pronipoti.

Una notte – è il nipote ora a raccontare – uno degli amici del tè pomeridiano muore improvvisamente; era la persona con la quale la signora si trovava meglio, legava di più e definiva più simpatica. È un sabato mattina e la signora sta preparando la pasta per le tagliatelle; il nipote è imbarazzato, non sa come darle la triste notizia, poi trova il modo di comunicarla, sollecitato dalla nonna che si accorge del suo stato d'animo; la signora risponde che non può essere vero, è stata con lui tutto il pomeriggio precedente, non è possibile; "È successo questa notte", dice il nipote; "Ma allora dici sul serio, è proprio vero", replica accorata la signora, "Allora oggi metto due uova in più nella pasta" e accompagna le parole con il gesto concreto. Forse un atteggiamento per compensare in qualche modo il dispiacere di quella giornata, per quella perdita.

Riferisce altri episodi, aneddoti, circostanze della sua vita contadina, scorrono in fretta due ore e la signora mi sollecita a fermarmi a pranzo. Alla fine dell'incontro le chiedo cortesemente se sabato prossimo si sente di venire in aula a parlare con gli studenti, della sua esperienza, della sua vita. Mi risponde immediatamente di sì, senza esitazioni, assicurandosi soltanto che sia presente anche il nipote.

Il sabato successivo, all'ora stabilita, si presenta all'ingresso della Facoltà, accompagnata dal nipote, è appena stata dalla parrucchiera per farsi la permanente, un leggero trucco sul viso, è ben vestita, cammina eretta sulle scarpe con i tacchi, le calze di nylon, la borsetta e il foulard intonati con l'abito, le vado incontro, mi prende sottobraccio ed entriamo in aula dove l'attendono oltre duecento studenti.

In cattedra ci sono tre sedie e tre microfoni, la signora si siede al centro. Dopo una mia brevissima introduzione cedo la parola alla signora. È una donna di 104 anni che non ha mai parlato in vita sua al microfono, in un'aula universitaria, davanti a tanti studenti. Inizia a raccontare, intrattiene con particolare interesse la platea che ogni tanto le rivolge domande, sempre pertinenti, nonostante la signora parli il dialetto locale.

Giunge rapidamente mezzogiorno, è da due ore che parla al microfono, con disinvoltura, della sua vita, dei suoi tempi, delle vicende, delle trasformazioni sociali di cui è stata testimone. Gli studenti erano in aula da quattro ore, prima avevano seguito una lezione secondo il calendario previsto, e non davano alcun segno di essere stanchi, tuttavia si dovevano fare i conti anche con l'orario di chiusura delle attività didattiche.

Come interrompere, riferire che il tempo a disposizione è terminato a una signora 104enne, che parlava con piacere e soddisfazione? Comincio a muovere il polso dove tenevo l'orologio, a guardare l'ora, la signora se ne accorge, volge lo sguardo verso di me e continua imperterrita la sua "lezione"; trascorrono altri dieci minuti, anche il nipote dall'altro lato della cattedra mi manda segnali riguardo al tempo. Ma come fare? Riprendo a muovere il polso, un po' più vistosamente, ma sempre con garbo, a guardare l'ora con un po' più di insistenza. La signora si gira di nuovo verso di me e rivolgendosi agli studenti: "Per oggi abbiamo terminato, ci vediamo sabato prossimo!", ne è seguito uno scrosciante, prolungato applauso.

Il sabato successivo ci organizziamo per tenere una lezione "all'aperto". Ci rechiamo con varie automobili nel piccolo borgo dove la signora era nata e cresciuta; una lezione sul campo della memoria autobiografica. Arriviamo fino a un certo punto con le macchine e proseguiamo a piedi, strada facendo la signora parla e giunti in prossimità del vecchio borgo, si scorgono ruderi, case diroccate; la signora indica la prima casa e dice: "Là, in quella casa, ho partorito", il primo ricordo è della maternità, di quel "regalo" che è stata gran parte della ragione della sua vita. E continua a intrattenere gli studenti anche durante il pranzo in comune in un vicino agriturismo; si commuove quando alla fine due studentesse le consegnano un grande mazzo di rose, baciandola sulle guance e ringraziandola delle magnifiche lezioni, delle sue parole, dei suoi sentimenti, del suo insegnamento".

Caso 3

In una casa di riposo uno psicologo si appresta a far vista a una signora ricoverata. Giunge sulla porta e bussa; non ricevendo alcuna risposta si rivolge a un'infermiera nel corridoio che lo invita a insistere in quanto ha visto la signora entrare poco prima. Bussa, ma nessuna risposta, apre la porta e chiede ad alta voce il permesso di entrare, nessun riscontro; forse sarà in bagno, ma la porta del bagno è semiaperta e la luce è spenta; chiede di nuovo "permesso" alzando ancora di più il tono della voce, nessuna risposta; forse la signora oltre che a essere completamente cieca è anche sorda, pensa; procedendo scorge la signora, seduta verso la finestra che muove ritmicamente il capo con lo walkman alle orecchie, stava ascoltando musica, ecco il motivo per cui non sentiva! A 104 anni ascoltava un CD! Comincia così la conoscenza dello psicologo con l'ultracentenaria.

In una delle varie visite la signora appare triste, rammaricata, si confida con lo psicologo esprimendo il suo senso di inutilità, di stanchezza, il suo malumore, anche con momenti di commozione; è una giornata no, accade anche a 104 anni di sentirsi inutili, di smarrire il senso del proprio esistere che la signora sintetizza con: "Cosa sto qui a fare, ho la mia età, ho vissuto tanto, che ci faccio qua?". Lo psicologo la ascolta, tenta di portarle un po' di conforto, tuttavia la signora non sembra riprendersi dal suo stato emotivo di dispiacere, di malincuore. È proprio una giornata no, che non va. Dopo circa trenta minuti lo psicologo deve accomiatarsi, altri impegni, altri ricoverati lo attendono, la saluta promettendole che tornerà presto; allontanandosi, la signora lo richiama indietro: "Dottore, senta, voglio dirle ancora una cosa, se sto qui ancora un po' di giorni, certo che non mi dispiace".

Caso 4
Lo psicologo di una casa di riposo è chiamato a far visita a una signora 105enne da poco ricoverata; la signora è in camera sua, a letto e dalle prime battute lo psicologo si accerta della sua lucidità e del suo desiderio di parlare. Nella stanza, a due letti, vi è un'altra signora anziana, seduta sulla sponda dell'altro letto. Lo psicologo si avvicina alla signora seduta e le comunica a bassa voce che deve parlare con la sua vicina di letto per qualche minuto; è una sorta di invito a potere rimanere da solo con la ultracentenaria; la signora si alza e si appoggia alla sponda del letto della nuova ricoverata, china la testa e si ferma; lo psicologo le ribadisce con garbo che desidera parlare con la signora a letto, che il colloquio può durare alcuni minuti e che deve chiedere notizie personali. La signora, con una mano appoggiata alla sponda, alza la testa e dice allo psicologo: "Appunto per questo mi sono avvicinata, perché se ha bisogno posso dirle qualcosa anch'io, sono la figlia!". È la figlia 85enne, venuta a trovare la mamma 105enne!

Caso 5
Dal racconto di un medico geriatra. Un mattino, un signore, ultracentenario, aspetta al bar della casa di riposo il medico di turno, con l'intenzione di offrirgli un caffè. Il centenario conosce le abitudini del medico che prima di prendere servizio passa dal bar per il caffè. Stamane è deciso a offrirglielo, non ci è mai riuscito. Si è anche accordato con la barista. Il medico, come suo solito, declina l'offerta; ma il ricoverato stavolta appare risoluto e il medico: "Per questa volta farò un'eccezione, accetto il suo caffè"; sul viso dell'anziano signore si dipinge un'espressione compiaciuta, quasi di vittoria.
A un certo punto il suo viso si fa serio, compostamente serio: "Lei non è un medico", un istante di imbarazzo, un'incomoda sospensione del tempo, "Lei non è un medico, lei è un amico". Un attimo di commozione, forse è il più bel complimento che il medico sente di aver mai ricevuto, e da una persona con più di cent'anni di storia.

E per finire due ultracentenari famosi.

Ardito Desio, fra gli organizzatori e gli scalatori della spedizione italiana che conquistò il K2 nel 1954, geologo, scopritore del petrolio nel Sahara, in una intervista rilasciata a 104 anni in occasione del suo compleanno, ai giornalisti che dopo l'incontro indugiavano ancora sulla porta di casa ponendogli altre domande, rispose: "Adesso basta ragazzi, devo andare a studiare!"

Gabriele Mucchi, ingegnere civile, pittore, in una intervista rilasciata a 102 anni descriveva in modo arguto, garbato e ironico come si potevano distinguere – sostanzialmente in tre tipologie – le caratteristiche, la personalità e le attitudini delle donne: dalla forma del loro seno.

Transgenerazionalità 5

5.1
Premessa

Vecchio e bambino, nonno e nipote realizzano, quando è loro consentito di passare del tempo insieme, di vivere esperienze comuni, di stimolare reciprocamente la curiosità, di scoprire e inventare cose nuove; due mondi, due realtà, apparentemente, a volte così lontane, che sanno ritrovare interessi, passioni, progetti, sentimenti condivisi. La creatività scorre di frequente nel rapporto transgenerazionale e l'interazione con il vecchio permette al bambino di ampliare e nel contempo contenere, orientare la sua fantasia; all'anziano, il rapporto con il bambino consente di riprendere il cammino della memoria narrativa, autobiografica, di rivedere episodi, situazioni della sua infanzia, della sua vita trascorsa. Nonni e nipoti sanno spesso annodare, ritrovare un rapporto di sicurezza, di fiducia, di spensieratezza del vivere che le generazioni di mezzo, l'età adulta tendono molte volte a tralasciare, a sottostimare. Si dice, da più parti, che i vecchi sono permissivi con i bambini, sono propensi ad assecondarli, a seguire i loro desideri, a giocare con la loro immaginazione, talvolta con i loro capricci, ma i nonni sanno anche permettere al nipote di sviluppare ciò che pensa, prova, esplora; i vecchi sono forse permissivi nella libertà di fare dei bambini, ma forse sono anche permissivi nel favorire la libera crescita delle idee, dell'espressione emotiva e creativa, della scoperta di sé. E i bambini, con la loro autenticità, la loro voglia di sapere, le loro, spesso imprevedibili, sorprendenti domande consentono ai vecchi di riflettere, di pensare, di ricominciare o di proseguire nella realizzazione della propria storia narrativa, nella ricerca creativa del proprio volto interiore e di ciò che esso ricorda e insegna, oltre l'età e i suoi confini.

Lo spirito creativo costituisce il fattore determinante, qualificante la relazione vecchio-bambino e fonda o caratterizza la personalità, il modo di essere, scelte e comportamenti, il loro sviluppo, spesso il loro destino. L'esperienza transgenerazionale, significativa, soprattutto fra nonni e nipoti, attiva le capacità creative e può contribuire a formare, a strutturare il senso di una storia narrativa, a offrire valore e forza a un percorso di memorie da ricordare o da costruire.

5.2
Dal tempo dei nonni a quello dei nipoti

Al tempo dei nonni, nelle comunità contadine e artigianali composte da gruppi familiari allargati, transgenerazionali, il rapporto tra vecchi e bambini faceva parte integrante della vita domestica. Nelle sere invernali, attorno al fuoco, nei mesi estivi, soprattutto, ma anche negli altri periodi dell'anno nelle campagne, nelle botteghe, negli orti, al mercato i bambini accompagnavano i vecchi, per ascoltare i loro racconti, fra realtà e mistero, per apprendere un mestiere, le sue astuzie, i suoi segreti. "Impara l'arte e mettila da parte", sostiene un detto popolare.

Il sapere privato e professionale era acquisito attraverso molti anni di esperienza; l'età avanzata conferiva la necessaria conoscenza dell'arte lavorativa; all'anziano veniva generalmente riconosciuta la competenza della vita sociale, professionale e spesso anche di quella economica. Il vecchio costituiva il riferimento sia dei "segreti" professionali, sia della trasmissione di tradizioni, costumi, modelli educativi e culturali, di cui i bambini diventavano sensibili.

La società contadina aveva le sue difficoltà, le sue contraddizioni, talvolta anche severe, era pervasa da stereotipi e radicati tabù, riproduceva talora comportamenti cristallizzati e smarriti di senso, ricadeva in pericolose inibizioni culturali, tuttavia conservando una coesione e una continuità transgenerazionali. Il vecchio interpretava e sosteneva un ruolo riconosciuto e l'atteggiamento generale era connotato di rispetto; veniva ascoltato per le sue competenze, gli si chiedevano consigli, orientamenti, lo si assisteva quando era ammalato e/o non più autosufficiente. L'ospedale era il più delle volte un transitorio passaggio per il ritorno a casa. Gli eventi significativi della vita avvenivano tra le mura domestiche. Si nasceva e si moriva in famiglia. I matrimoni e le ricorrenze ritenute importanti coinvolgevano spesso l'intera comunità che si riconosceva nelle evenienze tristi e felici di un gruppo familiare. La tradizione, attraverso le sue manifestazioni collettive, scandiva il ritmo e il senso della comunità sociale. La transgenerazionalità era compresa nella consuetudine degli eventi, dei costumi del contesto contadino. Alla formazione e alla crescita di un bambino contribuiva significativamente l'azione del nonno; l'esperienza, individuale e collettiva, dei vecchi si arricchiva e si completava attraverso la voce e la fantasia dei nipoti.

Le trasformazioni sociali hanno mutato i rapporti transgenerazionali. Il processo di industrializzazione ha modificato la gerarchia delle competenze e delle abilità professionali, non ha più richiesto una manualità artigianale, complessa e creativa, ma un apprendimento rapido, meccanico, esecutivo. Le catene di montaggio hanno spazzato le tempeste e le contraddizioni, i profumi e i valori della campagna. Il rapido sviluppo tecnologico ha prodotto nuove professioni, differenti capacità e destrezze manuali, posto un diverso accento sul rapporto fra produzione e profitto, soppiantato la tradizione e il sapere del contadino e della sua terra. Il mondo operaio e dell'automazione ha lasciato dietro di sé quello agricolo, compresa l'interazione con le nuove generazioni, il modo di intendere la vecchiaia e la vita.

Nella società moderna, specie nelle grandi aree urbane, si è diradato il rapporto tra vecchi e giovani. A volte gli uni e gli altri frequentano gli stessi parchi, le stesse vie, abitano nei medesimi palazzi, senza conoscersi, incontrarsi, scambiarsi un saluto.

Nonni e nipoti, nel contesto metropolitano, quando desiderano stare insieme, fuori dalle mura domestiche, avvertono spesso sensazioni di disagio, di insofferenza per l'eccessivo inquinamento ambientale – che talvolta raggiunge soglie così elevate da costringerli a non uscire di casa – per l'assedio delle macchine, per l'inadeguatezza delle aree verdi, la mancanza di piste ciclabili e percorsi ginnici, dove poter passeggiare, spostarsi in bicicletta, praticare attività sportive e ludiche.

Le grandi città, tuttavia, sono generalmente in grado di offrire, per ogni fascia di età, maggiori opportunità sociali e culturali, quali cinema, teatro, mostre, spettacoli vari rispetto ai piccoli agglomerati urbani.

Nelle metropoli la condizione della solitudine dei vecchi è ricorrente, tende soprattutto ad accentuarsi nella stagione estiva, quando le città si svuotano di persone e parenti e può culminare con l'aggravamento dei disturbi organici; tuttavia, in molti insediamenti urbani esiste l'opportunità di sviluppare reti sociali e di essere coinvolti in varie attività; inoltre, nelle grandi aree urbane, dove è presente una percentuale maggiore di persone con disagi e problematiche esistenziali è più sentita l'attività del volontariato.

5.3
Quando il ricovero separa nonni e nipoti

Il ricovero in ospedale o in casa di riposo, soprattutto per gli anziani che hanno instaurato legami significativi, duraturi e solidali all'interno della famiglia, viene spesso percepito come un'esperienza drammatica che tende a inibire le funzioni affettive e creative, a impoverire di qualità e senso la loro esistenza, a mettere in crisi la propria identità.

La transizione dalla propria abitazione, in cui si è vissuti da molti anni, a volte da sempre, a una differente sistemazione residenziale, istituzionale, come una casa di riposo, può costituire un difficile percorso di adattamento creativo; richiede da parte dell'anziano la mobilitazione di risorse, un impegno attivo per adeguarsi alla nuova situazione, caratterizzata da tempi, ritmi, spazi, modalità organizzative e interattive differenti. Nella propria casa, anche quando l'autosufficienza viene delimitata da gravi patologie, si decidono, si prevedono autonomamente gli orari e la tipologia dei pasti, i tempi del coricarsi e del risveglio, i programmi radiofonici e televisivi da seguire, le diverse attività da svolgere nel corso della giornata, comprese quelle creative e relazionali, come gli incontri con i nipoti; in casa di riposo si impone il confronto e l'adattamento ai ritmi e alle regole della struttura ospitante, alla condivisione di spazi fisici e conviviali con altri degenti, al rapporto con gli operatori socio-sanitari.

L'ingresso definitivo di un anziano in una istituzione geriatrica è determinato da più fattori, fra cui: l'isolamento, l'emarginazione, le difficoltà economiche, i problemi di salute, fisica e psichica. L'allontanamento dall'ambiente familiare, dalla propria casa, luogo di ricordi ed esperienze significative, è spesso vissuto in termini angoscianti, come una sorta di sradicamento, di perdita di riferimenti che può sviluppare ulteriori disagi e complicazioni sul piano affettivo, quali stati confusionali, depressione, aggressività, disturbi del comportamento.

Le case di riposo – oggi denominate Residenze Sanitarie Assistenziali (RSA) – evocano in molti vecchi l'idea di una destinazione negativa, di un abbandono da parte dei familiari e della comunità. Un tempo, nella società agricolo-rurale, gli anziani malati e disabili cronici venivano assistiti in famiglia fino al termine della loro esistenza; l'essere trasferito in casa di riposo equivaleva per il vecchio a sentirsi escluso, rifiutato, spogliato di valore affettivo e sociale. Inoltre vari ospizi erano organizzati in funzione di un'assistenza prettamente custodialistica che tendeva a discriminare, a passivizzare idee, desideri e comportamenti, a non considerare le esigenze individuali e relazionali dei ricoverati; agli anziani, in molte case di riposo, non veniva offerto uno spazio – fisico e culturale – in cui esprimere la propria creatività, proporre e sostenere iniziative, organizzare spettacoli, trattenimenti, riunioni, uscite in gruppo. Non raramente gli ospizi venivano costruiti – o si adibivano a tale scopo vecchi edifici, un tempo utilizzati come nosocomi per patologie mentali o infettive – nelle zone periferiche delle città: soluzioni che scoraggiavano eventuali desideri di passeggiate e ritrovo al di fuori dell'istituzione. Si varcava la soglia della casa di riposo per non fare più ritorno nel mondo civile. Per molti anziani era come terminare da incolpevoli reclusi la propria vita.

Appariva lontana la cultura della qualità dei servizi, della relazione, dei rapporti umani, della valorizzazione delle risorse personali, creative, della difesa delle esperienze e del loro valore, della tutela dei diritti, dei pensieri e dei sentimenti. Si confermavano i pregiudizi antichi di una parte della medicina che si riassumevano nelle espressioni di Terenzio: *Senectus ipsa morbus est*, di Galeno: *La vecchiaia è a metà strada fra la salute e la malattia*, di Isidoro da Siviglia: *Senescere* equivalente a *sensuum diminutio*, di S. Antonio da Padova: *Senescere* equivalente a *se nescire*, non riconoscere più se stesso.

Progressivamente le situazioni, le conoscenze, i tempi sono cambiati. Attualmente, in alcuni casi il ricovero temporaneo o definitivo, soprattutto nelle aree metropolitane, viene deciso dagli stessi anziani che si sentono più confortati e rassicurati in una casa di riposo rispetto al luogo dove risiedono. In altre situazioni, più frequenti, sono i familiari a richiedere una sistemazione protetta per il proprio parente anziano non più autosufficiente, dal punto di vista organico e/o mentale; la domanda di ricovero segue spesso un lungo percorso di assistenza a domicilio, tramite l'aiuto di badanti straniere.

Comunque, voluto o consigliato, il ricovero in istituzione richiede sempre un periodo di adattamento. Quando la scelta è autonoma si avvertono meno difficoltà nell'adeguarsi a situazioni nuove, a eventuali difficoltà; molti anziani vivono da vari anni da soli, trascorrono le loro giornate secondo abitudini consolidate; in casa di riposo devono confrontarsi quotidianamente con una realtà completamente diversa; devono rivolgersi agli operatori per soddisfare necessità alle quali, nella loro casa, provvedevano da sé. Inoltre, possono sorgere problemi di comunicazione con il personale per ragioni esclusivamente linguistiche. Molti anziani, soprattutto ultraottantenni, faticano a esprimersi correttamente nella lingua italiana; il loro idioma originario, la loro madre-lingua sono sempre stati il dialetto, parlato in casa e nella comunità locale. Ciò che conoscono della lingua corrente corrisponde spesso a quanto è stato appreso nei pochi anni di frequenza scolastica; fra gli operatori socio-sanitari sono progressivamente aumentate le persone straniere, molte delle quali non hanno ancora adeguatamente imparato a comunicare in italiano.

Per il vecchio, l'aver vissuto per lungo tempo in modo autonomo al proprio domicilio e il confrontarsi con persone che non parlano o non comprendono la sua lingua possono costituire peculiari fattori di disadattamento alla vita istituzionale, perlomeno nel periodo iniziale.

Inoltre la popolazione anziana ricoverata diventerà – come lo è attualmente la società – progressivamente più cosmopolita. Gli operatori socio-sanitari, provenienti da vari paesi, con tradizioni, linguaggi e culture differenti, faciliteranno l'esistenza dei loro connazionali anziani nelle moderne istituzioni.

Per favorire una mutua collaborazione sempre più attiva e proficua fra curanti e assistiti, è necessario offrire una preparazione psicologica adeguata all'equipe socio-sanitaria finalizzata a migliorare le modalità di comunicazione e la sensibilità all'integrazione. Adattarsi attivamente a un nuovo ambiente significa sostanzialmente apprendere, mobilitare le proprie potenzialità creative, stimolare un processo interno di riabilitazione personale. In ogni percorso di adattamento si possono incontrare e superare ostacoli, più o meno rilevanti, ricevere gratificazioni, ritrovare energie, ma anche provare delusioni, frustrazioni, scoraggiamenti, paure.

Nel laborioso e talora traumatico processo di adattamento da parte degli anziani al nuovo contesto residenziale, familiari, amici, volontari devono cooperare con l'equipe di assistenza per favorire e accelerare un migliore ambientamento degli ospiti. I vecchi che hanno ricevuto informazioni e stimoli adeguati al loro inserimento in istituzione, tendono ad aprirsi con gli operatori, a esprimere e condividere emozioni e ricordi, a rapportarsi e confrontarsi con gli altri ospiti.

Gli spazi adeguati, la luminosità, le condizioni igieniche, un adeguato ricambio d'aria, una sana, equilibrata alimentazione, commisurata ai problemi di salute degli ospiti, la strutturazione di reparti omogenei per patologie – come i nuclei per malati di Alzheimer – il rispetto, la difesa della dignità, la comunicazione attenta e sensibile, la promozione di iniziative che favoriscano gli interessi, la creatività, l'aggregazione, il mantenimento delle relazioni affettive con i familiari, con i nipoti rivestono un ruolo importante e significativo nell'adattamento alla realtà istituzionale.

Appare sempre più necessario inserire e proporre interventi psicologici differenziati, personalizzati, anche per metabolizzare gradualmente i cambiamenti di stile e qualità della vita che possono essere avvertiti in modo angosciante nella transizione dalla propria casa a quella di riposo.

È molto spesso l'ospite che si adatta, creativamente e abilmente, alle esigenze dell'istituzione e non viceversa. La mancanza di privacy, di uno spazio personale, di un proprio territorio, di una continuità riconoscibile con il passato e la storia personali (il proprio letto, la poltrona preferita, il quadro, la fotografia o il vaso di fiori, considerati talvolta da chi assiste come intralcio alle loro attività) rischia facilmente di innescare disagio e inquietudine.

L'attaccamento agli oggetti conferisce un maggiore sentimento di sicurezza, di appartenenza e identità, favorisce l'adattamento alla nuova situazione residenziale e l'elaborazione del distacco dalla propria casa. Sono sempre da ripensare gli spazi, le attività, le relazioni – comprese quelle transgenerazionali – le prospettive per l'anziano ricoverato, istituzionalizzato, stimolando, sostenendo le sue potenzialità, la sua creatività, il suo desiderio di riconoscersi e affermarsi come persona con diritti e dignità inalienabili.

Negli ultimi anni si sta sempre più affermando la concezione di una psicologia positiva orientata allo studio, al conseguimento del benessere soggettivo in chiave edonica (dimensione affettiva e soddisfazione della vita) ed eudaimonica (autorealizzazione, costruzione di significati, condivisione di obiettivi). Gli interventi della psicologia positiva, applicati inizialmente in ambito economico, lavorativo e scolastico, sono stati successivamente attuati anche nel campo della salute (nella prospettiva salutogenica) e della clinica. Lo scopo principale è di valorizzare gli aspetti positivi, le capacità, le potenzialità di una persona, oltre a garantire gli interventi sul piano della correzione e del contenimento della patologia. Le risorse, le qualità positive sono presenti in ogni individuo, sano o malato, autonomo o invalido, pure in chi vive condizioni di particolare compromissione psicofisica. L'attenzione, la sensibilità, l'impegno verso la riattivazione, il sostegno, la validazione delle caratteristiche positive di una persona in difficoltà può consentire la realizzazione di quanto affermava Henri Matisse relativamente alla possibilità o capacità di recuperare e trasformare le fragilità personali in forze affettive, esperienziali.

In gerontologia, la psicologia positiva sottolinea il ruolo che esercita il processo creativo nel corso dell'invecchiamento. Ogni vecchio può essere creativo, sia pure in misura molto differente: anche chi presenta notevoli limitazioni. La riattivazione della creatività in età avanzata rappresenta anche un compenso alla riduzione progressiva di funzioni sensoriali e neuromotorie.

Le ricerche hanno dimostrato che, non soltanto le persone anziane da sempre attive, propositive, innovative, ma anche quelle che da tempo svolgono compiti abitudinari e/o hanno problemi di salute e di autonomia – qualora vengano adeguatamente stimolate – riescono a esprimere il loro potenziale creativo, a migliorare la percezione di sé, dell'ambiente e della loro vita.

Cicerone parla dello spirito creativo di Sofocle e di quello dei vecchi agricoltori della Sabina, della loro capacità estetica nel piantare alberi che saranno utili alle generazioni successive. Scrive nel *Cato Maior de Senectute* (VII-VIII, 21-26): "Rimane intatta ai vecchi l'intelligenza, a patto che rimangano fermi gli interessi e l'operosità, e questo non solo in uomini illustri e famosi, ma anche in chi ha avuto una vita riservata e quieta. Sofocle scrisse tragedie fino alla vecchiaia avanzata: per questo, poiché sembrava che trascurasse gli interessi della famiglia a causa di tali impegni letterari, fu chiamato in giudizio dai figli: allo stesso modo che, secondo il nostro costume, i padri che amministrano male le loro sostanze vengono spesso interdetti, così lui, come se fosse un incapace, doveva essere interdetto dai giudici. Si racconta così che il vecchio poeta recitasse ai giudici la tragedia che aveva fra le mani e che aveva scritto da poco, Edipo a Colono, e che chiedesse loro se quell'opera sembrasse scritta da un infermo di mente. Dopo aver recitato il brano il poeta fu prosciolto dai giudici [...] E posso nominare i contadini romani della campagna sabina che senza di loro, nei campi non si farebbe quasi nessun lavoro di quelli importanti; non si seminerebbe, non si raccoglierebbe, non si riporrebbero i frutti della terra [...] ma loro si dedicano anche ad altri lavori, che sanno non li riguarderanno in futuro [...] e che dire dei vecchi che sono capaci di imparare cose nuove?".

La tendenza creativa, presente in ogni persona, prescindendo dallo stato di salute, si può esprimere in varie attività quali costruire un oggetto artigianale, preparare un piatto, tessere una tela, allevare un animale, organizzare un dibattito, un viaggio, uno spettacolo, inventare un gioco, comporre una poesia, una canzone, un diario, un aneddoto, svolgere un esercizio sportivo o riabilitativo. Non solo la creatività può riaffiorare in età senile, ma quando compare consente di invecchiare con maggiore serenità. Il ritorno delle qualità creative in età avanzata – anche nelle persone anziane meno fortunate – dimostra che la loro potenzialità non si era estinta ma soltanto congelata nelle età precedenti.

L'espressione creativa in età senile può influenzare il processo di invecchiamento, sollecitare nuovi interessi e impegni, modificare il senso della quotidianità e dei giorni a venire. La creatività si può manifestare nelle varie situazioni che l'essere umano sperimenta, lungo l'intero arco della vita. In età senile, il processo creativo può aiutare le persone a non smarrirsi nel vuoto esistenziale, a stimolare le capacità cognitive, in declino o meglio conservate; la creatività può favorire la ripresa di attività e funzioni, dare più senso a una fase della vita spesso trascurata dal contesto familiare, sociale, istituzionale.

Gli aspetti comunicativi, interattivi assumono una particolare rilevanza nei processi di ripresa, di riabilitazione e di mantenimento delle proprie funzioni e capacità. L'ambiente, il clima relazionale, le modalità e gli atteggiamenti degli operatori socio-sanitari, le attività creative, ricreative, specialmente svolte in gruppo influenzano, in modo positivo o negativo, la qualità della vita istituzionale. La continuità dei rapporti con i familiari, con i nipoti attenua o contiene eventuali sentimenti di abbandono e facilita l'adattamento, l'integrazione nella realtà residenziale.

Da ricerche effettuate, i vecchi ricoverati esprimono il desiderio di poter incontrare, parlare, trascorrere del tempo insieme ai loro nipoti; l'essere ricordati, valorizzati, compresi aiuta ad affrontare con più serenità e fiducia il futuro, i giorni da vivere.

Per l'anziano istituzionalizzato la comunicazione, il rapporto transgenerazionale, soprattutto con i familiari, rappresentano, oltre che un insostituibile valore affettivo, un ponte diretto, essenziale con il mondo esterno, con la società civile, con le loro trasformazioni, novità, avvenimenti fra involuzioni e progressi. Il nipote, in particolare, costituisce per il nonno l'interlocutore privilegiato per stimolare la curiosità, l'interesse sulle moderne innovazioni della tecnologia, della telematica, dell'elettronica, per mantenere attivi pensieri e sentimenti, per conservare e alimentare un senso di continuità con la propria vicenda esistenziale. Nel vecchio ricoverato si acuiscono generalmente le esigenze di una comunicazione emotiva, di essere circondati dagli affetti; purtroppo quando l'anziano varca la soglia di una casa di riposo non è infrequente constatare la progressiva rarefazione del rapporto nonno-nipote; più aumentano da parte del vecchio, le necessità di espressione dei propri sentimenti, di ritrovare la dimensione ludica e creativa della vita quotidiana, di stabilire e conservare un collegamento con la comunità e il suo sviluppo e meno si verificano opportunità di interazione, di scambio relazionale, affettivo, culturale. E il nipote si può sentire espropriato della presenza del nonno, della sua voce, dei suoi racconti, di un significativo punto di riferimento, di un'ancora di sicurezza che supera la condizione di non-autosufficienza.

5.4
Affettività, salute e ambiente

Si modificano le esperienze e i contenuti affettivi in rapporto all'ambiente in cui si vive. L'educazione ai sentimenti viene influenzata dal contesto socioculturale nel quale si cresce e si è inseriti. Dal rapporto con i genitori e la famiglia, alla comunità di appartenenza si ricevono stimoli, si apprendono modelli relazionali, schemi di comportamento, strutture affettive e cognitive. La madre è in genere la persona che accoglie, contiene, modula le prime espressioni affettive del bambino. La figura e la funzione materna vengono a rappresentare per il piccolo l'interazione, l'ambiente privilegiato di acquisizione percettiva, formazione e sviluppo della vita psichica, dell'esperienza interpersonale. Secondo McDougall (1980) la primissima realtà di un bambino è rappresentata dall'inconscio di sua madre. Una realtà con la quale generalmente interagisce un padre e altri familiari. La vita domestica, fra le mura di casa, costituisce il luogo nel quale si apprendono, si consolidano gli stili di attaccamento, i moduli relazionali, gli affetti e i pensieri. Abitudini, comportamenti, strategie comunicative si riproducono fra una generazione e l'altra, fra una comunità e quelle successive, caratterizzano gruppi sociali, territori geografici e culturali. Le differenze interindividuali esistono ovunque, in ogni realtà umana, ma è altrettanto vero che determinate famiglie, gruppi e comunità si connotano per peculiari atteggiamenti, tradizioni e valori. Emozioni e sentimenti tendono ad assumere significati differenti, alcuni prevalgono su altri oppure vengono assimilati in codici di comportamento e di identificazione sociale. Ricerche transculturali, condotte da Ekman e Friesen (1971), hanno stabilito che ogni essere umano, indipendentemente da sesso, età e provenienza, esprime allo stesso modo, attraverso la mimica facciale, sei emozioni di base: gioia, tristezza, paura, rabbia, disgusto e sorpresa. Ma i sistemi di convivenza, i riferimenti culturali vigenti, dominanti condizionano la qualità, la specificità e la gerarchia degli affetti. I singoli individui selezionano e si riconoscono nei modelli proposti, e li replicano nel gruppo parentale o amicale.

Esistono contesti nei quali purtroppo ancora persistono manifestazioni di violenza, di sopruso, di sfruttamento considerate lecite; la ritorsione, l'ira vendicativa vengono giustificate come un atto d'onore, una "faccenda privata", un diritto inalienabile; l'emarginazione, la sottomissione, il maltrattamento dei deboli, dei bambini, delle donne, degli anziani sono considerati atteggiamenti socialmente legittimi, condivisi. I bambini che crescono, formano la propria identità in un ambiente violento rischiano di perpetuare in futuro comportamenti aggressivi; non è per fortuna una regola assoluta, si conoscono eccezioni, sempre molto coraggiose e sofferte, purtroppo la condotta violenta degli adulti tende generalmente a riflettersi sugli atteggiamenti delle giovani generazioni. Se un bambino viene frequentemente svalutato, deriso rischia di diventare un adulto introverso e insicuro. Non solo potrà trovarsi in difficoltà nel prendere decisioni, assumersi impegni e responsabilità, ma avrà spesso bisogno di conferme su ciò che prova, pensa e intende fare. Chi subisce continue discriminazioni e ingiustizie rischia di interiorizzare sentimenti negativi, a costruirsi una distorta immagine di sé, di bassa autostima. L'ambiente trasmette schemi cognitivi ed emotivi; pensieri e affetti variano in rapporto alle caratteristiche sociali e culturali della realtà in cui si vive. Le emozioni positive (come purtroppo anche quelle negative) si possono imparare, ma ci deve essere qualcuno in grado di insegnarle.

Non sempre la scuola contribuisce alla crescita affettiva dei ragazzi. Impostata su modelli raziomorfi, sulla stretta valutazione del rendimento "tecnico-intellettivo" è molte volte disattenta agli aspetti creativi, al mondo affettivo, alla loro valorizzazione, comprensione, contenimento, se non in termini punitivi, raramente di dialogo e di sostegno. L'importanza del profitto – come accade abitualmente in molti altri settori della vita pubblica e privata – prende il posto di un progetto educativo, del gruppo-classe e del singolo; il voto positivo o negativo trascende ogni difficoltà affettiva, qualsiasi potenzialità, qualità inespressa dell'allievo. Si adottano nei confronti degli alunni atteggiamenti precostituiti, di rigidità o di permissivismo, solo sporadicamente di comunicazione, di interesse per la sorte di un altro, la sua vita e il suo futuro; a volte questo avviene per la volontà e la sensibilità di qualche insegnante, non certamente per una strategia, una programmazione complessiva della scuola. Gli affetti, i sentimenti sono di frequente estromessi dalla relazione con l'altro, in famiglia, nella scuola, nel mondo del lavoro, nei rapporti sociali e amicali; appaiono troppo impegnativi da affrontare, da sostenere, è preferibile un'accomodante, mascherante, asettica razionalità, spesso anche deresponsabilizzante. Ma quando non si ascoltano le emozioni, positive o negative, non si intende esserne coinvolti, in realtà non ci si mette al riparo dai loro effetti, anzi se ne diventa o se ne conferma il vincolo, la dipendenza. L'ignorare, il negare sistematicamente un'emozione comporta inevitabilmente l'emergere di altri "pensieri emotivi" come il pensarsi e sentirsi indifferente, cogliere e avvertire un senso di vuoto, fuori e dentro di sé, di noia del proprio esistere. I sentimenti fanno parte della vita, non è possibile farne a meno, se si negano, si avverte il sentimento penoso, talora devastante, della loro assenza. E a volte si ricercano situazioni particolari, estreme, per ritrovare un'emozione, un barlume di vita interiore, si inseguono emozioni forti forse perché si sono dimenticate quelle di base. Riconoscere gli stati d'animo, impararli, saperli gestire significa percorrere la strada che permette di cogliere pienamente ciò che si vive e chi si è.

I sentimenti, le emozioni si trasmettono, scorrono nelle relazioni, con le persone e con l'ambiente, configurano, caratterizzano il rapporto fra individui. Nei luoghi di cura e di assistenza la relazione fra operatore e malato costituisce un fattore determinante per l'esito positivo di un processo terapeutico. Medici, infermieri, fisioterapisti e altre figure professionali sono in genere preparati a esaminare, riconoscere, valutare, intervenire sui sintomi somatici, sulle malattie organiche; al centro della medicina vi è quasi sempre stato il corpo con la sua fisiologia, la sua patologia e gli appropriati rimedi. Il paziente tende a essere considerato come portatore di un disturbo fisico da alleviare, di un malanno da risolvere, come persona da restituire alla famiglia e alla società in un ritrovato stato di salute. È la malattia d'organo più che il malato a interessare la medicina. Molte malattie appaiono decisamente articolate, complesse, multidimensionali. Vi sono malati gravi che guariscono, altri che soccombono, altri ancora che seguono lunghi itinerari di riabilitazione oppure convivono con le loro patologie croniche. La spiegazione che in genere si cerca e si propone è connessa alle regole, ai meccanismi della biologia del corpo umano. Tempi e modi di una guarigione o di un aggravamento sono essenzialmente ricondotti all'entità e alla tipologia dei danni cellulari, alle disfunzioni del metabolismo, alle risposte dell'organismo alle cure mediche, farmacologiche. Poco diffusa appare ancora l'attenzione all'esperienza relazionale, alla biografia personale del malato, all'interazione fra operatore e paziente.

Pensieri e sentimenti dei degenti nelle corsie ospedaliere, nelle case di riposo tendono a rivestire un carattere di secondo piano, di minore importanza rispetto alle tradizionali terapie. Le relazioni umane, l'ascolto del malato e del disabile, la comprensione della sofferenza individuale, del vissuto di malattia, della realtà e delle prospettive esistenziali del paziente e dei suoi familiari, sono spesso lasciate alla spontaneità, alla disponibilità dei singoli operatori o di alcuni volontari. Le emozioni, da una parte, trascendono la salute e la malattia; si può essere contenti o tristi, preoccupati o sereni sia quando si sta bene sia quando si è ammalati o non autosufficienti. Dall'altra gli affetti non sono nettamente separabili dai sintomi fisici; una malattia suscita reazioni emotive di vario ordine in rapporto alla struttura di personalità, alle esperienze, alla cultura e alla storia di chi ne è colpito; ma molte patologie richiamano la dinamica della relazione fra mente e corpo, dolore psichico e fisico, emozioni e biologia. "Mi sembra peraltro che l'anima e il corpo interagiscano a vicenda per cui un mutamento della condizione dell'anima produce un cambiamento nella forma del corpo e viceversa un mutamento nella forma del corpo produce un cambiamento nel modo di essere dell'anima", scriveva Aristotele nel *De Anima*.

5.4 Affettività, salute e ambiente

Si è abituati a pensare ai disturbi degli affetti e del pensiero in termini di depressione, ansia, attacchi di panico, deliri, alterazioni del carattere e del comportamento. Gli stati affettivi "malati" si riconoscono, agiscono nelle patologie mentali, ma sono presenti anche in molti quadri clinici organici e non solo come mera reazione all'affezione somatica. L'intreccio fra storia emozionale, vissuto di malattia, sentimento esistenziale da un lato e anamnesi clinica, manifestazioni sintomatologiche, decorso della patologia dall'altro può riflettere una condizione, un percorso unitario della persona. Gli orientamenti terapeutici devono necessariamente considerare l'interazione fra mente e corpo, stati affettivi e funzioni biologiche in una concezione olistica dell'individuo. Si rischia spesso di effettuare interventi sanitari di elevata capacità tecnica, di grande valore sul piano clinico, tuttavia incompleti sulla persona e ciò che la affligge, di cui lei stessa è molte volte inconsapevole.

Sentimenti ed emozioni si possono trasmettere, educare, imparare e "curare". Diventa sempre più importante la preparazione psicologica degli operatori sociosanitari. Quando ci si sente capiti, si sta meglio. Il paziente generalmente desidera risolvere il suo problema somatico, non soffrirne più; ma un'attenzione complessiva alla biografia, allo stile di vita, alle relazioni più significative, agli affetti, a ciò che egli pensa di sé, della sua patologia o disabilità favorisce una comprensione più approfondita da parte degli operatori – e di riflesso, nella circolarità delle comunicazioni, anche da parte del malato e dei suoi familiari – del disagio manifesto. La malattia, i sintomi somatici, potrebbero rappresentare, in senso lato, la complessa reificazione di una sofferenza, la cui formazione richiama la dialettica fra corpo e mente, fra biologia, fisiologia, memorie implicite, profondità dei sentimenti. Un sintomo corrisponderebbe alla punta di un iceberg: la ragione della sua visibilità risiede nella parte immersa.

La qualità della relazione, soprattutto con i malati che presentano una lunga degenza o che sono assistiti nelle strutture residenziali, acquista un valore fondamentale per ogni processo di cura, riabilitazione o accompagnamento. L'opportunità di esprimere a qualcuno timori e angosce, di parlare di problemi irrisolti, di ricevere uno spazio di accoglienza, ascolto e comprensione alla propria emotività aiuta sicuramente a sentirsi più sollevati, a mobilitare energie e motivazioni, a essere più fiduciosi e/o più consapevoli. "È lecito pensare che la volontà di guarire o il desiderio di non morire non siano irrilevanti per l'esito di certi casi gravi e incerti di malattia", affermava Sigmund Freud (1915).

Non sempre la medicina riesce a spiegare le cause di una patologia, di un aggravamento o di un miglioramento. Si osservano a volte riprese insperate, inimmaginabili, misteriose. È soltanto la struttura biologica che improvvisamente, incomprensibilmente ha modificato il suo corso, trasformando uno stato di malattia in uno di salute? Oppure le ragioni di un cambiamento devono anche essere ricercate altrove, nelle complesse articolazioni della vita psichica, i suoi significati, il suo senso che generalmente percorrono, sostanziano il mondo delle emozioni, degli affetti, dei pensieri, dei rapporti umani. "Non c'è bisogno di tirare in ballo altre forze che non siano quelle psichiche per spiegare certe guarigioni miracolose", sosteneva ancora Freud.

Il clima relazionale di una struttura assistenziale e curativa influenza gli stati emotivi, affettivi, la loro espressione e comunicazione, sia di chi vi lavora sia di chi vi è ricoverato. Spesso, in molte malattie croniche e terminali, sul piano strettamente clinico e riabilitativo, oltre alle terapie di mantenimento e di sollievo, non vi sono peculiari interventi strumentali da applicare, rimedi da proporre, ma molto si può fare, attraverso la relazione, per la cura, la tutela dei bisogni e dei diritti fondamentali del malato. Le emozioni sono sempre in gioco e in particolari situazioni richiedono una maggiore attenzione e sensibilità come nelle malattie a prognosi sfavorevole. Non è più possibile guarire, ma è sempre possibile continuare a curare. Si può morire continuando a vivere, a essere sereni e consapevoli di ciò che accade. Sono esperienze possibili soprattutto quando l'ambiente curativo sa confrontarsi, comprendere, condividere il dolore psichico, le espressioni della sofferenza del malato, del morente, ma anche i suoi desideri e le sue aspirazioni. Non è facile realizzare un'intesa con le persone alle quali manca poco tempo da vivere, cogliere i sentimenti, costruire una relazione empatica, terapeutica. Si richiede una preparazione professionale specifica per gli operatori al fine di consentire un percorso, un trapasso sereno.

I vecchi non autosufficienti, i morenti sanno esprimere ciò che provano se qualcuno è disponibile ad ascoltare e a capire. L'affettività di chi vive una condizione di fragilità, dipendenza, risente, si adegua a quella imposta, spesso inconsapevolmente, dall'ambiente di cura e assistenza. Scriveva Francis Bacon nei suoi Saggi: "La natura è spesso nascosta, qualche volta sopraffatta, molto raramente estinta".

5.5
Bambini e ambiente urbano

Per i bambini, l'ambiente urbano in cui vivono rappresenta il loro mondo, la realtà che incontrano e imparano a conoscere, costituisce il contesto sociale e culturale della loro storia nascente, il teatro del possibile, il contenitore da scoprire e al quale poter chiedere. I bambini costruiscono la loro memoria attraverso le esperienze che l'ambiente propone. Nei luoghi con i quali interagiscono, i bambini sperimentano la pluralità delle offerte; la varietà dei colori, delle insegne, dei messaggi, dei comportamenti ne stimola la curiosità e il desiderio di conoscenza. La città dalle mille sollecitazioni, dalle numerose iniziative e attività, dalle differenti idee e costumi, dalle molteplici sensazioni, dalla poliedricità dei modelli di confronto può rappresentare per i bambini un'opportunità di acquisizione, di apprendimento diversificato, di sviluppo della fantasia.

L'ambiente urbano può custodire un suo fascino mediante la ricchezza delle sue immagini e attrattive, delle sue occasioni di svago e divertimento. La crescente modernità e le innovazioni nel campo dell'elettronica, dell'informatica, del mondo digitale e virtuale costituiscono per i bambini la loro realtà attuale. Il concetto di nuovo, di moderno, di trasformazione applicato ai mutamenti sociali e culturali viene formulato da chi ha vissuto esperienze precedenti; per i bambini le opportunità tecnologiche, ludiche e relazionali da sperimentare corrispondono alla quotidianità, alla contingenza, alle caratteristiche delle informazioni e conoscenze che ricevono e che ne prospettano l'orientamento verso l'avvenire. La concezione del moderno implica, specie per l'anziano, il confronto con il passato, con realtà sociali differenti che si sono progressivamente trasformate; nel bambino costituisce il suo presente, il mondo che lo accompagna, l'uno e l'altro insieme procedono verso il futuro.

Il contesto urbano rappresenta anche il luogo sconosciuto, dai contorni indefiniti tra realtà e finzione, curiosità e indugi. I luoghi cittadini si propongono come un grande teatro dalle molte vicende e recite, in cui si assiste a infinite rappresentazioni, si viene a conoscenza o si è spettatori diretti di varie interpretazioni, talora originali, stravaganti, altre volte di sofferta e indesiderata testimonianza. Lo scenario cittadino può apparire come una serie continua di commedie, di sipari che si aprono con anonimi protagonisti e copioni dalle innumerevoli versioni e sfumature. Il bambino, spettatore di un teatro improvvisato, di rapide e variegate apparizioni, di scene di vita ordinarie e insolite, tra gioco, immaginazione e realtà, smarrisce a volte la misura del confronto, la decodifica dell'esperienza, il contenuto appropriato della vicenda vissuta.

Le aree urbane, specialmente di periferia, rappresentano talvolta per il bambino il contenitore vuoto e opprimente della solitudine, dell'incomprensione, dell'oblio, dell'ineducazione agli affetti, della disattenzione al senso di ciò che si pensa, si sente e si fa, della mancanza di considerazione delle sue esigenze di sicurezza e tutela, dei suoi desideri, timori e dubbi, delle sue domande e aspettative, della sua tensione alla crescita, del suo diritto all'affiliazione e alla serenità. Il contesto urbano può essere percepito dal bambino come ambiente improprio, inospitale, popolato dall'estraneo e frenetico mondo degli adulti. Nei luoghi cittadini che non sembrano offrire spazio, accoglienza, ascolto, nella metropoli di altrui appartenenza, degli adulti sempre impegnati, di corsa, sfuggenti il bambino rischia di sentirsi ogni giorno amaramente più solo, isolato, privato degli strumenti di crescita, a volte abbandonato a sé, alle proprie sensazioni di disagio, ai propri sentimenti e alla loro inibizione. Il contesto urbano diventa l'oscura realtà che si porta via gli affetti familiari, i riferimenti protettivi. Nella solitudine delle mura domestiche, spesso in compagnia soltanto della televisione o dei video-games; la città, di fuori, sembra assumere connotati di avversione, di espropriazione, di esilio emotivo; non solo, a volte la metropoli riporta o tristemente impone in modo cruento episodi di aggressioni, violenza, soprusi. La città dei giochi, delle opportunità creative tende a trasformarsi nell'agglomerato urbano dal volto ostile, da combattere o da fuggire; non rappresenta più l'ambiente da conquistare, da conoscere, ma una realtà da evitare e da cui difendersi. Scriveva Eugenio Montale: "I bambini non amano la natura, ma la prendono". Quale natura, quale contesto ambientale viene in molti luoghi inibito o riservato ai bambini? Essi possono "prendere", afferrare ciò che il mondo degli adulti ha pensato, previsto – o non pensato, non previsto – per loro. Il comportamento, la curiosità, il linguaggio, la realtà, la voce e il silenzio dei bambini riflettono spesso gli atteggiamenti nascosti, inconsapevoli degli adulti.

5.6
Vecchi e ambiente sociale

Negli ultimi decenni la comunità occidentale ha vissuto una forte trasformazione sociale, culturale, tecnologica. Si è determinata una transizione molto rapida da una società a sviluppo agricolo composta da famiglie numerose, di impronta patriarcale a gruppi familiari ristretti, alle coppie di fatto, alle unità monocomponenti. Il passaggio da una comunità rurale a una industriale ha comportato un cambiamento radicale delle modalità di comunicazione: televisione, telefonia mobile, internet, anche con tendenze al ribasso della qualità e del valore dei prodotti offerti.

La cultura contadina, basata sull'esperienza tramandata, sulla fatica del lavoro e dell'esistenza quotidiana, sulla conquista del sapere, è stata progressivamente sostituita da quella dell'immagine, dell'apparenza, del facile e immediato successo. Numerosi programmi televisivi tendono a presentare come fattori vincenti, di efficienza e di pubblico consenso l'essere belli, alla moda, abbronzati, snelli, luccicati, stirati e trasgressivi.

Comportarsi da furbi, e talvolta da maleducati, ingannare il prossimo e le regole, aggredire, approfittare dei più deboli, vincere al gioco, a una delle tante, continue lotterie, partecipare, da protagonisti o da spettatori, ai reality show, sempre più decadenti, il "farsi vedere" in televisione costituiscono atteggiamenti, condotte che coinvolgono giovani e adulti, rappresentano una sorta di anticultura che pare riflettere una diffusa mancanza di costruttiva creatività, di conoscenza e senso della vita, di profondità del sentire, del pensare, del comprendere, di abdicazione dalle responsabilità.

In una società moderna, giovanilistica, spesso sfrontata e disattenta, talvolta insensibile, quale posto è riservato a vecchi e bambini, alla loro interazione? al passato e al futuro, allo sviluppo della storia e dell'apprendimento creativo della vita? Il vecchio non dovrebbe essere considerato solamente un onere, una fonte di preoccupazione, ma soprattutto una risorsa utile all'arricchimento delle esperienze e delle conoscenze della società. Dovrebbe essere interpellato soprattutto dai più giovani per ricevere consigli, indicazioni, suggerimenti e strategie da adottare nei confronti di situazioni problematiche, specialmente se hanno connessioni con il passato.

Molti anziani desiderano mantenere uno stretto contatto con la realtà attraverso canali comunicativi e interattivi: programmi televisivi, giornali, attività culturali, mostre, cinema, teatro, esercizi psicomotori, espressioni creative e ludiche, soprattutto se svolti in gruppo, rapporti intergenerazionali, l'esperienza lavorativa praticata per tutta la vita. Sicuramente è particolarmente difficile e problematica la condizione di molti anziani che vivono nelle metropoli senza figli e nipoti oppure con i figli e nipoti lontani, richiedono di frequente un supporto ai servizi sociali in termini di stimolazione e svolgimento di varie attività. La maggior parte dei vecchi, purché trovino interlocutori validi e disponibili hanno il desiderio e l'ansia di raccontare le esperienze vissute.

Il benessere psicofisico acquisito da alcuni anziani rappresenta spesso il risultato di un equilibrio fra esperienze positive e negative, della capacità di metabolizzare e gestire le vicende dolorose. Indiscutibilmente in vecchi e giovani, pensare più frequentemente all'evoluzione positiva delle situazioni, infonde maggiore coraggio, forza e dinamismo nell'affrontare gli eventi problematici dell'esistenza. Al contrario le persone pessimiste che tendono a negativizzare gli eventi intrinseci ed estrinseci accentuano le difficoltà e i disagi che devono affrontare nel corso della loro vita.

Per l'anziano il contesto sociale costituisce la prova concreta, la testimonianza delle trasformazioni ambientali, culturali, dei comportamenti, abitudini e stili di vita. Il vecchio ha vissuto molti cambiamenti, si è spesso adattato, talvolta fatica a riannodare la trama della storia sociale e urbana. Il quartiere, il centro, le vie percorse corrispondono a un album di ricordi, di ritratti a volte sbiaditi, altre volte vividi nella memoria. L'ambiente cittadino rappresenta il teatro delle esperienze e degli eventi trascorsi, avvenuti in rapida progressione; lo scenario dell'infanzia riporta l'anziano al mondo rurale, a tradizioni, ricorrenze, stagioni, ritmi definiti, consolidati, assimilati dall'intera comunità. L'ambiente apparteneva ai suoi abitanti, nati e cresciuti in un luogo dai precisi confini, geografici e culturali; piazze e ritrovi costituivano la vita pubblica, le persone di una comunità sociale fra loro si conoscevano; molti eventi privati venivano condivisi da tutta la popolazione locale. Spesso le cronache attuali sembrano descrivere il moderno ambiente urbano come una terra di nessuno, un'arena di pavidi eroi, meste ed effimere comparse di sé; si impone la realtà cosmopolita, teatro del mondo con finestre che di frequente si rinchiudono sui vecchi abitanti; i fatti privati diventano pubblici in modo ossessivo, spogliati di dignità, agghindati da confusione tramite opinionisti improvvisati, da giornalisti, della stampa e della televisione, colpevolmente distratti o particolarmente attenti allo scoop, all'indice di ascolto.

La metropoli, come varie ricerche hanno evidenziato, evoca la paura della solitudine, dell'abbandono, dell'estraneità, della violenza fisica, psichica e sociale. Sono sempre più numerosi i vecchi che temono di subire atti di aggressione nei luoghi pubblici e privati. Il ripetersi, senza sosta, di esecrabili episodi di violenza limita in molti anziani le uscite, la libertà di movimento, di scelta, di iniziativa, minaccia il senso di sicurezza; l'ambiente cittadino diventa sempre più ostile, estraneo, si va di fretta per non incorrere nelle insidie nascoste. L'ambiente urbano caratterizzato da isolamento, emarginazione, anonimato, povertà, discriminazione, segregazione affettiva rappresenta la triste realtà del vuoto sociale, del declino della solidarietà, dello strappo intergenerazionale, dello smarrito senso della storia e dei suoi insegnamenti. La solitudine forzata, il silenzio sociale imposti all'anziano ripropongono una condizione di denuncia di un reflusso civile.

Nel mondo delle comunicazioni di massa, della crescente diffusione del linguaggio telematico e virtuale, dei telefonini ovunque, delle parole al vento, al vecchio rimane spesso la sola compagnia dei propri ricordi, la nostalgia e la speranza di un ambiente da rivivere. Scriveva David Maria Turoldo: "Più le città si ingrandiscono, più l'uomo è solo, più la moltitudine cresce, più l'uomo è solo". Il vecchio può sentire il contesto sociale espropriarsi degli antichi contenuti, sostituiti dalla rincorsa all'effimero, agli abbagli, alle maschere dell'apparire e del non-essere; è sempre più un ambiente straniero, di altrui appartenenza, di adulti e giovani, ogni giorno più lontani, dalle mille facce e costumi, aperto all'innovazione, alla diversità, all'ipocrisia, ignaro delle esigenze dell'anziano.

L'antica città, per molti anziani, sembra declinare insieme agli stessi loro anni e scomparire con le sue caratteristiche e i suoi valori nelle immagini virtuali del futuro. In molte metropoli spesso non esiste più un contesto ambientale commisurato e adeguato alle aspettative ed esigenze di vecchi e bambini, soprattutto per l'insufficienza di aree verdi, la mancanza di spazi alternativi, complementari o integrativi all'attività professionale. La situazione economica internazionale crea apprensione e inquietudine in molte famiglie, sia per l'aumento costante del costo della vita che implica crescenti sacrifici sia per le difficoltà a inserirsi nel mondo del lavoro, specialmente se si intende trovare un'occupazione che permetta di sviluppare le proprie attitudini e creatività. Anche l'abusivismo edilizio favorito dai vari condoni ha determinato in molti casi un forte impatto negativo sull'ambiente. Appare sempre più inadeguato e invasivo, soprattutto, in alcuni paesi occidentali, il comportamento dell'uomo nei confronti dell'ambiente naturale, attraverso il consumo sproporzionato di acqua, di energia elettrica, lo sfruttamento selvaggio e indiscriminato del territorio con le continue colate di cemento in aree verdi, a ridosso di paesaggi e litorali stupendi, l'inappropriato incanalamento dei fiumi, la deforestazione con l'aumentato rischio di frane e valanghe, gli incendi dolosi, le discariche abusive a cielo aperto, l'interramento di rifiuti tossici e radioattivi.

Ma lo spazio cittadino costituisce per numerosi anziani un possibile luogo di incontro, di curiosità, di opportunità ricreative, creative e culturali. Oltre il contesto urbano delle insidie, delle contraddizioni, degli eccessi, della crisi di ideali si scopre un luogo degli anziani animato dal desiderio di partecipazione, dalla motivazione di vivere, dal senso di utilità, dalla voglia di arricchire fantasia, esperienza e conoscenza. È noto come molte persone in età avanzata liberate dai vincoli professionali e dagli obblighi educativi e di sostegno familiare recuperano o scoprono attitudini e qualità artistiche che spesso si traducono in una attività preminente, foriera anche di significative gratificazioni.

Le università della terza età e i centri di aggregazione culturale hanno spesso favorito e sostenuto un'attivazione individuale, generazionale, non solo per ripristinare o consolidare uno spazio mentale, affettivo di libera interpretazione, di rilancio delle potenzialità e del proprio patrimonio esperienziale, ma anche per consentire alla creatività, custodita in ogni persona, indipendentemente dalla sua età, di esprimere la sua originale forza innovativa, di riprendere un processo di acquisizione spesso interrotto e inibito negli anni giovanili. Le università della terza età hanno ampiamente dimostrato che gli anziani con un basso livello di istruzione, se opportunamente stimolati e motivati, sono in grado di costruire un significativo percorso di crescita psicologico e culturale.

Le varie iniziative, occasioni di partecipazione offerte dall'ambiente sociale, oltre che rappresentare opportunità concrete di inserimento, possono diventare per l'anziano un motivo per recuperare memorie, esperienze, contenuti, spirito creativo, allontanare sentimenti di vuoto, di noia, prospettare un futuro di nuovi significati e conoscenze, per sé e le nuove generazioni.

L'ambiente sociale racchiude spesso una storia dimenticata, racconti inespressi, patrimoni culturali congelati, un sapere inascoltato, verità nascoste; il vecchio può riattivare le sue esperienze e testimonianze, l'interpretazione della propria esistenza, proporsi come modello di transizione e continuità, di riferimento e trasmissione della natura umana e dei suoi significati. Il vecchio costituisce la memoria diretta dell'ambiente nel quale ha vissuto, riporta episodi, aneddoti, porta con sé una fotografia dinamica del suo passato, vicissitudini che si aprono al ricordo e al racconto. Senza i vecchi si perdono le fondamenta culturali, la solidità del percorso e dell'avvicendamento generazionale; deprivata dell'esperienza e della parola degli anziani la narrazione umana rischia di inibire il pensiero, declinare anzitempo, fuggire al suo destino, perire come in Narciso, disperarsi come nel Faust o sfaldarsi come nella tela di Dorian Gray, smarrirsi nell'illusione e nella follia.

Il vecchio non è solo memoria di un contesto ambientale e culturale, ma anche speranza, attraverso il suo desiderio di essere protagonista della propria vita, interprete del suo sapere. L'anziano è spesso un esempio di impegno e interesse, riferimento di sicurezza e serenità, riflette lo specchio della possibilità del vivere a lungo, nonostante sacrifici, pene, ingiustizie, costituisce la forza e la ragione del resistere e dell'esistere; il vecchio può rappresentare l'immagine positiva del futuro per le nuove generazioni, corrisponde a un domani già presente oggi.

Scriveva Simone de Beauvoir ne *La terza età*: "Nell'avvenire che ci aspetta è in gioco il senso della nostra vita; non sappiamo chi siamo, se ignoriamo chi saremo: dobbiamo riconoscerci in quel vecchio, in quella vecchia; è necessario, se vogliamo assumere interamente la nostra condizione umana".

5.7
Nonni, vecchi e bambini: un ambiente comune

Il diventare nonni modifica spesso le aspettative, i progetti, la stessa motivazione al vivere. Molti anziani o coppie di anziani vivono in condizioni di solitudine; l'arrivo di un nipote può cambiare abitudini, comportamenti, organizzazione della vita quotidiana. Da ricerche realizzate affiora negli anziani – in seguito alla nascita, all'arrivo del nipote – un interesse rinnovato per le attività giornaliere, per le vicende sociali, per le cose del mondo, per la propria vita. Il nipote, il bambino portano generalmente un sorriso, una proiezione nel futuro, riaprono e riempiono lo spazio del gioco, della fantasia, del sogno. Il nipote allontana la solitudine, l'isolamento, lo spettro del declino, dell'impoverimento affettivo; stimola all'interazione, alla reciprocità, all'attivazione di potenzialità e di memorie, a sentirsi o a "ritornare" più giovani, a riscoprire momenti di autentica allegria e spensieratezza. Il nonno, a sua volta, può costituire una risorsa importante – organizzativa, relazionale, affettiva, creativa – sia per le giovani coppie che per i nipoti. La nascita di un figlio richiede un riequilibrio familiare per i nuovi genitori e la presenza dei nonni tende a facilitare l'assunzione di impegni e responsabilità.

Il diventare nonni dà l'opportunità di sviluppare e consolidare l'esperienza educativa e affettiva, di confrontarsi con l'entusiasmo, la vivacità, talvolta esplosiva, dei nipoti, di ritrovare il piacere e il senso di una relazione positiva, costruttiva, di continuare a imparare, attraverso il gioco, la creatività. Nonni che interagiscono frequentemente con i nipoti, riescono a recuperare aspetti della loro adolescenza e della loro giovinezza evidenziando le differenze nelle esperienze vissute. Scriveva Cicerone nel *De Senectute*: "il vecchio in cui c'è qualcosa di adolescenziale [...] potrà essere vecchio nel corpo, ma non lo sarà mai nello spirito".

Le ricerche condotte negli ultimi decenni sulle peculiarità, sui tempi e le modalità di invecchiamento hanno rivalutato completamente il ruolo dell'anziano nella società, presentandolo non come un onere, ma come una risorsa utile ad arricchire le conoscenze e le esperienze dei più giovani. Il mondo delle terza età è costituito da una realtà multivariegata di vecchi, da quelli non autosufficienti a quelli autonomi e creativi. Ma ogni vecchio, spesso indipendentemente dalle condizioni di salute, si avvale in termini positivi del rapporto con i nipoti. Nell'ambiente urbano, nelle metropoli, i ritmi di vita frenetici, scanditi da impegni incalzanti, la cultura del presente, dell'adesso e subito, del consumo e del successo immediato, spesso limitano il tempo e lo spazio, interno ed esterno, che i nipoti, specialmente quelli più grandi di età, possono dedicare ai nonni.

I vecchi che vivono nelle cittadine e nei paesi, sia per il contesto sociale più "familiare", che per gli impegni più ridotti, hanno maggiori opportunità di vedere i loro nipoti. Per instaurare una relazione transgenerazionale soddisfacente, i nipoti, soprattutto quelli più grandi, dovrebbero essere più attenti e sensibili alle necessità e aspettative dei nonni attraverso la capacità di ascoltare le loro esperienze di vita, ma anche gli stati d'animo, le difficoltà e i disagi espressi. Tuttavia, anche i nonni hanno la loro responsabilità nell'efficacia della relazione con i nipoti; infatti, qualora siano riusciti a metabolizzare e ad elaborare perdite affettive, separazioni dolorose, si sentono fortificati e rinfrancati dalla consapevolezza di poter aiutare i nipoti resi inquieti da varie problematiche.

In una buona e continua interazione nonni-nipoti, si determina una positiva e valida continuità intergenerazionale, in termini di trasmissioni di esperienze e conoscenze, diffusione del sapere dai nonni ai nipoti. In questo rapporto di reciproca e proficua collaborazione, i nipoti potrebbero insegnare ai nonni ad apprendere e utilizzare meglio il linguaggio moderno, del mondo telematico, elettronico e digitale, ad acquisire una mentalità più coerente con la realtà attuale in costante evoluzione. Alcune iniziative sono sorte negli ultimi anni; istituzioni scolastiche hanno ospitato insegnanti in pensione e università per anziani hanno aperto l'accesso a giovani e bambini; il Laboratorio Incontri Generazionali dell'Università degli Studi di Milano ha promosso la ricerca-esperienza *I nipoti insegnano ai nonni a navigare in Internet*, e il progetto *Dal linguaggio orale alla comunicazione multimediale. A lezione di storia dai nonni*. Scriveva Confucio nel Libro XIV dei *Dialoghi*: "Un ragazzo del villaggio faceva da messaggero. Qualcuno domandò: – Ne trae profitto? – Il Maestro disse: – Lo vedo occupare un posto da adulto, lo vedo passeggiare con i più anziani: non cerca di trarre profitto, desidera crescere presto".

I nonni nelle scuole narrano le loro esperienze, le caratteristiche della società in cui sono nati e cresciuti, trasmettono le loro conoscenze, offrono la prova diretta del loro essere vecchi, lontana dalle insidie del pregiudizio e disposta all'incontro sereno e creativo.

I bambini nelle università della terza età possono scoprire le abilità creative dei nonni, la loro capacità di immaginazione e di intraprendenza, il loro desiderio di essere attivi, partecipativi e di voler ancora apprendere e conoscere. I nonni, come allievi nelle aule delle università a loro dedicate, impegnati a imparare, a "studiare", costituiscono un forte richiamo educativo per i bambini.

L'ambiente urbano del nonno e del nipote, del vecchio e del bambino, costituisce lo spazio da riconquistare, conoscere, esplorare, è il luogo da costruire e vivere insieme. Spesso le piazze, le strade, i parchi, i giardini sono disertati da vecchi e bambini; molti motivi tengono lontano dalle aree pubbliche gli uni e gli altri; si vedono talvolta le due generazioni frequentare i medesimi luoghi aperti senza incontrarsi o scambiarsi cenni di intesa; la presenza dell'uno pare non riguardare quella dell'altro; non vi è nulla in comune da confrontare e condividere, forse, solamente, un timore reciproco. Sono nonni, vecchi disabituati ai bambini, percepiti come intralcio alla malferma andatura di un procedere interno. Sono nipoti, bambini ignari del mondo della terza età, allontanati dai vecchi, sconosciuti in famiglia, considerati come figure accessorie, a volte divisi dalle colpe e dall'oblio degli adulti. È una realtà sociale da riabitare per il nonno e il bambino, della quale riprendere possesso e offrire nuove immagini.

L'interazione vecchio-bambino arricchisce entrambi, costituisce una reciprocità di riferimenti e curiosità creativa. Il vecchio racconta di storia e di storie, parla di un mondo lontano, di esperienze antiche, di eventi che nella fantasia del bambino risuonano come leggende, trama di film realmente avvenuti; il vecchio viene a rappresentare una fonte di continuo interesse, di apertura all'immaginazione e al divenire. Le memorie del passato, ascoltate dal bambino, corrispondono a un tempo lontano che rimanda a una maggiore prospettiva temporale del futuro. Il tempo genitoriale è più concentrato sul presente e sembra vincolarsi a un pensiero immediato, dell'adesso e subito, limitato nello spazio riflessivo. Il tempo del nonno offre un maggiore respiro, si dispone per la mediazione del pensiero e lo sviluppo della fantasia. Il nonno riannoda l'esperienza, trasmette al bambino, al nipote un sapere vissuto, mutua immagini e realtà, media e significa la narrazione, individuale e collettiva.

Il bambino avvicina il vecchio alle nuove proposte del mondo moderno, all'incalzare della tecnologia, dell'automazione, delle invenzioni elettroniche sempre più perfezionate, invita il nonno a conoscere e a pensare anche attraverso il suo peculiare modo di percepire e immaginare le cose del mondo. Il vecchio nel rapporto con il bambino può rivivere l'esperienza della propria infanzia, fra timori e speranze, ripercorrere la trama della sua esistenza. L'interazione con il bambino può diventare una straordinaria occasione di revisione e ripensamento della propria vita e l'opportunità di recuperare potenzialità e memorie rimaste sopite, inascoltate.

Il nonno è stato genitore e con il nipote può spontaneamente correggere quegli atteggiamenti inadeguati che talora ha involontariamente riservato ai figli, quando imparava faticosamente a esercitarsi come genitore, è in grado di evitare gli errori commessi. Il bambino costituisce per il vecchio uno strumento privilegiato di continuità, di ricomposizione della propria interpretazione esistenziale, può consolidare, ravvivare, riavviare o modificare un percorso di senso.

Nonno e bambino insieme allontanano e sconfiggono la solitudine, la noia, la carenza di prospettive. La condizione di isolamento affettivo di molti vecchi e bambini, prigionieri nel proprio contesto abitativo, assorbiti dai loro silenzi e timori, rischia di inibire lo spirito creativo, di sviluppare atteggiamenti negativi, di insidiare l'educazione ai sentimenti. Il rapporto vecchio-bambino riaccende la speranza della qualità della vita, riscopre mediante il gioco e la fiducia reciproca il valore dell'esperienza e dell'inventiva. Vecchi e bambini conversano, si raccontano e insieme immaginano e costruiscono attraverso parole e gesti l'ambiente del futuro; mentre discorrono, si ascoltano e interagiscono si va compiendo la parte remota dei nonni e si inaugura il lungo viaggio dei bambini. Il contesto sociale ritrova l'immagine del proprio sentire, il volto nascosto della propria umanità. Nonno e bambino possono insieme scoprire l'ambiente reale, con le sue difficoltà, disagi e contraddizioni, ma anche contribuire il sogno ideale da vivere. Insieme passeggiano, si accompagnano, assistono al teatro metropolitano, si confrontano, si stimolano, frequentano cinema, partecipano a varie occasioni diversive, giocano, leggono, ascoltano musica, parlano di amicizie e di scuola, seguono la televisione, viaggiano, parlano di sé e insieme compongono un brano della loro storia e tracciano il solco della loro realtà futura, spesso segreta.

Scriveva Gibran in *Uno sguardo sul futuro*: "Da oltre il muro del presente, nel teatro dei giorni a venire, vidi gli anziani, seduti sotto il salice e il pioppo; intorno, i loro bambini, ad ascoltare i racconti del tempo che fu".

5.8
Verso un nuovo ambiente familiare: l'adozione di nonni e nipoti

È possibile adottare un nonno, un nipote? un vecchio che integri le attività organizzative di una famiglia, in termini soprattutto di interazioni creative, ludiche, educative con bambini, spesso soli, per gran parte o per tutta la giornata? un nipote che trascorra del tempo, aiuti, accompagni, stimoli delle persone anziane prive di qualcuno che si possa interessare e occupare concretamente delle loro esigenze affettive, creative, relazionali?

Appare forse un'idea più utopistica che reale, una iniziativa probabilmente destinata soltanto a qualche sporadico, isolato, successo, oppure una proposta quale segno di una speranza, di un nuovo sentiero della solidarietà.

Circa una trentina d'anni fa si diffondeva una notizia che stupiva i lettori e i teleascoltatori italiani: in Olanda si adottavano i nonni. Le famiglie composte solo da genitori e figli cercavano un anziano signore o signora che svolgesse la funzione di nonno. Questa soluzione sembrava riscuotere un grande successo: il rapporto transgenerazionale che saltava la generazione intermedia dei padri e delle madri risultava di grande soddisfazione sia per i nonni adottivi che per i nipoti adottati. Questa iniziativa, che ha richiamato il pensiero sull'importanza del rapporto nonni-nipoti, si è diffusa recentemente anche nel nostro paese, anche se è stata turbata da un episodio di cronaca: un nonno adottivo ha approfittato della sua presenza in casa in assenza di altri adulti, ha derubato la famiglia ed è scomparso dalla scena. L'avvenimento non ha certo dimostrato che il fare il nonno spinge a rubare, ma ha messo in evidenza la tendenza di aspiranti ladri a utilizzare qualunque opportunità, compresa quella di fare il nonno adottivo, pur di poter ottenere il loro scopo.

Anche in Italia il rapporto nonno-nipoti ha incominciato a coinvolgere le famiglie e gli studiosi e sono emersi risultati di grande interesse, che riguardano tanto i nonni che i nipoti.

I bambini, specie i più piccoli, si sentono generalmente a loro agio a stare col nonno o la nonna, che non dànno ordini né giudicano le loro attività, e lasciano che essi esprimano la loro creatività nel gioco, nel disegno, nel canto, nella musica, partecipando alle loro libere espressioni di libertà e contribuendo a rasserenare il clima che si instaura. E ascoltano i nonni raccontare storie vere o inventate della loro vita, che i nipoti ascoltano con molto interesse. Il nonno si rallegra di poter finalmente parlare della sua vita e della sua storia, cosa che gli riesce difficile fare con il figlio o la figlia, la nuora o il genero. E nel raccontare, ritrova se stesso, le sue emozioni, le sue speranze, i suoi sentimenti, e l'interagire col nipote gli fa vivere l'esperienza positiva del comunicare, lui che spesso non trova interlocutori disposti a dialogare con lui.

Nonno e nipote guardano spesso insieme la televisione e discutono liberamente sulla violenza, sugli animali, sulle gioie e sui dolori. A quanto è stato possibile registrare, la loro discussione si conclude spesso con una convergenza di opinioni e di emozioni.

I nonni accompagnano i nipoti a giocare, al cinema, alle partite e il dialogo che continua diventa sempre più pieno e soddisfacente. Un dialogo nel quale rientrano i problemi concreti, gli avvenimenti comunicati dalla televisione ma anche le esperienze raccontate dai bambini e le frequenti espressioni di spunti creativi.

In questo rapporto il nonno ha la possibilità di cogliere gli aspetti più spontanei, meno controllati, del comportamento del nipote e questi di trovare nel nonno la disponibilità a vivere insieme esperienze impreviste, pensieri improvvisi, considerazioni elaborate. Argomenti e temi che è difficile che l'anziano ascolti dai membri della generazione a lui successiva e che i bambini hanno spesso difficoltà a trattare con i propri genitori.

In questo modo, il nonno diventa inconsapevolmente uno strumento educativo, valorizzando quella creatività infantile che con gli anni tende a esaurirsi, a essere contenuta o coartata. E il nipote, pure inconsapevolmente, fornisce al nonno gli elementi per trovare spunti positivi in una esistenza che tende al grigiore e per riconsiderare il senso della sua identità.

Cosa pensa il nonno ascoltando il nipote? Alcuni riferiscono di rivedere se stessi bambini, di rivivere la propria infanzia. E in questo modo dimenticano i disagi, le sofferenze, le difficoltà. E si sentono creativi come i nipoti, ritrovano il senso della propria identità. E sono invogliati a parlare, a raccontare di sé, della giovinezza, dei propri genitori, dei compagni di scuola, dei maestri. Altri rimpiangono il paradiso perduto, quello che non hanno più e non possono sperare di riavere. Si sforzano di ricordare qualcosa di simile a quello che stanno ascoltando, vedendo, di ritrovare il significato della propria infanzia. Altri ancora paragonano con rabbia la creatività dei propri nipoti a quella bloccata quando erano bambini.

E che cosa pensa il nipote ascoltando il nonno? Alcuni si immergono in un clima di affetto, di comprensione, di solidarietà, altri negli esempi riportati dal nonno trovano la spinta ad affrontare coraggiosamente i problemi, le difficoltà che incontrano. Altri ancora si preoccupano di fronte alle amnesie, agli inceppi linguistici del nonno. Naturalmente, non si tratta di una relazione standardizzata, ma variabile in funzione delle peculiarità della situazione familiare, della presenza di fratelli maggiori o minori, del sesso e della personalità del nonno e delle sue capacità attuali, dell'esistenza di problemi fisici, della personalità del bambino, degli atteggiamenti dei genitori. Ma di fatto, il modo in cui in molti casi si instaura il rapporto nonno-nipote ha determinato l'insorgere di una situazione esistenziale nuova, di una realtà che è doveroso considerare nell'affrontare sia i problemi dei bambini che quelli degli anziani. Statisticamente questa relazione ha maggiori probabilità di verificarsi nelle nonne, la cui aspettativa media di vita è superiore di cinque anni a quella dei nonni. Essa è anche legata alla possibilità per i nonni di continuare a vivere con uno dei figli o comunque di abitare nelle vicinanze dei nipoti. L'impossibilità di contatti stabili nonni-nipoti e ancor di più l'isolamento degli anziani costituirebbe, come in realtà già costituisce in molti casi, una condizione negativa per i nipoti e spesso drammatica per il nonno o la nonna rimasti single.

Da tempo si è avviata l'iniziativa dei nonni adottivi; una soluzione che ha dato risultati discordanti e che richiederebbe comunque un approfondimento. L'ingresso in una famiglia bigenerazionale di un anziano estraneo alla famiglia stessa comporta che questa persona presenti caratteristiche e motivazioni che ne giustifichino l'inserimento, che dovrebbe essere preceduto da un periodo di prova, valutabile dai genitori e dai figli. È possibile prevedere e programmare corsi per nonni e nonne aspiranti adottivi, che accentuino e sviluppino le qualità ritenute necessarie o utili per interagire col nipote acquisito. In una situazione come l'attuale nella quale la famiglia patriarcale ha lasciato il posto alla famiglia nucleare nella quale spesso entrambi i genitori svolgono un'attività professionale extradomestica, la possibilità di impegnare anziani volontari disposti ad assumersi la funzione di nonno è certamente auspicabile. A nostro parere, si dovrebbe trattare di un volontariato e non di una professione, sia per evitare inconvenienti speculativi connessi ad anziani ladri o sfruttatori, sia perché lo svolgimento di questa funzione dovrebbe risultare positiva anche per il nonno adottivo, che nell'interazione col o coi nipoti acquisiti potrebbe ritrovare un significato positivo alla sua esistenza, qualora si prospettasse senza speranze. La relazione del binomio nonno-nipote, sempre fornite le opportune garanzie ed esercitati i dovuti controlli, potrebbe risolvere sia il problema di un bambino, spesso solo con se stesso, con la televisione, con un apparato elettronico, sia quello di un vecchio per il quale la vita non sembra offrire nuove possibilità di sentirsi ancora utile.

Ma un'altra possibilità ha cominciato a essere contemplata e a configurarsi, per ora, a nostra conoscenza, in termini ancora ipotetici: quella dei nipoti adottivi. È nota la drammaticità che assume la condizione di anziani, uomini o donne, costretti a vivere soli e non disponibili a confluire in un'istituzione. Si tratta di persone spesso isolate, che compaiono alla ribalta della cronaca perché vittime di un furto o di un'aggressione, o perché vengono trovate senza vita. Per ovviare a queste situazioni, nel confronto delle quali soluzioni efficaci non sono ancora in atto, specie nelle grandi città, nelle quali solo interventi di tipo assistenziale a opera di parrocchie o di altre istituzioni hanno conseguito risultati, peraltro limitati, si è pensato a nipoti adottivi, a bambini o ragazzi che non dispongono di nonni, che non da soli, ma accompagnati da un adulto, potrebbero incontrare periodicamente il vecchio o la vecchia isolati, e fermarsi qualche ora a discutere con loro, a raccontare di se stessi, a sollecitare ricordi della vita degli anziani, a cercare di stabilire un clima di reciproca simpatia, fiducia, comunicazione. Naturalmente l'iniziativa andrebbe programmata e organizzata in modo da garantire innanzitutto l'accettazione da parte del vecchio di questi giovani visitatori volontari, e poi la compatibilità fra gli esponenti delle due generazioni. Nei casi più fortunati, il "nonno" potrebbe riprendere a uscire di casa, per accompagnare i "nipoti" a fare qualcosa di loro interesse, ma anche per essere accompagnato a trovare qualcuno, e insieme potrebbero assistere a trasmissioni televisive o a film, e impegnarsi a fare qualcosa di creativo per il quale presentino una sufficiente attitudine.

Anche in questi casi, la possibilità di esprimersi creativamente, individualmente, in coppia, in gruppo, in una qualsiasi attività costituirebbe una condizione positiva per il vecchio non più isolato, che potrebbe fra una visita e l'altra tenersi in contatto telefonico con i suoi "nipoti", eventualmente andarli a trovare e conoscere i loro genitori.

Per il bambino, per il ragazzo, si tratterebbe di un'esperienza di vita particolarmente significativa sotto l'aspetto morale del vivere personalmente la solidarietà, e utile per aiutarlo a comprendere le conseguenze dell'invecchiamento.

Non sappiamo se quanto accennato rappresenti un'utopia o un progetto che si potrebbe realizzare in un mondo in costante trasformazione. Siamo peraltro convinti che esso si muove in una direzione costruttiva, nella quale una luce di speranza può illuminare il buio della disperazione.

5.9
Passato, presente e futuro

La psicologia del ciclo di vita prospetta una continuità, uno sviluppo delle capacità di crescita, adattamento, scoperta e realizzazione di sé per l'intero percorso esistenziale. L'individuo si costruisce, si forma fra memorie e progetti. Tuttavia appare ancora diffusa la concezione di una suddivisione rigida delle età e di quanto le caratterizza, come se talvolta si potesse prescindere e transitare dall'una all'altra, dimenticando ciò che si è imparato, sofferto, amato.

Il bambino vive proiettato nel futuro, l'adulto immerso nel presente, il vecchio polarizzato sul passato. Questa schematizzazione è ancora giustificata? Molti elementi lo fanno dubitare.

Innanzitutto il bambino è costretto ad adattarsi al presente, a cercare una convergenza fra le esigenze individuali e le regole imposte dagli adulti e anche se progressivamente si modificano il suo corpo e il comportamento, deve rispondere alle richieste della contingenza.

L'adulto vive il presente, ma lo vive in funzione della sua storia personale e dei progetti per il futuro che riguardano anche gli eventuali figli e nipoti. E l'anziano rievoca il proprio passato, ma lo confronta col presente, giorno per giorno, anche se spesso rifiuta di pensare al futuro. Nei riguardi del quale, che abitualmente non nomina, sembra adattare un atteggiamento scaramantico: Manuel De Oliveira, grande regista cinematografico portoghese, da alcuni anni – oggi è novantottenne – presenta un proprio film al festival di Venezia, assicurando che sarà il suo ultimo. Ma la sua produzione è continuativa, come è continuata la sua vita.

Molti anziani, fra le cose che temono di più non considerano la morte, ma il dolore, l'indigenza, la svalutazione, l'abbandono. Soprattutto chi è impegnato in un'attività che lo coinvolge – individualmente, in un rapporto di coppia, in un gruppo di coetanei, nella relazione con un nipote – non sembra pensare che questa attività dovrà a un certo punto forzatamente interrompersi. Certo un avvenimento drammatico, come la morte del compagno o di un figlio, lo sradicamento dalla propria abitazione, può mettergli di fronte l'immagine della propria precarietà, così come una grave malattia può fargli temere di non poter sopravvivere. Ma è molto raro che abbandoni la speranza, che si ritrova anche nel malato di Alzheimer consapevole di esserlo, come il professore di storia Cary Smith Anderson. *Spes ultima dea* dichiaravano i latini, una dea che può talvolta generare un'illusione ma che il più delle volte sollecita l'impegno a lottare per sopravvivere. Pertanto dal vecchio il futuro non viene nominato, ma si continua a vivere come se esistesse, sia pure in termini vaghi, indeterminati. D'altra parte, l'aumento continuativo dell'aspettativa media di vita, la notizia di persone che raggiungono livelli di età sempre più elevati, sembra confortare la speranza di molti anziani, che vivono il presente ricordando il passato, ma non escludendo il futuro.

Il passato può portare un'ondata di ricordi gradevoli, ma che possono indurre, se compaiono in un vecchio sofferente, insoddisfatto, deluso, un senso di disagio. "Nessun maggiore dolore che ricordarsi del tempo felice nella miseria", diceva Dante. E, naturalmente i ricordi sgradevoli non possono che determinare malessere, anche se il confrontarli con uno stato attuale di benessere può farli vivere come la dimostrazione da parte di una persona di evolvere da una condizione di disagio a una di soddisfazione. Ma in certi casi un ricordo doloroso incide comunque in termini negativi sullo stato d'animo di un vecchio: questa constatazione ha portato alla realizzazione di metodiche come la validation therapy, la terapia della reminiscenza o quella della rimotivazione fondate sulla possibilità di far rivivere in chiave non più negativa ma positiva un episodio del passato di un vecchio e di indurgli così uno stato di maggiore serenità.

Da quanto abbiamo descritto si ricava che per gli anziani i ricordi svolgono una funzione fondamentale, ma in una direzione non prevedibile né generalizzabile e strettamente individuale: ancora una volta risulta la grande variabilità della condizione anziana. Un ricordo positivo e un ricordo negativo possono determinare molteplici effetti, in funzione non soltanto della positività o della negatività che li contraddistingue, ma anche della personalità del vecchio, della sua storia personale, del momento che vive sotto l'aspetto sanitario, economico, familiare, sociale, dell'atteggiamento che i suoi familiari e la società avvertono verso di lui. Se ha ragione Gabriel García Márquez, se la vita non è quella che si è vissuta ma quella che si ricorda, e come la si ricorda per raccontarla, i ricordi raccontati a un coetaneo, a un nipote, a uno psicoterapeuta descrivono la vita del vecchio e chiariscono come il passato ci dia il senso del presente. Di un presente che a sua volta rielabora il passato e non apre, ma neppure chiude, le prospettive per il futuro.

In questo modo il vecchio vive il suo presente selezionando il proprio passato e costituisce un modello di riferimento per le nuove generazioni. Ricordando e raccontando continua, consapevolmente o meno, a ricercare il senso della propria vita, un senso che, a giudicare dall'esempio di alcuni personaggi illustri, si comprende nel suo complesso solo nel momento della morte, attraverso l'espressione dell'ultima creatività.

Possiamo pertanto convenire sul fatto che nel vecchio il passato influenza il presente ma ne è a sua volta influenzato. E il futuro si delinea come un progetto definito nel suo orientamento ma non nella sua durata. "Il futuro ha un cuore antico", recita il titolo di un romanzo di Carlo Levi: è un cuore che batte per un'intera generazione ma con un ritmo differenziato per ciascun individuo.

È interessante rilevare come ogni vecchio, a qualsiasi livello di età, può e deve essere messo nella condizione di sperare in un futuro indefinito, ma possibile. Anche verso chi è severamente compromesso nelle sue condizioni di salute deve essere tenuta aperta la porta della speranza, fondata sui margini di potenzialità positiva, creativa che ancora conserva. Non si tratta di rievocare il mito dell'eternità, ma di considerare giorno per giorno lo sviluppo di una vita costruita sulle memorie del passato, le esperienze attuali e la fiducia nel futuro. Scriveva Seneca nel *De Brevitate Vitae* (XVI, 1): "Assai tormentata è la vita di chi dimentica il passato, trascura il presente e teme il futuro".

5.10
Riflessioni conclusive

Negli ultimi cinquant'anni sono avvenuti rapidi e consistenti cambiamenti delle condizioni sociali e ambientali, specialmente nel mondo occidentale. Si è verificata una rapida transizione da una società a sviluppo agricolo a un'altra altamente tecnologica e informatizzata. Cibernetica, telematica e virtualità hanno cambiato radicalmente lo stile e la qualità della vita di molte persone. In virtù di questa celere evoluzione la comunicazione in molti ambiti sociali ha cambiato le sue prerogative e modalità; la parola, gli sguardi, i gesti, gli atteggiamenti sembrano cedere sempre più il passo agli scambi via internet, ai brevi messaggi tramite cellulare. L'informatica ha facilitato e accelerato le varie forme di interazione, tuttavia in certi casi ha limitato significativamente gli spazi da dedicare alla vita relazionale e sociale.

Vi sono persone di età avanzata che – soprattutto per scarsa stima e fiducia in se stesse e fortemente condizionate da stereotipi negativi – per sentirsi e vedersi ancora giovani, ricorrono al supporto di vari accorgimenti messi a disposizione dalla medicina e dalla chirurgia estetica. Alcune di queste persone, se hanno l'opportunità di frequentare figli e nipoti, sensibilizzati adeguatamente alle problematiche e ai disagi che devono affrontare gli anziani, possono essere stimolati a considerare la vecchiaia in una prospettiva più ampia, valorizzando gli aspetti positivi e creativi.

I bambini e i ragazzi del terzo millennio, con o senza nonni, sono esposti a una varietà di stimoli più ampia rispetto alle generazioni precedenti, appaiono più vivaci, reattivi e curiosi di conoscere il mondo che li circonda, anche se effettivamente alcuni provano maggiore confusione e disorientamento nei confronti di stimoli indiscriminati. Considerando che spesso i bambini tendono a confondere, a sovrapporre finzione e realtà, a identificarsi e affermarsi mediante ruoli aggressivi e violenti, spesso proposti o rinforzati dai media, hanno bisogno di essere educati al rispetto dei diversi, seguiti nei loro comportamenti, costumi e abitudini.

Vecchi e bambini sono spesso estromessi dal mondo degli adulti, da quella società lavorativa che governa meccanismi e dinamiche di mercato, determina le grandi scelte sociali ed economiche. Nonni e nipoti isolati, ognuno per proprio conto, vivono e soffrono la medesima condizione di solitudine. Anziani dimenticati dai figli, deprivati di nipoti; bambini senza la presenza attiva, formativa dei genitori, affidati alla televisione e al computer, ignari dell'esistenza di nonni, appiattiti nella fantasia a cui contribuisce una scuola raziomorfa, talvolta colpevolmente disattenta agli aspetti creativi e orientata alla replicazione di rigidi schemi educativi.

La società contemporanea, specie nelle metropoli, ha rotto il contratto transgenerazionale, ha anticipato e ampliato i tempi di permanenza dei bambini negli asili-nido, nelle scuole materne e dell'obbligo, ha spesso costruito in una logica di mercato l'assistenza agli anziani nelle case di riposo, negli asili lungodegenziali; bambini e anziani inseriti nell'ingranaggio organizzativo delle istituzioni, reclusi a tempo parziale o permanente. La primissima e l'ultima parte dell'esistenza vengono spesso vissute in ambienti extra-domestici, in condizioni di tutela che talora fatica ad acquisire le caratteristiche di un'accettabile familiarità. L'inizio e la fine vengono rimossi, forse perché ricordano all'uomo di oggi la relatività del suo esserci, la caducità del suo apparire, la qualità del suo passaggio.

Gli inquietanti temi che da sempre accompagnano l'uomo della ragione, i grandi interrogativi che l'essere umano rivolge a se stesso, all'universo e alle sue divinità e che rimangono senza una risposta completa, soddisfacente, le profonde e antiche domande che si condensano nel chi siamo, da dove veniamo e dove andiamo? sembrano trovare soluzione nella decapitazione del prima e del dopo per sostenere il dominio, l'assolutezza del presente. Vecchi e bambini vittime incolpe-

5.10 Riflessioni conclusive

voli, legati dallo stesso filo della sopravvivenza, dalla stessa fragilità della condizione umana, destinati a occupare uno spazio deciso da altri. Vecchi abbandonati nell'angosciante solitudine delle istituzioni, soprattutto se non autonomi, reclusi negli anonimi palazzi di periferia, emarginati ovunque, scansati lungo i marciapiedi della fretta, evitati dallo sguardo e dalla coscienza. Bambini soli, incollati ai video-games, in cerca di passatempi che superino la noia di lunghe giornate vuote, imbevuti di pubblicità e di surrettizie apparizioni, parcheggiati nelle piazze, nei giardini e nelle scuole, lasciati in deposito a improvvisate baby-sitter.

Le attuali società occidentali sembrano aver riservato a vecchi e bambini lo stesso angusto spazio di accoglienza, le medesime destinazioni. La classe dominante del post-moderno pare averli espropriati di pensieri, desideri, sentimenti, svuotati di aspirazioni, creatività e senso; nell'età di mezzo tende a concentrarsi la capacità decisionale ed espressiva: una sorta di autodelimitazione dell'immaginare e del sentire. Restringere le potenzialità del simbolico equivale a erodere, a indebolire le radici stesse del pensiero, a impoverire i contenuti delle sue rappresentazioni.

La transgenerazionalità, l'interazione vecchio-bambino ripropongono un patto di solidarietà che oltre ad apportare indubbi e reciproci vantaggi contribuiscono al recupero pieno del senso che la vita porta con sé. Attraverso la dinamica della relazione nonno-nipote si può riscoprire una concezione più autentica e naturale del modo di essere dell'uomo moderno. La tecnica non deve sovrastare la natura e tanto meno arrogarsi a cultura, neppure d'avanguardia. La sostanza umana non perde validità con l'incremento delle cognizioni tecniche, anzi si arricchisce di curiosità, creatività e apprendimento; ma ciò che fa sapienza trascende la tecnologia e richiede conoscenze che nella relazione interpersonale possono trovare la chiave del loro sviluppo. "Ogni nostra cognizione principia da sentimenti", sosteneva Leonardo da Vinci nel *Codice Trivulziano*.

Vecchio e bambino, nonno e nipote possono ricostruire una relazione e una storia dense di significati, garantire la trasmissione culturale, ricomporre la forza dell'intersoggettività, lontana dal pregiudizio e dal tornaconto. L'infanzia e la vecchiaia liberano il volto dalle molte maschere della modernità e scoprono l'immagine, l'essenza dello spirito creativo. La relazione tra infanzia e vecchiaia sembra riconciliare natura e cultura, conoscenze tecnologiche e sapere umano, ricomporre il senso dell'esistenza, riconsegnare al contesto ambientale, ai luoghi della mente e del cuore, il valore e la dignità degli anziani, la fantasia e la speranza dei bambini, la fiducia, la sicurezza e il sentimento degli uni e degli altri. Scriveva Claude Bernard: "La costanza di un ambiente interno è la condizione per una vita libera e indipendente".

Diventare, fare i nonni aiuta – in molti casi, come le ricerche testimoniano – ad accostare, a vivere in modo adeguato i cambiamenti connessi al tempo che passa, facilita l'adattamento alla vecchiaia, la preparazione, lo sviluppo verso altre, diverse esperienze, nuove aree del sapere e dell'inventare, verso l'elaborazione e la realizzazione delle ultime espressioni creative. Il rapporto vecchi-bambini, nonni-nipoti è caratterizzato dalla ricerca, dall'attivazione dei processi immaginativi; il vecchio può ritrovare o rinforzare nell'interazione con il bambino la creatività – e/o le memorie di una creatività – perduta o scorgere per la prima volta il senso e il valore della dimensione creativa.

Essere, interpretare il ruolo di nonno stimola il pensiero, il sentimento, la considerazione complessiva dell'esistenza, del suo iniziare e concludersi, del suo svolgersi continuo, fra apprendimenti e scoperte; un processo costante verso la conoscenza e la definizione di sé, lungo il percorso dell'ultima creatività, attraverso l'interazione con i nipoti, con i bambini o quale trasmissione, immagine di una memoria, di un'eredità culturale.

5.10.1
Esempi di creatività transgenerazionale

In questo caso, l'accento non verrà posto tanto sulle caratteristiche intrinseche della creatività, quanto sul suo modo di trasmissione. Saranno i rapporti intergenerazionali a essere sottolineati, con il loro rapporto di biunivocità.

Lo sviluppo e la diffusione della creatività possono assumere diverse vie, in senso sia verticale (lungo le generazioni di una stessa famiglia), sia orizzontale (interessando le generazioni di un gruppo di famiglie). Il pensiero corre, in primo luogo, alle *famiglie* e alle *dinastie artistiche*. Tuttavia, la trasmissione transgenerazionale della creatività può anche prescindere dal legame familiare (come avviene nel modello formativo della bottega), pur non perdendo le caratteristiche di intergenerazionalità.

5.10.1.1
I Fantoni: intagliatori, scultori, architetti

La dinastia dei Fantoni, per oltre quattro secoli (dal XV all'esordio del XIX secolo) esercitò l'attività di intagliatori, scultori e architetti. Da un piccolo paese dell'Alta Valle Seriana, Rovetta, furono presenti con le loro opere d'arte in tutta l'Italia settentrionale e in parte di quella centrale.

Sono 25 gli esponenti della famiglia, attivi fra la metà del XV secolo e il 1817, anno della morte di Donato Andrea, ultimo esponente della famiglia a dedicarsi all'attività artistica. Alcuni rami della famiglia provenivano o si stabilirono in località diverse da Rovetta: così un gruppo di Fantoni sono identificati con la provenienza da Rosciano (Donato, attivo fra la fine del Quattrocento e l'inizio del Cinquecento; Antonio, attivo all'inizio del Seicento; Alessandro, attivo nella seconda metà del XVI secolo; Bartolomeo, attivo fra il 1557 e il 1588), altri con un'attività a Venezia (Venturino, attivo fra il 1517 e il 1524 nella città lagunare; Jacopo Fantoni detto Colonna o dalle Colonne nato nel 1504 e morto nel 1540), altri ancora sono genericamente definiti come *milanesi*, con riferimento allo Stato di Milano (Pietro, attivo a Sulmona all'inizio del XVIII secolo; Giuseppe, attivo a Pietra Ligure, nato nel 1724/1725 e morto nel 1789).

Il nucleo principale della famiglia è quello che continuò l'attività nella casa-laboratorio di Rovetta (tuttora esistente, e musealizzata). Del capostipite, Bertulino Fantoni, attivo negli anni 1460-1462, resta la tradizione orale e scritta. Andrea, detto Andriano (1563-1633), è il primo maestro intagliatore di Rovetta di cui si abbia documentazione. Si tratta, probabilmente, della maturazione della creatività artigiana (quella di falegname o di *marangone*) verso una componente artistica. Dei fratelli Ghidino e Giovanni Antonio poco si sa (probabilmente lavorarono con il fratello Andriano).

Donato (1594-1664), figlio di Andrea detto Andriano, ci testimonia l'evoluzione del lavoro, che porterà nel tempo a una dimensione di bottega. La compresenza di diverse generazioni diviene evidente, e l'evoluzione della creatività artistica si baserà, da un lato, sul consolidamento della tradizione, e dall'altro sulla condivisione del progetto generale di attività (non disgiunto, però, anche da alcuni tratti di specializzazione culturale e operativa).

Con Grazioso il Vecchio (1630-1693), primogenito di Donato, l'attività dei Fantoni riceve un respiro internazionale, attraverso i legami con la Corte di Parma (un cugino, Don Andrea, era segretario del Vescovo di Parma, e quindi ben introdotto presso i Farnese). La qualità eccezionale delle sue opere, frutto di una creatività rilevante, si congiunge alle doti di organizzazione e di apertura alle istanze culturali dell'epoca: sulle basi da lui fondate (e trasmesse alla sua figliolanza, impegnata nel lavoro artistico) la ormai costituita bottega fantoniana costruirà una solida fortuna artistica nei secoli a venire.

Andrea (1659-1734), figlio primogenito di Grazioso il Vecchio, con tutti i fratelli darà luogo allo sviluppo della bottega, sotto ogni aspetto: dai viaggi, alla corrispondenza, all'implemento della dotazione di modelli e disegni. Alla morte del padre, sulle sue spalle di capo-bottega poggeranno anche le sorti della famiglia. L'eccezionale vitalità culturale della bottega fantoniana è da ascriversi al flusso di competenze, conoscenze, creatività che si espande sia in senso verticale, lungo le generazioni, ma anche in senso orizzontale, attraverso i legami di fratellanza.

Nel testamento (1732) vengono nominati eredi, di pari grado e dignità, non solo i fratelli Giovan Antonio, Giovan Bettino e Giovanni Fantoni, ma anche il nipote Grazioso (il giovane, figlio dell'altro fratello, Donato, che gli era premorto). Per gli altri nipoti, ancora in tenera età, egli propone che siano indirizzati all'attività artistica, per garantire la continuità della bottega.

Del secondogenito di Grazioso il Vecchio, Donato Fantoni (1662-1724), la documentazione ci reca testimonianza, oltreché di un ruolo rilevante, anche se in certo qual modo subordinato a quello del fratello maggiore, di una sua attività di costruttore di strumenti musicali (oboe) e di appassionato interprete: dal *milieu* culturale sempre più raffinato, la creatività ne percorre altri, come quello musicale, a beneficio di tutti i componenti della famiglia.

Sul terzogenito, Giovan Antonio Fantoni (1669-1748), sembrano essere disponibili minori evidenze documentarie, che testimoniano però l'apertura della famiglia all'ambito culturale delle belle lettere. Giovan Bettino (1672-1750), quartogenito di Grazioso il Vecchio, entrò giovanissimo in bottega, che guidò dopo la morte di Andrea (1734).

Il quinto figlio di Grazioso il Vecchio impegnato in bottega fu Giovanni (1674-

1745), attivo soprattutto come scultore. Egli ci testimonia la coscienza della necessità di dare un respiro più ampio alla bottega, attraverso l'instaurarsi di nuovi rapporti e possibilità formative, in ambiti diversificati e in territori lontani dalla valle seriana. L'ultimo figlio, Francesco (1677-1724), si dedicò alla carriera ecclesiastica, faticosamente raggiunta.

Grazioso (il giovane), figlio secondogenito di Donato, nacque nel 1713 e morì nel 1798. Rimasto orfano in giovane età, le sue vicende ci dimostrano l'unità e la solidarietà familiare: egli potrebbe essere definito un figlio dell'intera famiglia: tuttavia, il ruolo sempre più importante giocato da Grazioso, e le incomprensioni con i cugini (anch'essi impegnati nell'attività di famiglia) rischiarono di distruggere un patrimonio di competenze e cultura maturato da secoli.

Francesco Donato (1726-1787) era cugino di Grazioso (il giovane), essendo figlio di Giovan Bettino. Al tempo la bottega, seppur unitaria, era al suo interno divisa fra le tre famiglie che la componevano. A Francesco Donato spettò comunque un ruolo di preminenza. Giuseppe Grazioso (1731-1781) era fratello di Francesco Donato, e si specializzò nell'attività di doratore, bronzatore e coloritore. Attraverso Luigi (1759-1788), secondogenito di Francesco Donato, i Fantoni entrano in contatto con la grande città di Milano: allievo dell'Accademia di Brera, cercò nel 1785 di assumere il ruolo di statuario presso la Fabbrica del Duomo. Tornò poi a Rovetta.

Con Donato Andrea Fantoni (1746-1817), figlio di Grazioso (il giovane), si esaurisce la schiera di artisti che fece grande la dinastia dei Fantoni di Rovetta. Compì (dal 1766 al 1770) un *grand tour*, che lo portò lungo tutta la penisola, a contatto con i migliori ambienti artistici e culturali, ma dovette poi rientrare a Rovetta. Tuttavia troppo diversa era Rovetta dagli ambienti da lui visitati, e anche la bottega aveva mutato sostanzialmente le proprie caratteristiche, indirizzandosi su un percorso più commerciale.

Non si può, infine, dimenticare che a un altro esponente della famiglia Fantoni, l'avvocato Luigi (1789-1874), storiografo della famiglia, si deve la salvaguardia e la conservazione dell'imponente patrimonio immobiliare, mobiliare, artistico e documentario accumulato nella casa-laboratorio di Rovetta. Figura singolare di intellettuale (le cui vicende professionali furono assai travagliate), installò nella casa di Rovetta anche una tipografia, dai torchi della quale uscirono pregevoli edizioni in lingua italiana e tedesca di opere letterarie e scientifiche. Fu pure sperimentatore di nuove tecniche tipografiche: famosa (e curiosa) è la sua edizione della *Divina Commedia* dantesca, stampata su carta colorata con inchiostri di differenti colori (Boscaglia, 1978).

5.10.1.2
La dinastia Bach

Nel caso della famiglia Bach, la condivisione di esperienze musicali ha una durata di alcuni secoli, ma l'espressione della massima creatività si esaurisce sostanzialmente nell'ambito delle ultime due generazioni.

A partire dalla seconda metà del Cinquecento si situa un Hans Bach, i cui figli Veit (ca. 1550-1619), Hans (1555-1615) e Caspar (ca. 1570- ca. 1640) sono ricordati rispettivamente, come il *mugnaio con la cetra*, il *suonatore ambulante* (o *il buffone di corte*), mentre il terzo fu pifferaio comunale. Tuttavia è attestata la presenza dei Bach nella Turingia con posizioni di rilievo in campo musicale.

Come spesso avviene, da un gruppo di fratelli (nipoti di Veit) si delinearono linee genealogiche riferibili a diversi luoghi di residenza: da Christoph (1613-1661), il nonno di Johann Sebastian (1685-1750), derivò il cosiddetto ramo dei *Bach di Franconia*; da Johannes (1604-1673) emanarono i *Bach di Erfurt*; da Heinrich (1615-1692) si generò la linea *di Arnstadt*. Da Lips (M. 1610), figlio di Veit, derivarono i *Bach di Meiningen*.

I figli di Heinrich: Johann Christoph (1642-1703) - che ebbe un figlio musicista, Johann Friedrich (1682-?) - e Johann Michael (1648-1694) furono compositori di valore e organisti.

Di Johann Ambrosius (1645-1695), padre di Johann Sebastian, e del suo gemello Johann Christoph (1645-1693) non sembrano essere pervenute composizioni; entrambi però erano violinisti. Altri esponenti della famiglia, come Johann Bernhard (1676-1749) e il figlio Johann Ernst (1722-1777) furono attivi ad Eisenach e Weimar. Johann Sebastian ebbe due fratelli musicisti: Johann Jacob (1682-1722) che fu oboista a Stoccolma e Johann Christoph Junior (1671-1721) che fu organista. Siamo in presenza di un complesso reticolo di appartenenti alla famiglia Bach, tutti dedicati all'attività musicale: l'apice della fama sarà però raggiunto da Johann Sebastian.

5.10.1.3
Johann Sebastian Bach e la sua famiglia

Egli occupa un posto di rilievo nella storia della musica occidentale per forma, stile ed espressività. Non dobbiamo però dimenticare che la rivalutazione dell'opera musicale di Bach fu operata solo in pieno Ottocento, perché era strettamente funzionale (in un senso anticipatore) al nuovo sentire romantico. Il valore di estrema sintesi, in una costruzione logica e imponente, dei dettami del passato con i nuovi impulsi della cultura del presente, ci pone il problema della eventuale canonizzazione delle forme proposte dal grande musicista tedesco.

Johann Sebastian ebbe molti figli e figlie, taluni dei quali seguirono le orme paterne. Wilhelm Friedemann (1710-1784) ebbe una vita disordinata, morendo in povertà. Le sue composizioni appaiono decisamente originali. Il secondogenito Carl Philipp Emanuel (1714-1788), può essere ricordato, oltreché per i suoi studi di giurisprudenza, anche per la intensa produzione musicale e per la pubblicazione di volumi che risultano fondamentali per comprendere la storia strumentale settecentesca. Johann Christian (1735-1782) fu detto anche il *Bach di Milano*, perché nel 1760 fu organista del Duomo di Milano, per poi passare a Londra. Rappresentò un elemento d'unione musicale dei mondi situati al di là e al di qua delle Alpi. Fu maestro nel 1764 di un piccolo Mozart (1756-1791).

Altri figli, Johann Gottfried Bernhard e Johann Christoph Friedrich (1732-1795) si dedicarono alla musica. Anche un nipote di Johann Sebastian è ricordato; si tratta di Wilhelm Friedrich Ernst (1759-1845), figlio di Johann Christoph Friedrich: fu attivo principalmente a Londra, Parigi e Berlino.

Si deve considerare che nessun esponente raggiunse il livello del capofamiglia, tuttavia si deve qui porre il problema della possibilità di una trasmissione della creatività intergenerazionale, a distanza nel tempo e nello spazio, sulla base di quanto lasciato come eredità culturale. In questo senso la lezione di Johann Sebastian Bach è esemplare, e dimostra che la creatività può essere trasmessa anche per molte generazioni: essa diviene un modello perenne, che rinnova e rinvigorisce quella di chi a lei si accosta (Mozart, Schubert, Bach, Liszt, 2009).

5.10.2
La creatività intergenerazionale e di gruppo

La trasmissione intergenerazionale della conoscenza e della competenza in modo creativo (e della creatività) può assumere anche caratteristiche differenti, quanto all'ambiente, lo spazio, il tempo.

Accanto alla trasmissione all'interno dell'ambito familiare, abbiamo osservato l'esistenza di strutture aperte anche agli esterni, desiderosi di apprendere (è il modello della bottega, nella quale si sono per secoli formati gli artisti), ma sempre incentrate sul modello della famiglia.

Anche la stessa comunità, tuttavia, può svolgere il ruolo di struttura all'interno della quale si trasmettono conoscenze e competenze in modo creativo, sicché gli appartenenti alla comunità sono identificati dalle competenze e dalle conoscenze trasmesse. È il caso di molte figure professionali legate all'artigianato (gli spazzacamini o altri lavoratori, come i mungitori), o anche, in una fase storica di lunghissimo periodo, è il caso della chirurgia e dei chirurghi.

5.10.2.1
Gli spazzacamini e altri artigiani

Nelle regioni della pianura padano-veneta, alcune figure artigianali erano identificate in maniera inequivoca, anche se variamente dettagliata, dal luogo di provenienza. Si trattava di operai e artigiani, che di solito provenivano dall'area alpina. Ad esempio, dalle valli alpine del Piemonte scendevano in pianura gli stagnini di Valprato e Vallone del Piantonetto; i vetrai di Ronco; gli arrotini e merciai di Frassinetto; gli scalpellini di Sparone; i calderai di Ceresole, Noasca, Ribordone, Alpette; i segantini di Locana e Sparone.

Un primo esempio, forse più noto al grande pubblico, che si può proporre è quello degli spazzacamini. Essi provenivano in gran parte (oltre che da Noasca e Locana) dai paesi della Valle di Vigezzo, dalla Val di Rhemes, dalla Val di Non, dalle Centovalli, dalla Valle Maggia e dalla Val Verzasca del Cantone Ticino.

La trasmissione delle conoscenze e delle competenze specifiche non poteva che essere intergenerazionale (perché i bambini erano più adatti a salire le strette canne fumarie) ed essere sviluppata all'interno della comunità. Il problema era quello dell'accettazione sociale di un mestiere itinerante. Si trattava di condizioni diverse a seconda dei versanti alpini: generalmente a sud delle Alpi il mestiere era meno accettato (si pensi alla nascita di un gergo comune degli spazzacamini diverso dal dialetto del loro paese d'origine, come segno di appartenenza a un gruppo e come meccanismo di difesa del gruppo stesso). Nei paesi ultramontani, invece, si poteva raggiungere una migliore dignità e accettazione da parte della comunità, come dimostra lo sviluppo di associazioni tecniche (e di tipo corporativo).

Un altro esempio, interessante per le nostre regioni, è quello dei *bergamini*, allevatori di bestiame (vacche da latte) che scendevano dalle Valli Bergamasche (da qui la loro denominazione) con i loro animali per stabilirsi per buona parte dell'anno nella pianura lombarda. In questo caso il passaggio evolutivo (compiuto negli anni successivi alla metà del Novecento, dopo secoli di strutturata presenza) sarà da allevatori transumanti a tecnici della zootecnia, con la denominazione che dalla provenienza geografica giungerà a indicare la condizione professionale. Tuttavia, alcuni aspetti caratteristici di una trasmissione comunitaria di tradizioni e competenze (ivi compreso, anche in questo caso, lo sviluppo di un gergo particolare) sono riconoscibili anche quando la figura del *bergamino* diventerà stanziale nelle stalle della pianura padana.

Anche quando ci si muove entro l'orizzonte del rapporto commerciale (fra le varie figure interessate alla gestione degli animali e alla lavorazione del latte e dei derivati) non è accantonabile l'appartenenza a una comunità di pratiche oltre che di discendenza (anche geografica). Nel caso dei bergamini, la trasmissione di competenze e creatività influenzò in modo sensibile l'economia lombarda. Essi hanno contribuito allo sviluppo del settore lattiero-caseario in tutte le sue componenti: come imprenditori, dirigenti, tecnici e maestranze.

I *bergamini* rappresentavano l'élite della manodopera contadina presente nell'azienda agricola, per le loro particolari competenze tecniche: si trattava di un mestiere che richiedeva buone conoscenze biologico-veterinarie sia pure acquisite empiricamente (si deve ricordare che fino a tutto il XVIII secolo anche la competenza veterinaria era sostanzialmente acquisita empiricamente). Questo fatto ci può servire di introduzione a un altro modello di trasmissione di conoscenze e competenze creative: quello della chirurgia.

5.10.2.2
La chirurgia e i chirurghi

Per millenni (fino al termine del XVIII secolo, almeno nelle nostre regioni) la trasmissione delle conoscenze e delle competenze in ambito chirurgico si è basata sull'elaborazione di una creatività che integrava la dimensione individuale, quella familiare e quella comunitaria. I chirurghi venivano identificati dai termini *Cerretano*, *Orvietano*, *Norcino*, *Preciano*: essi facevano e fanno riferimento a una vasta area dell'Appennino umbro (Norcia, Cascia, Preci, Spoleto, Cerreto, Orvieto). Poiché il centro più importante del distretto era Norcia, spesso i chirurghi empirici erano definiti con questo termine, anche se provenivano dagli altri villaggi della zona.

Si trattava, sin dal lontano passato, di una sorta di specificità per la quale i nativi di queste contrade venivano universalmente considerati esperti in qualche arte che aveva a che fare con il trattamento delle carni: l'aspetto interessante della questione, risiede nel fatto che le conoscenze e le tecniche di questo *trattamento* potevano trovare radici in pratiche alimentari (la lavorazione del maiale).

Dagli interventi sugli animali agli interventi sull'uomo il passo era, in verità, assai breve. Si può ricordare il caso, citato dall'anatomico patavino Girolamo Fabrizi da Acquapendente (ca. 1533-1619) del norcino Horatio di Norsia (Orazio da Norcia), celeberrimo al tempo per aver eseguito oltre duecento orchiectomie. Si trattava di un intervento complementare a quello di trattamento radicale in caso di ernia inguinale: anche se si deve essere prudenti nell'emettere giudizi, appare suggestiva l'ipotesi di un'applicazione della tecnica della castrazione (per rendere la carne del maiale migliore dal punto di vista organolettico) all'uomo. Quel che si può affermare è che diverse conoscenze e competenze potevano essere creativamente interpretate e applicate in differenti situazioni.

I Norcini e i Preciani si specializzarono nell'estrazione dei calcoli vescicali, nell'operazione radicale dell'ernia inguinale (orchiectomia compresa) e nell'abbassamento della cataratta. Questa trasmissione di competenze legata al territorio (a livello di villaggio) si concretizzò anche nella organizzazione di dinastie familiari, che trasmisero le conoscenze empiriche di chirurgia anche lontano dall'Umbria (ad esempio, nelle principali corti europee ultramontane): si possono ricordare gli Scacchi, gli Amici, gli Accoramboni, i Bittozzi, i Carocci (o Carrocci), i Bacchettoni, i Catani (o Cattani), i Benevoli (attivi a Firenze), i Mensurati (un esponente di questa famiglia, Valeriano, fu l'ultimo chirurgo empirico assunto dall'Ospedale Maggiore di Milano, verso la metà del XVIII secolo).

Un altro esempio, che ci ricorda questa trasmissione di conoscenze familiari e di comunità può portarci in altre regioni: la Sicilia e la Calabria. Si tratta di diverse famiglie di chirurghi empirici che si specializzarono negli interventi di rinoplastica (le amputazioni del naso erano più frequenti di quanto non si pensi). Esponenti della famiglia Branca di Catania si specializzarono nella ricostruzione adoperando lembi cutanei dalle guance o dalla zona interna (perché sprovvista di peli) del braccio.

Queste pratiche sono attestate in quell'ambito familiare fino alla metà del XV secolo. All'inizio del Cinquecento si ritrovano queste tecniche al di là dello Stretto, applicate dagli esponenti della famiglia Vianeo (con le varianti Voiano, Miano, Moiano, Boiano) di Maida e di Tropea. La trasmissione delle conoscenze e delle competenze in questo ramo tanto particolare della chirurgia avveniva in via familiare, in forma di segreto trasmesso di generazione in generazione.

Verso la fine del XVI secolo si assiste al passaggio in ambito accademico, dotto, di queste pratiche: spicca, in questo percorso, la figura del bolognese Gaspare Tagliacozzi (1546-1599). In questo modo, conoscenze e competenze creativamente ed empiricamente trasmesse possono entrare a far parte del patrimonio scientifico. Tuttavia, dopo la morte di Tagliacozzi, la pratica della rinoplastica fu dimenticata, e solo nei primi decenni del XIX secolo fu ripresa in considerazione: la chirurgia si era ormai connotata scientificamente in modo definitivo, e la rinoplastica ebbe un ruolo ben definito nell'ambito della chirurgia plastica e ricostruttiva, che ancor oggi mantiene (Belloni, 1980; Marinozzi et al, 1999).

Creatività scientifica

6.1 Introduzione

Lo sviluppo della conoscenza scientifica è avvenuto attraverso studi e ricerche basati sulla formulazione e la verifica di presupposti teorici. Nuove idee e scoperte hanno modificato, migliorato e talora sostituito vecchie concezioni. Ipotesi, intuizioni, esperienze, curiosità, spirito d'avventura, esercizio, tecniche e disegni sperimentali hanno consentito il conseguimento di risultati, l'approfondimento di fenomeni, di grandi e piccole dimensioni, talvolta il corso della storia.

La creatività in ambito scientifico si avvale sia delle capacità di elaborare i contenuti della fantasia, di produrre nuove immagini e pensieri, sia dei numerosi dati di cui la ricerca dispone, sia delle ampie acquisizioni culturali raggiunte. Per diventare creativi sul piano scientifico è necessario essere predisposti alla ricerca, curiosi di saperne sempre di più, propensi a liberarsi dagli schemi mentali precostituiti, ad allontanarsi dagli itinerari precedentemente seguiti.

La creatività scientifica è stata frequentemente studiata attraverso l'analisi storica, biografica di uno scienziato, i percorsi e le esperienze che hanno permesso la realizzazione di importanti scoperte o invenzioni, al fine di identificare i fattori che inducono o influenzano il processo creativo.

Gli psicologi della Gestalt – Max Wertheimer, Wolfgang Kohler, Kurt Kofka, Kurt Goldstein – sono stati i primi a esaminare la creatività scientifica mediante l'indagine storica, evidenziando l'importanza delle modalità cognitive impiegate da uno scienziato nell'affrontare e risolvere dubbi e problemi. Si è sostanzialmente rilevato che per comprendere la creatività scientifica è fondamentale lo studio, la conoscenza e l'interpretazione dei modelli della mente.

Dean Keith Simonton (1984) ha proposto un'elaborazione sulla creatività scientifica basata sulla tecnica dell'indagine storica, riconosciuta come teoria della "combinazione di casualità"; secondo tale modello il processo creativo scientifico prenderebbe avvio da una modificazione casuale di rappresentazioni mentali che, tramite una sequenza definita, producono nuovi pensieri e formulazioni, progettano esperimenti e deducono spiegazioni. Il presupposto teorico di un mutamento casuale, quale base della formazione e dello sviluppo creativo, è condiviso da molte teorie relative alla creatività scientifica.

Un altro orientamento considera l'osservazione, la disamina dello scienziato mentre opera sul campo; si raccolgono dati sui pensieri, sui ragionamenti, sulle elaborazioni espresse dagli studiosi quando si trovano nei loro laboratori, in quanto molti processi mentali tendono a essere dimenticati e quindi non riportati negli appunti, nei diari professionali.

Kevin Dunbar (2001) ha proposto questo metodo in vivo, confrontandolo con uno studio *in vitro*: un gruppo di controllo al quale sono fornite le informazioni necessarie per condurre esperimenti liberi. L'autore, mediante tale modello, ha potuto identificare e sostenere che analogie e differenze, distribuzione e composizione dei ragionamenti (con revisione dell'immagine dello scienziato geniale e solitario), individuazione e controllo dell'imprevisto rappresentano i fattori essenziali della creatività scientifica. Per essere creativi è opportuno talvolta saper correre il rischio di esporsi agli inconvenienti e ad eventuali delusioni. Alcune fra le qualità importanti delle persone creative sono la pazienza, la costanza, la determinazione, l'intraprendenza, l'intuizione.

Gli scienziati creativi hanno generalmente, oltre che una valida preparazione specifica, un'elevata apertura culturale che rende possibile la scoperta; considerano la vita professionale come una sfida continua, non subiscono passivamente l'imponderabile, l'inatteso, ma creano attivamente le condizioni per indurre il verificarsi dell'imprevisto, del nuovo.

6.2
Intelligenza e creatività

Intelligenza e creatività rappresentano due funzioni e capacità mentali a disposizione di ogni essere umano. Non vi è una convergenza di studi e opinioni sull'una e sull'altra. C'è chi considera la creatività un fattore, una variante dell'intelligenza, il valore aggiunto che permette una revisione e una innovazione del pensiero, una sua più elevata espressione.

Sono numerose le teorie sull'intelligenza, da quella unitaria che presuppone un'unica forma, a quelle multiple che considerano vari tipi e qualità differenti. Robert Sternberg (1985) ha proposto una teoria tripolare dell'intelligenza: a) componenziale, che implica i processi di informazione operanti sulle rappresentazioni mentali; b) contestuale, che considera le caratteristiche socio-culturali dell'ambiente; c) esperienziale, che sottolinea la capacità di affrontare situazioni nuove attraverso strategie e soluzioni originali.

In sintesi l'autore distingue un'intelligenza analitico-astratta, una pratica e una creativa. Inoltre egli descrive sette principali metafore dell'intelligenza: 1) geografica, configura i domini, più o meno articolati, del funzionamento intellettivo; 2) computazionale, considera la mente in analogia al computer e le operazioni intellettive come processi di elaborazione delle informazioni; 3) biologica, tenta di spiegare l'intelligenza e la localizzazione dei processi mentali in base alla struttura e alla distribuzione anatomo-funzionale delle aree cerebrali; 4) epistemologica, presuppone la formulazione di una teoria della mente e della conoscenza; 5) antropologica, riconosce nella storia e nell'evoluzione culturale le basi dell'intelligenza e dei suoi significati; 6) sociologica, evidenzia i fattori ambientali che influenzano lo sviluppo; 7) sistemica, implica la comprensione della mente attraverso l'insieme delle varie metafore.

Howard Gardner ha elaborato la "teoria delle intelligenze multiple", individuandone otto forme: logico-matematica, visuo-spaziale, linguistico-verbale, corporeo-cinestetica, ritmico-musicale, intrapersonale, interpersonale, naturalistica.

Daniel Goleman (1995) ha introdotto i concetti di intelligenza emotiva – evidenziando come fattori principali: la consapevolezza e la sicurezza di sé, la motivazione e la determinazione, le capacità empatiche – e di intelligenza sociale, sottolineando l'importanza delle abilità comunicative, relazionali e organizzative.

E recentemente alcuni autori parlano di intelligenza creativa, quale forma più ispirata della mente umana.

Varie sono le teorie sull'intelligenza e di conseguenza diverse appaiono le sue definizioni, fra cui: a) la capacità di modificare il proprio punto di vista, le proprie concezioni della realtà, svincolandoli da schemi mentali precostituiti per adattarli a situazioni in continua evoluzione; b) l'abilità nel risolvere, con prontezza o con ponderazione – non sempre chi è più rapido ottiene risultati più validi, elevati o duraturi – i problemi e i conflitti che si susseguono nella vita; alcune situazioni, specialmente quelle complesse, richiedono riflessione, pazienza, misura e attesa del momento più propizio per preparare e realizzare le strategie migliori di un intervento; c) la consapevolezza che le difficoltà e i cambiamenti rappresentino l'essenza stessa della vita e siano superabili, affrontabili con determinazione e accurata analisi della realtà o del rapporto fra ciò che si prova e ciò che appare; d) la competenza nel considerare in modo positivo, come opportunità per imparare, per ampliare le conoscenze su di sé e sulla vita, le diverse limitazioni e disagi che si possono incontrare lungo il cammino esistenziale; e) l'abilità nell'interpretare e nel comprendere correttamente i simboli, i segnali di una comunicazione verbale e non-verbale di una o più persone, di un gruppo, di una comunità; f) la competenza nel prevedere, nell'anticipare il verificarsi di un fenomeno, di un atteggiamento, di un'azione comportamentale, delle loro conseguenze immediate e successive; g) l'abilità nel cogliere una situazione, un clima relazionale e ambientale, le loro caratteristiche, soprattutto in termini emozionali ed espressivi; h) la competenza sia nel comprendere la globalità di un problema, di un fenomeno sia nel rilevarne i dettagli e le sfumature; i) la capacità di adattarsi attivamente, efficacemente alle richieste dell'ambiente; l) la capacità e l'attenzione nel comprendere esigenze e difficoltà altrui e nel saper individuare la forma migliore per aiutarli; m) la capacità, come sostiene Edoardo Boncinelli (1999) nel suo volume *Il cervello, la mente e l'anima* di vedere connessioni e legami significativi tra cose diverse, anche molto lontane fra loro. E questa è essenzialmente la costruzione e la funzione della metafora, una qualità che Vilayanur Ramachandran (2003) riconosce nell'espressione creativa.

Numerose sono anche le definizioni che si possono attribuire alla creatività che spesso si sovrappongono, si associano, si intrecciano a quelle dell'intelligenza; alcuni esempi: a) la capacità di allontanarsi da atteggiamenti, soluzioni, itinerari seguiti dalla maggior parte delle persone, avvalendosi della proprie facoltà immaginative per intraprendere percorsi autonomi di crescita personale; b) la motivazione costante a essere curiosi, predisposti alla ricerca, all'indagine, all'esplorazione; c) la forza di sperimentare nuove situazioni, di essere propensi a confrontarsi, a mettersi in discussione, a cambiare; d) la capacità di attivare e conservare una valida stima e fiducia in se stessi per proseguire nelle avventure e nelle sfide che la vita propone; e) la disposizione e la volontà di affrontare le paure, di attraversare l'incognito, di affacciarsi e inoltrarsi nel mistero; f) la tendenza a liberarsi dagli schemi mentali fissi, predeterminati, dalle improprie convenzioni sociali; g) la capacità di sintesi e di analisi, di astrazione e pragmatismo, di astuzia e introspezione; h) l'abilità nel produrre idee, immagini, musiche e cose nuove; i) la competenza nel comporre e scomporre, nel disaggregare e organizzare, nello scoprire e sviluppare pensieri, emozioni e sentimenti, fra dolore e benessere; l) la capacità di ricostruire le memorie, di inventarsi il futuro e la vita.

6.2.1
Creatività e superdotati

Concetti e categorizzazioni si costruiscono – come riporta Ornella Andreani Dentici nel suo volume *Intelligenza e creatività* (2001) – attraverso l'osservazione di un elevato numero di dati empirici che generalmente richiedono un esame comparativo con modelli teorici generali. Il confronto può apportare chiarimenti e perfezionamenti che li rendono più evidenti, ma anche vulnerabili e suscettibili di continue modificazioni, specialmente se vengono riproposti nell'osservazione di situazioni concrete, se diventano il motivo ispiratore di eventi pratici.

I paradigmi psicometrici, fondati sulla misura dell'intelligenza generale (QI oppure fattore G), si sono arricchiti di nuove dimensioni (fattori specifici e multipli, pensiero divergente) e trasformati in paradigmi psicologici, riferiti alle scienze cognitive, alle analisi quantitative dei processi di pensiero, alle strategie metacognitive, ai meccanismi di sviluppo e agli stili individuali.

I tradizionali metodi psicometrici studiano le abilità, i tratti di personalità oppure i livelli di efficienza; il paradigma, espresso dalla psicologia cognitiva, esamina i fattori di base dei processi cognitivi mediante la ricerca delle condizioni e dei meccanismi che determinano cambiamenti nelle abilità, nella struttura della conoscenza, nelle capacità di risolvere i problemi, di inventare soluzioni, di porsi nuovi interrogativi; le ricerche sulle persone superdotate tendono a riflettere l'influenza degli studi evolutivi (Piaget, ma soprattutto i neo- e i post-piagetiani), della teoria dell'HIP (*Human Information Processing*, di Atkinson e Shiffrin,

1968), degli studi sul potenziale di apprendimento nell'area del ritardo mentale e del deficit; negli ultimi decenni si è sempre di più evidenziata l'importanza degli studi longitudinali sul ciclo di vita. Sono state raccolte oltre cento definizioni sulla *giftedness* (dotazione di elevate capacità cognitive), suddivise sulla base di quattro modelli.

6.2.1.1
Modelli orientati sui processi o sulle componenti cognitive

Fanno parte di questo raggruppamento i modelli basati su analisi qualitative di pensiero, come quelli di Jean Piaget e di Frederic Bartlett (1958) e i modelli fondati sull'esame delle componenti, come la teoria tripolare dell'intelligenza di Robert Sternberg (1985).

Tali modelli si sono in particolare sviluppati per l'apporto delle neuroscienze e dell'informatica che consentono – mediante l'utilizzo di misurazioni indirette, per rilevare difficoltà e interferenze nelle singole fasi – di analizzare e scomporre i processi cognitivi connessi alla soluzione di problemi, alle competenze spaziali, alla rievocazione e ricostruzione di ricordi.

6.2.1.2
Modelli orientati sui tratti

Lewis Madison Terman (1959) considera l'intelligenza come un tratto unitario ereditato. Altri autori si riferiscono ad aree, come abilità generali, accademiche o scolastiche, pensiero creativo, talento artistico, leadership e coordinazione psicomotoria. Howard Gardner (1983) propone una classificazione più sistematica, forse più ordinata; tuttavia anche la descrizione delle sue "intelligenze multiple" non appare sufficientemente dimostrativa, in quanto tende a equiparare abilità specifiche, come quelle verbali o spaziali con le competenze sociali, che comportano aspetti di personalità; nell'intelligenza sociale, per esempio rientrano caratteristiche come l'estroversione, non sempre equivalente alla competenza sociale; un leader estroverso, in grado di controllare le sue emozioni e di utilizzare la propria intuizione, può imporre il suo volere agli altri, assoggettarli più che comprenderli e riconoscerli nelle loro capacità ed espressioni individuali, autonome.

6.2.1.3
Modelli orientati sul successo nella scuola e nella carriera

Si desumono dalla sperimentazione di interventi educativi e si basano sul concetto che non è sufficiente descrivere i talenti, ma appare soprattutto necessario cercare di svilupparli. Un esempio è costituito dal modello dei tre anelli elaborato da J.S. Renzulli (1985) che descrive la *giftedness* come formata da elevate abilità intellettuali, applicazione costante al compito ed espressione creativa. Si presuppone anche una triade ambientale composta da famiglia, scuola e gruppo sociale di riferimento.

6.2.1.4
Modelli orientati sui fattori socioculturali

Focalizzano l'attenzione sul ruolo della situazione sociale, economica e politica, delle tendenze e dei riferimenti culturali prevalenti: un classico esempio è rappresentato dalla *teoria della coincidenza* di Feldman (1986), secondo il quale determinate società ed epoche storiche stimolano, orientano lo sviluppo di alcune abilità, come la matematica, l'informatica, la danza, gli scacchi o di strategie per raggiungere specifici scopi, a scapito di altre competenze e opportunità di apprendimento.

La procedura metodologica di elaborazione dei modelli descritti appare non priva di problemi, eccetto forse per quella dei tratti, riconducibile al paradigma biologico della teoria dell'ereditarietà, anche se il concetto di "tratto" risulta molto più complesso rispetto a quello di gene.

6.2.2
Capacità creative e sviluppo

Le ricerche sulle persone dotate di elevate capacità creative hanno identificato vari fattori e sollevato interrogativi: dall'influenza delle aspettative ai valori familiari nel determinare il successo, dal ruolo delle istituzioni scolastiche, educative a quello degli insegnanti, alle differenze fra donne e uomini, ai fattori genetici e culturali che portano allo sviluppo di tratti, quali la curiosità, la varietà di interessi e di attività di tempo libero, la determinazione nel conseguire un risultato positivo, nonostante le difficoltà incontrate e i fallimenti ottenuti, il desiderio di saperne di più, di procedere oltre il conosciuto.

Un'altra riflessione sullo sviluppo di peculiari qualità creative viene posta dalla psicologia clinica che presenta un'ampia casistica di carenze, disfunzioni e ritardi di crescita, evidenziando le variabili patologiche che determinano le deviazioni dalla norma e la correlazione fra i fattori genetici e ambientali con la loro diversa influenza nelle curve di crescita o declino di componenti, funzioni, attitudini, capacità espressive. Vari trials clinici includono da un lato persone con problemi mentali, come i frenastenici e gli oligofrenici, dall'altro individui che hanno particolarmente sviluppato talenti specifici (musica o matematica), oppure competenze generali o ancora nuove abilità combinate, integrate a doti di personalità.

Alcuni studi descrivono casi singoli, eccezionali per i deficit o per le qualità positive; altri tentano di costruire modelli dello sviluppo per spiegare l'evoluzione dell'intelligenza e della personalità in termini generali, come le modificazioni del cervello in senso filogenetico (evoluzione delle specie) e ontogenetico (sviluppo del bambino), oppure come le trasformazioni dei sistemi e dei costumi culturali, multietnici che stimolano la crescita di nuove abilità nella decodifica dei messaggi, nella comunicazione, nell'organizzazione delle conoscenze e delle comunità civili.

Vi sono ricerche sull'autobiografia e altre che utilizzano concetti di interazione evolutiva e di costruzione (*Evolving Systems Approach* di Wallace e Gruber, 1989); i concetti generali dello sviluppo vengono impiegati per spiegare le vite di personaggi creativi nel campo della letteratura, della musica, delle arti figurative, della scienza; si ritiene generalmente che la creatività non si possa misurare, considerate le numerose variabili individuali, sociali, culturali, storiche che la influenzano.

Un altro indirizzo di indagine e di approfondimento sui superdotati riguarda l'aspetto applicativo: l'attuazione di interventi educativi finalizzati a sostenere queste persone – maggiormente dotate, ma talvolta più vulnerabili – nel loro sviluppo, rinforzando le motivazioni anche a fronte di eventuali insuccessi, a tollerare e a superare gli atteggiamenti di inadeguatezza, di incomprensione dell'ambiente con il quale interagiscono.

Attualmente, dopo oltre cinquant'anni di studi, si considera universalmente valida la seguente definizione di *giftedness*: potenziale cognitivo e motivazionale per raggiungere l'eccellenza in una o più aree, identificato sia con un livello superiore di abilità generale che con un talento specifico di elevato valore.

Gli studiosi propongono l'idea di un potenziale, di una "dote" innata che si realizza in condizioni particolari di motivazione, di impegno, di educazione, applicandosi a contenuti particolari, ad aree specifiche che suscitano l'interesse dell'individuo e della comunità. Il concetto di "genio" con caratteristiche ereditarie, oggetto di studio di Galton, condizionato dalle concezioni naturalistiche sulle differenze individuali, viene progressivamente sostituito da quello di rarità statistica; con l'affermarsi del behaviorismo acquistano sempre più importanza le influenze ambientali rispetto a quelle ereditarie.

Negli ultimi decenni le ricerche in ambito biologico hanno rilevato che i fattori genetici giocano un ruolo pari al 50,00% nella variabilità interindividuale dei superdotati. Gli studi hanno dimostrato che le persone con problemi di ritardo o disabilità mentale, se vengono opportunamente educate, stimolate e motivate, possono sviluppare capacità inattese e inserirsi meglio nella famiglia e nella società; è altrettanto vero che i superdotati, se non sono adeguatamente seguiti e compresi rischiano di sentirsi emarginati, isolati, "sbagliati", di vivere condizioni di frustrazione, di assumere atteggiamenti devianti, di apatia o scomposta ribellione, di vanificare il loro talento.

6.2.3
Cultura e talenti

L'atteggiamento verso le persone dotate di talenti eccezionali è storicamente legato al problema della selezione delle classi dirigenti; alle famiglie altolocate si tendeva ad attribuire caratteristiche superiori agli altri che legittimavano il potere e i privilegi; l'educazione scolastica era generalmente riservata ai figli della nobiltà e negata a quelli dei ceti sociali più poveri, considerate incapaci, non all'altezza; nei tempi successivi la concezione e l'organizzazione democratica della società tende a non più riconoscere diritti divini o di ereditata superiorità e apre la strada alla scoperta e alla difesa delle capacità individuali, attribuisce valore all'impegno personale e predispone sistemi e programmi scolastici per tutti, indipendentemente dalle condizioni economiche e dall'appartenenza sociale.

Le ricerche sui ragazzi superdotati nascono e si sviluppano, non casualmente, nei paesi anglosassoni; l'adesione ai valori dell'etica protestante e l'atteggiamento pragmatico orientano la psicologia verso applicazioni pratiche relativamente alla selezione scolastica e lavorativa, esaminando le caratteristiche e l'ambiente delle persone di successo per sperimentare iniziative finalizzate all'espressione ottimale delle capacità individuali.

I primi studi sull'intelligenza eccezionale sono stati condotti da Francis Galton, che forse influenzato dalla *teoria sull'origine della specie* di suo cugino Darwin ha cercato di affrontare il tema dell'ereditarietà genetica nell'uomo, elaborando una serie di metodi per misurare le differenze individuali e le loro correlazioni familiari.

La diffusione di ricerche sistematiche sui gemelli, sui fratelli e sulle influenze familiari si realizza negli anni Venti e comprende tratti svariati di intelligenza e di personalità, utilizzati per valutare e prevedere il comportamento nella scuola e nel lavoro di individui e gruppi diversi. Alla Stanford University, Terman e collaboratori esaminarono le variabili fisiche, emozionali, intellettuali e sociali di un campione di 1500 *gifted* scelti nelle scuole californiane e seguiti per 35 anni; i risultati rilevarono un profilo di precocità, superiorità anche fisica, provenienza da ceti sociali medio-alti e alcuni aspetti di difficoltà scolastiche e di motivazione che furono poi ripresi da ricerche successive; i dati sperimentali nel loro insieme hanno comprovato una correlazione fra identificazione precoce ed elevata validità predittiva.

Si realizzano numerosi studi sull'identificazione dell'intelligenza eccezionale e dei talenti e parallelamente una serie di interventi educativi per favorire lo sviluppo: il problema educativo si sovrappone a vari aspetti politico-sociali, come la questione razziale nelle comunità americane, i problemi dello svantaggio culturale e dell'emarginazione, la competizione internazionale.

La sfida spaziale degli anni Cinquanta, iniziata con il lancio del primo Sputnik sovietico (1957) ha spinto gli Stati Uniti a rivedere il sistema educativo, specialmente per l'insegnamento delle materie scientifiche e tecnologiche; le ricerche che prima si erano focalizzate sull'identificazione dei dotati, si sono concentrate sulla creatività e sui modi per svilupparla: una competizione che ha coinvolto anche i paesi socialisti mediante varie iniziative e progetti.

Negli anni Sessanta, Stati Uniti, Russia, Israele e Cina presentano numerose esperienze, diffuse successivamente in Europa; a Milano viene fondata l'Associazione IARD (Identificazione Assistenza Ragazzi Dotati) che promuove ricerche sul pensiero creativo, sulle origini del talento, sui problemi dello svantaggio culturale e sui metodi per superarlo.

Non si stabilizza la dicotomia avviata fra l'assistenza ai più o meno dotati, in quanto l'obiettivo fondamentale delle iniziative culturali, scientifiche ed etiche si conferma quello di sviluppare l'intera gamma delle potenzialità individuali; ogni individuo ha le proprie capacità creative, da difendere, incoraggiare, esprimere, prescindendo dal sistema educativo e dalle competenze di base.

Gli anni Sessanta sono stati anche fortemente caratterizzati da indirizzi psicologici che hanno criticato i test tradizionali, quale espressione di una cultura dominante e rimarcato, talvolta in modo esclusivo, l'influenza dell'ambiente sia nello sviluppo delle abilità intellettuali che in quello delle malattie mentali.

Solo dopo gli anni Ottanta, in seguito ad ampi studi longitudinali che controllano accuratamente i risultati delle adozioni anche transrazziali e le correlazioni fra gemelli allevati insieme o separatamente, si sono stemperate le polemiche fra i due indirizzi di pensiero: fra chi attribuiva le differenze individuali all'eredità genetica e chi evidenziava il ruolo dei fattori familiari, culturali e sociali.

Le ricerche sull'interazione tra fattori genetici e culturali hanno favorito una continua evoluzione degli studi psicologici sull'intelligenza, in cui hanno sempre più trovato spazio gli aspetti emozionali o sociali, non considerati nelle precedenti indagini e valutazioni psicometriche; in tal modo l'area di interesse sui superdotati si è rapidamente arricchita di studi sulla creatività, spostando l'attenzione dal pensiero "convergente" a quello "divergente" (nuovi schemi che superano vincoli e paradigmi tradizionali) orientando la ricerca sulle relazioni con le strutture di personalità e i processi dinamici, sulle condizioni familiari che favoriscono la flessibilità, l'iniziativa, l'adattamento alle novità, l'indipendenza e l'anticonformismo.

Gli studi sul pensiero produttivo della Gestalt, le intuizioni della psicoanalisi sulla creazione artistica hanno promosso un rinnovamento delle concezioni sull'intelligenza, nei modi per valutarla e comprenderla, con riflessi significativi sulle modalità educative.

Vari studi longitudinali hanno infine evidenziato che le personalità creative, oltre a fluidità, flessibilità e originalità, manifestano coraggio, autonomia di pensiero, curiosità e interesse per ciò che appare come nuovo, motivazione e attaccamento al compito, perseveranza nello sforzo, apertura all'esperienza.

6.2.4
Contributi delle ricerche

Si riportano in questo paragrafo alcune fra le più significative ricerche su ragazzi particolarmente dotati sul piano intellettivo e creativo in ambito europeo.

Negli anni Settanta una ricerca di Andreani e Orio, pubblicata in *Le radici psicologiche del talento* (1972), aveva individuato e discusso problemi metodologici ed educativi, ancora attuali. Sono stati esaminati 128 ragazzi "dotati", scelti da un campione di duemila studenti con test applicati a gruppi. Si sono valutati, oltre ad altri parametri, gli indici di pensiero creativo ricavati dal test di Rorschach e da quello del disegno di Wartegg, le relazioni fra creatività, intelligenza e diversi aspetti della personalità: in particolare l'aggressività, manifesta e mascherata, le aspirazioni, correlate all'ambiente familiare e al modello educativo.

I risultati sono apparsi in sintonia con le osservazioni di molti autori; i ragazzi "dotati" si sono rivelati come il prodotto dell'interazione fra due gruppi di fattori, genetici e ambientali, particolarmente favorevoli, erano frequentemente primogeniti di piccoli nuclei, di buon livello culturale, stimolati da genitori giovani, fortemente motivati al successo e cresciuti in famiglie ricche di affetti che offrono un sostegno sicuro senza essere eccessivamente protettive, hanno rivelato un buon livello di indipendenza dalla famiglia e manifestavano in molti un atteggiamento di distacco e di critica verso insegnanti e genitori.

Il profilo intellettuale dei ragazzi studiati presentava una configurazione armonica di funzioni cognitive elevate che si manifestava in memoria, organizzazione percettiva, velocità e precisione, ragionamento logico, verbale e matematico (con diverse accentuazioni personali), nella fluidità e flessibilità di pensiero che rileva un buon potenziale creativo; i "dotati" avevano varietà e ricchezza di interessi, letture e attività di tempo libero che riflettono curiosità e apertura intellettuale, ma anche abbondanza di giochi e sport che manifestano vitalità e dinamismo.

La personalità dei dotati evidenziata dai test proiettivi e dai colloqui individuali presentava una crescita più precoce, con un profilo più simile agli adolescenti e agli adulti che ai coetanei; emergevano elementi di immaginazione e di empatia umana, ricca vita interiore con segni di forti pulsioni aggressive e sessuali, generalmente ben controllate. Nonostante alcune note di ansietà, eccesso di intellettualizzazione, atteggiamenti di anticonformismo, si riscontrava un buon adattamento.

Il campione esaminato è costituito da ragazzi intelligenti, flessibili, con una personalità ben integrata; tuttavia esiste sempre il rischio che si possa verificare in alcuni la "sindrome del plusdotato", caratterizzata da un'accentuazione esagerata dei tratti intellettuali, da una ricerca ossessiva del perfezionismo e del controllo, da una continua astrazione, da pensiero egocentrico, talvolta con sfumature autistiche, oppure che si determini una reattività emotiva inadeguata con comportamenti connotati da eccessiva insicurezza e ansietà, da rigidità e impulsività; anche la varietà e la ricchezza di interessi possono orientarsi in senso negativo, trasformandosi in mancanza di concentrazione, in atteggiamenti dispersivi e inconcludenti, la grande fiducia e stima di sé tradursi in un declino depressivo.

Le condizioni ambientali favorevoli di piccole famiglie diventano talvolta fattori di stress, di incomprensione per le eccessive aspettative riposte sui bambini, in particolare quando i genitori tentano, più o meno inconsapevolmente, di compensare le loro ambizioni frustrate, deluse attraverso il successo dei figli.

Fra le ricerche tedesche longitudinali emerge per l'ampiezza della popolazione esaminata e l'accuratezza metodologica lo *Studio longitudinale di Monaco sul talento*. Dalle sei coorti originali, esaminate per tre anni, sono stati selezionati tre gruppi di persone dotate da confrontare con i normali: *gifted, highly gifted, extremely highly gifted*. Il concetto di "abilità elevata" si basa su un criterio multidimensionale che comprende una o più delle seguenti aree: intelligenza logica, creatività, competenza sociale, abilità artistica e psicomotoria.

Dopo il primo screening, i diversi gruppi furono valutati in relazione a variabili di personalità, di motivazione, di ambiente familiare e sociale, per individuare nello studio longitudinale quali siano i fattori che influenzano, in senso positivo o negativo, lo sviluppo delle doti iniziali; le analisi successive hanno approfondito le interazioni fra personalità, abilità e ambiente in rapporto al successo scolastico e cercato di verificare la validità predittiva delle misure iniziali. Da questa ricerca sono emerse differenze fra i gruppi dei dotati e quelli composti da individui statisticamente normali; le persone che eccellevano nei vari ambiti artistici e culturali presentavano una più elevata autostima, preferenza per il lavoro individuale e minore tendenza alla cooperazione. Relativamente alle diversità fra i due sessi, nelle donne i talenti sono apparsi più rari in campo matematico, scientifico e tecnologico e più frequenti in ambito artistico e nel rendimento scolastico in genere. Gli effetti maggiormente positivi sono stati rilevati riguardo ai metodi di apprendimento e di studio, all'incremento della curiosità creativa in piccoli gruppi e con diversi livelli di età, ai rapporti interpersonali.

Gli autori rimarcano la necessità di estendere le ricerche sugli individui di talento, sia per favorirne lo sviluppo che per prevenire la comparsa di problemi e di conflitti ed evidenziano l'importanza di esaminare, oltre alle tradizionali componenti cognitive, altre variabili: interessi, emozioni, motivazioni, sensibilità ai problemi e capacità di pianificare e selezionare. Nei metodi di valutazione non dovrebbero mancare le opinioni di genitori, insegnanti, compagni oltre alle rappresentazioni di sé e al racconto autonarrativo.

Fra le ricerche inglesi sul rapporto fra creatività dei dotati, famiglia e ambiente riveste una peculiare importanza quella condotta da Joan Freeman (1979) su un campione di 112 ragazzi di età compresa fra i cinque e i sedici anni, selezionato dagli elenchi della National Association for Gifted Children, frequentata per usufruire di programmi di attività culturali di arricchimento, campi estivi, consulenza per l'orientamento e per problemi scolastici. Il gruppo venne valutato tramite una batteria di test e questionari, ma soprattutto attraverso colloqui, visite individuali e interviste ai genitori; confrontato con un gruppo di controllo costituito da compagni di scuola con lo stesso livello di intelligenza del campione e con un altro gruppo "normale" accomunato solo per età e per sesso.

La peculiarità e il valore della ricerca consistono nell'accurata selezione di campioni rappresentativi dei vari tipi di scuola pubblica e privata e nell'importanza attribuita alle informazioni e alle valutazioni di genitori e insegnanti. Si differenzia dalla ricerca tedesca per la ricchezza delle osservazioni su casi individuali studiati nel loro contesto e mette in evidenza l'importanza delle aspettative e delle reazioni degli adulti nell'influenzare la comparsa di problemi nei ragazzi più dotati; il confronto fra i minori dotati, segnalati all'associazione e un altro gruppo di dotati di pari intelligenza iscritti alla stessa scuola, ma non segnalati, rivela che quelli del primo gruppo avevano più problemi personali, più difficoltà scolastiche e si sentivano diversi dagli altri per le eccessive pressioni e stimolazioni dei genitori, mentre il secondo gruppo appariva adeguatamente adattato. L'autrice sostiene che non sono tanto le elevate capacità a causare problemi di adattamento, quanto le circostanze familiari e ambientali.

Il profilo intellettuale dei dotati è in linea con quello riscontrato da Terman e da studi successivi: eccellenti capacità di concentrazione e di memoria, rapidità nella soluzione dei problemi, abilità nel porsi nuovi interrogativi, varietà di interessi, ricchezza di letture, indipendenza di pensiero e di iniziativa. Sono importanti risorse da educare, sviluppare, orientare verso attività di elevato interesse.

Joan Freeman, in disaccordo con gli autori americani, considera pericolosa la separazione dei dotati in classi speciali, mentre accoglie favorevolmente un insegnamento individualizzato e arricchito in classi miste. È una soluzione solo in parte equiparabile a quella italiana, dove i ragazzi superdotati studiano in classi eterogenee, ma raramente si interviene per valorizzare le loro capacità e si rischia spesso di suscitare sentimenti di noia e disinteresse, di disperdere valori e potenzialità.

Altri studi condotti con l'analisi biografica di individui creativi o che comunque hanno ottenuto successo in qualche campo riferiscono "esperienze cristallizzate" che consentono alla persona di riconoscere i suoi talenti specifici e di svilupparli con il continuo esercizio e il raggiungimento di obiettivi a lungo termine.

Cesare Cornoldi (Cornoldi, 2007; Cornoldi e De Beni, 2005) distingue cinque tipi di persone con particolari capacità e attitudini:
1) i talentosi che manifestano elevate forme di intelligenza specifica, vale a dire individui che emergono pressoché esclusivamente in determinati settori;
2) i creativi che riescono a trovare soluzioni nuove, modalità espressive originali e valide;
3) i geni che sono apprezzati per le loro opere e produzioni in un certo contesto storico e sociale;
4) i dotati che ottengono risultati molto elevati nei vari compiti intellettivi in cui sono impegnati;
5) i superesperti che si sono specializzati in peculiari attività intellettive.

Le ricerche su persone con un elevato livello di intelligenza hanno fornito un contributo rilevante alla comprensione delle varie forme di abilità e delle modalità in cui si sviluppano quando incontrano un ambiente favorevole.

La dotazione di rilevanti capacità viene influenzata dall'interazione di due gruppi di fattori: a) genetici connessi ad abilità speciali (musicale o matematica) o a competenze "trasversali" (memoria, velocità, flessibilità); b) ambientali riferiti al contesto familiare (incoraggiante e non iperprotettivo), a quello scolastico (stimolante e non autoritario). Oltre a tali variabili, rivestono una peculiare importanza gli elementi di personalità che garantiscono il successo: la curiosità verso le novità, la motivazione alla riuscita, la persistenza nello sforzo, il coraggio, l'impegno e la dedizione al compito.

L'identificazione delle qualità intellettive rilevate in ricerche longitudinali ha indotto molti psicologi a rivolgere l'attenzione agli aspetti meno studiati dell'intelligenza, come "il pensiero divergente", la ricerca del nuovo, del risultato eccezionale e la relazione di tali aspetti con la struttura di personalità.

6.2.5
Il processo analogico

Jean Piaget parlava di processi di assimilazione e di accomodamento quale schema di base dell'apprendimento che sembra costituire le radici funzionali per la formazione del pensiero analogico; infatti la capacità di cogliere analogie consiste nell'abilità di riorganizzare, di ricomporre il patrimonio di conoscenze di cui si dispone, offrendone nuove opportunità e aperture. Individuare analogie fra costrutti mentali che appaiono dissimili, non associati rappresenta il fattore essenziale della creatività scientifica e, per certi aspetti, della formulazione – relativamente alle modalità dello sviluppo cognitivo – dello psicologo ginevrino e della metafora richiamata da Ramachandran.

Molti scienziati, come ricorda Edoardo Giusti, hanno riconosciuto esplicitamente l'importanza dell'analogia nelle loro scoperte ed elaborato diversi modelli e teorie che dimostrano quanto il procedimento analogico svolga un ruolo fondamentale nella creatività scientifica (Giusti e Murdaca, 2008). Lo scienziato creativo quando propone un'analogia, applica al concetto o al problema che sta tentando di risolvere o spiegare le caratteristiche di un'altra area di conoscenza, chiamata fonte; in tal modo si possono evidenziare nuovi aspetti e ridefinire gli obiettivi. La realizzazione di un processo analogico richiede alcuni passaggi:
a) il recupero di una fonte attraverso la rievocazione;
b) la ricerca di una sintonia fra le caratteristiche della fonte e quelle dell'obiettivo da raggiungere;
c) la rilevazione degli aspetti originali, ipotizzati nell'obiettivo;
d) l'acquisizione di informazioni in rapporto al successo o al fallimento del ragionamento analogico.

Quanto maggiori sono le competenze, gli strumenti culturali, l'elasticità e la versatilità del modo di pensare dello scienziato e tanto più elevate saranno le probabilità di produrre analogie efficaci. È emblematica della capacità eclettica, poliedrica, la straordinaria abilità creativa espressa da Leonardo da Vinci, le cui conoscenze abbracciavano molteplici discipline dell'arte e della scienza: disegno, pittura, medicina, fisica, ingegneria, meccanica, filosofia e altri ambiti del sapere umano. Le scoperte scientifiche si realizzano spesso mediante la formulazione di analogie – che possono modificarsi e variabilmente articolarsi nel corso della ricerca – in cui la fonte e l'obiettivo provengono da aree molto diverse, anche se in qualche modo correlate. Alcune analogie funzionano come base strutturale per la costruzione e lo sviluppo di altre.

Il processo analogico costituisce una strategia fondamentale dell'organizzazione psichica in quanto utilizza le immagini mentali per costruirne di nuove, per formulare altri concetti, eludendo in qualche modo l'esperienza sensoriale. Sostanzialmente il pensiero analogico risulta composto da una parte divergente, propensa ad attivare associazioni originali, inconsuete e una convergente, attenta a verificare il prodotto dell'intuizione con la sistematicità e il rigore razionale. Il pensiero convergente tende a identificarsi con quello tradizionale e conformista, si adegua spesso alle opinioni, alle credenze, ai modelli culturali e comportamentali dominanti – ne sono testimonianza i pregiudizi, le superstizioni di persone vulnerabili e facilmente suggestionabili – rappresenta in qualche maniera l'antitesi della creatività. Il pensiero divergente è soprattutto presente in chi abitualmente non aderisce a schemi prestabiliti e rigidi, cerca nuove ispirazioni, libere da condizionamenti e stereotipi. Alcune persone, sia in ambito scientifico che in attività comuni, ricorrono – sulla base delle proprie conoscenze ed esperienze – all'intuizione, alla creatività, sviluppando pensieri divergenti che formano e seguono prospettive differenti, anche in rapporto alla capacità di anticipare e prevedere determinati eventi. Il processo analogico consente la formulazione e la verifica – attraverso la sperimentazione – di ipotesi e teorie.

Relativamente all'aspetto fisiologico la produzione di analogie, alla base della creatività scientifica, avviene mediante le cortecce associative e prefrontali; le prime permettono l'interconnessione di diverse componenti legate all'esperienza, distribuite in varie aree corticali, deputate anche alla ricostruzione dei ricordi; quelle prefrontali funzionano come una sorta di filtro predisposto a selezionare le informazioni più adatte al compito previsto.

6.2.6
Il pensiero laterale

Il "pensiero laterale" proposto dallo studioso maltese Edward De Bono (1973) supera la concezione del processo creativo suddiviso per fasi, si orienta verso un modello complessivo, offrendo una forma strutturata di creatività che può essere utilizzata in modo sistematico e contribuire ad affrontare e risolvere i problemi attraverso metodi basati sull'elaborazione dei meccanismi percettivi.

De Bono formula la sua teoria considerando la distinzione fra sistemi informativi passivi, nei quali le informazioni sono organizzate dall'esterno (per esempio nell'intelligenza artificiale), e sistemi informativi attivi (o auto-organizzati), in cui le informazioni sono processate dall'interno. Le strutture e le funzioni cognitive dell'essere umano appartengono a un sistema auto-organizzato.

Le reti neuronali consentono alle informazioni di organizzarsi secondo una sequenza che con il trascorrere del tempo diventa una sorta di percorso o di modello preferenziale che permette di riconoscere oggetti, figure, ambienti, situazioni. Il cervello ha una capacità straordinaria di formare e utilizzare – in termini di esperienze percettive – sempre nuovi e molteplici prototipi o sistemi. Da una parte permette alle informazioni in arrivo di configurarsi in modelli, dall'altra li utilizza nella processazione degli stimoli e nell'organizzazione delle percezioni.

Secondo De Bono i modelli non sono preordinati e simmetrici: rappresentano il tracciato principale sul quale può formarsi una deviazione laterale, un diverso orientamento del pensiero che realizza e segue una strada alternativa, che considera altre angolazioni, ulteriori punti di vista. Tale "ramificazione" laterale è potenzialmente in grado di determinare nuovi sviluppi di idee e concetti, attivare l'esperienza creativa, produrre risultati, obiettivi e itinerari innovativi del pensare e del sentire.

Il passaggio delle informazioni lascia le sue impronte mnestiche, delinea una specie di "impianto" programmato, di sentiero guidato, traccia la direzione e le caratteristiche del cammino. In sintesi, la sequenza di informazioni determina i modelli della percezione, ma il pensiero laterale, in qualche modo precursore ed espressione di quello creativo, modifica l'elaborazione degli stimoli e li combina in maniera differente.

Il pensiero laterale appare come una specialità nella costruzione e composizione delle idee, una variante arricchita di potenzialità e di evoluzione; lo si può ritenere come un'opportunità offerta dall'organizzazione cerebrale per cercare un'alternativa, una nuova espressività al conosciuto, all'abituale che richiama una riflessione di Marcel Proust: "Il vero viaggio di scoperta non consiste nel cercare nuove terre, ma nell'avere nuovi occhi"; il pensiero laterale fornisce altri "occhi" alla mente, viene a rappresentare, in una accezione più ampia, la modalità divergente che ci consente di liberarci dal condizionamento indotto dalle convenzioni, dagli stereotipi sociali e culturali, di superare schemi mentali precostituiti, tradizionali e sviluppare pensieri autonomi, indipendenti e creativi.

Le neuroscienze, negli ultimi anni, soprattutto con le ricerche sull'emisfero destro hanno approfondito e chiarito i rapporti fra creatività, arte e domini cerebrali. Secondo recenti studi le persone in cui prevale il funzionamento dell'emisfero sinistro, tendono a razionalizzare, a ponderare di più, a essere più riflessive, mentre gli individui in cui risulta predominante l'emisfero destro, appaiono più emotivi e sensibili e manifestano una maggiore attitudine alla creatività.

Chi presenta un'attivazione più accentuata dell'emisfero sinistro ha forse più probabilità di diventare ingegnere, fisico o matematico, mentre chi rivela una migliore specializzazione dell'emisfero destro generalmente esprime prevalenti tendenze verso attività artistiche e di solidarietà. Le ricerche che proseguono, in ambito psicologico e neuroscientifico, potranno meglio descrivere la rappresentazione, la formazione e la definizione del pensiero laterale, delle sue funzioni e prospettive.

6.3
Risolvere, scoprire, inventare

L'apporto più importante dell'indirizzo cognitivo alla creatività scientifica consiste nel considerare il pensiero scientifico e la scoperta come metodi per risolvere i problemi. La psicologia cognitiva ha focalizzato la sua attenzione sull'analisi della creatività scientifica in termini di euristica, intesa come procedura strategica per affrontare e risolvere un problema.

Il matematico di origine ungherese George Polya (1990) ha individuato diverse procedure in grado di aiutare lo scienziato a comprendere e superare un problema, contribuendo al successo dell'euristica. Le sequenze del *problem solving* si possono così sintetizzare: capire e definire il problema, elaborare e attuare un piano strategico, analizzare i risultati e individuare la soluzione migliore.

Generalmente ogni scoperta scientifica implica l'identificazione corretta del problema per consentirne la soluzione più efficace. Molti scienziati creativi si sono distinti anche per la capacità di proporre interrogativi e dubbi che in precedenza nessuno aveva considerato. Secondo De Bono, il *problem solving* rappresenta lo scopo della ricerca creativa e definisce ogni forma di pensiero che abbia un obiettivo; in tal senso corrisponderebbe al pensiero creativo propriamente detto. Egli sostiene che l'attività di *problem solving* è strettamente legata al concetto di miglioramento e di adattamento. L'ambito di maggiore applicazione del pensiero creativo – anche se attualmente poco utilizzato – è probabilmente costituito dalla predisposizione e dalla realizzazione di condizioni ottimali.

Nella nostra cultura il miglioramento è stato spesso pensato come eliminazione di difetti, soluzione di problemi e correzione di errori. Il pensiero creativo, almeno nelle comunità occidentali, è quasi sempre finalizzato alla realizzazione di uno scopo e raramente considerato come un processo continuo e armonioso di crescita interiore.

La scoperta scientifica, come riporta Edoardo Giusti, attribuisce un significato a un fenomeno esistente e osservabile, non si realizza mai dal nulla. Manifestazioni evidenti, di conoscenza comune, diventano scoperte per lo spirito di osservazione, di analisi di uno scienziato o di un'equipe di studiosi che decidono di esplorare ciò che abitualmente viene eliminato poiché valutato come un'espressione insignificante di un accadimento. Scoprire e inventare sono processi differenti.

Gli scienziati affermano che nella realizzazione delle invenzioni si riconosce quasi sempre un processo intenzionale, mentre per molte scoperte ci si è affidati al corso degli eventi, alla casualità, alla buona sorte. Cristoforo Colombo scopre l'America, pensando di navigare verso le Indie; Alexander Fleming studia il sistema di replicazione dei batteri e individua il modo di impedirne la crescita attraverso la scoperta fortuita della penicillina; Ivan Petrovi Pavlov, gastroenterologo russo, esaminando i processi digestivi del cane scopre il riflesso condizionato, una delle modalità importanti di apprendimento sulla quale si basa in gran parte la pubblicità moderna; Henri Laborit, ricercando un nuovo miorilassante, prepara la clorpromazina che si rivelerà il primo psicofarmaco utilizzato nella schizofrenia.

Scoperta e invenzione sono spesso processi correlati, interconnessi e risultano entrambi da un percorso di ricerca. La scoperta richiede la comprensione del significato di ciò che si è trovato nell'ambito della conoscenza umana. Collega dati, informazioni, osservazioni, idee e teorie in modo nuovo e imprevedibile, concilia concetti a volte opposti e supera il conflitto fra teorie contrastanti con una spiegazione che ricomprende, giustifica e amplia le teorie precedenti. Ad ogni scoperta scientifica si associa una crescita intellettuale, culturale che apre scenari e prospettive impensabili, riassume e contemporaneamente valica le conoscenze precedenti, offrendo una spiegazione nuova al fenomeno esaminato. Alcuni scienziati hanno colto nella scoperta scientifica la medesima struttura di base delle battute di spirito.

La creatività è un processo che non coincide con l'illuminazione improvvisa; l'eureka di Archimede rappresenta il prodotto finale di una ricerca, spesso faticosa, di una elaborazione costante di pensieri, ipotesi, tentativi, riflessioni, interrogativi.

La scoperta scientifica avviene per fasi:
a) riconoscere e definire un problema;
b) raccogliere informazioni;
c) formulare ipotesi e possibili soluzioni;
d) sperimentare e confrontare i risultati con studi precedenti;
e) comunicare i dati alla comunità scientifica che valuta la validità e la legittimità della scoperta.

Invenzioni e scoperte mutano il percorso scientifico, cambiano – negli studiosi – il modo di pensare, di ricercare, di analizzare determinati fenomeni ed esperienze.

In generale, l'età dello scienziato rappresenta un fattore che influenza la capacità di compiere scoperte e invenzioni: la mente giovane o adulta appare più facilitata nell'attività creativa, ma in termini qualitativi spesso una mente matura, attraverso la sua esperienza, è in grado di migliorare le prestazioni e di ricorrere a strategie compensative di eventuali rallentamenti cognitivi e motori. Si ricorda la teoria dell'ottimizzazione selettiva con compensazione che evidenzia le abilità nel valorizzare e potenziare risorse ed esperienze. Alcuni matematici hanno realizzato la loro prima importante scoperta dopo i sessant'anni di età.

La maggior parte degli scienziati compie una singola scoperta importante nella vita e tende a rimanere nell'area di competenza. È stato tuttavia osservato che per mantenere la freschezza, la lucidità dei primi anni di ricerca e la motivazione necessaria all'inventiva, alcuni scienziati tendono a cambiare il settore di competenza. Talvolta le ispirazioni più significative si determinano per la combinazione fra conoscenze, metodi e tecniche differenti.

Quale potrebbe essere il momento più favorevole per ottenere un'elevata espressione creativa? Le ricerche hanno evidenziato che gli scienziati giungono all'intuizione quando non affrontano direttamente il problema, ricercando situazioni di evasione e di rilassamento.

Molti studiosi hanno trovato la soluzione sperata quando hanno temporaneamente tralasciato la questione, impegnandosi in un problema correlato, oppure allontanando completamente il pensiero dal compito da svolgere. È una condizione che in qualche modo ricorda gli studi di Koehler sull'insight che implica una capacità di ristrutturazione spontanea del campo cognitivo (1917).

Spesso l'intuizione nasce nei momenti di rilassamento e svago, in un periodo di vacanza, nel corso di un'attività sportiva, di una passeggiata, ma anche nello stato di dormiveglia o durante il sonno, attraverso i sogni. Numerosi ricercatori hanno compreso l'importanza di ridurre la concentrazione, programmando il tempo libero e utilizzando tecniche di rilassamento e meditazione per favorire la produzione di idee. Varie ricerche hanno confermato che la creatività richiede una determinata capacità di concentrarsi e, nel contempo, di rilassarsi distogliendo l'attenzione dal problema per ritornare successivamente sulla questione, richiamando le immagini affiorate, in modo più o meno consapevole, nella fase di rilassamento.

Il matematico e fisico francese Henri Poincaré (1908) ha descritto gli stadi delle sue scoperte alle quali giungeva dopo un lungo periodo di latenza, di apparente mancanza di idee, di elaborazioni matematiche coscienti. Egli annota: "Partii per il mare e pensai a cose del tutto diverse. Un giorno mentre camminavo lungo la scogliera, mi venne l'idea".

Molti scienziati raccontano di importanti intuizioni durante momenti di riposo e di rilassamento, successivi a un lungo periodo di preparazione e di ricerca. In questo contesto è opportuno sottolineare come le fasi del processo creativo si distinguano in consce e razionali (fase della preparazione e della verifica), in cui prevalgono le funzioni dell'emisfero sinistro, e in inconsce e irrazionali (latenza e illuminazione) attivate soprattutto dall'emisfero destro.

Recenti studi di neurologia hanno confermato che la "pausa di riflessione" consente di evitare una situazione negativa di stress; l'individuo quando riesce a liberarsi dagli obblighi e dalle preoccupazioni abituali può meglio esplorare nuove modalità di pensiero, recuperare e riattivare le energie mentali in modo ottimale e creativo.

Si tende fondamentalmente a ricondurre le scoperte a tre modelli di scienza:
a) "normale", caratterizzato da un paradigma definito, da un insieme di tecniche che possono essere presentate nel corso di una lezione, descritte nei libri di testo, praticate in laboratorio; si concentra su aree delimitate, con problemi chiari e una certa speranza di successo nell'indagine;
b) "rivoluzionario", connotato dalla sfida aperta alle ipotesi esistenti, superando i libri di testo e le consuete pratiche di laboratorio, producendo nuovi metodi di lavoro e di apprendimento;
c) definito delle "scienze nuove", costituito da discipline che aprono alla ricerca di nuovi territori scientifici, senza tuttavia insidiare i modelli preesistenti e le conoscenze acquisite; etologia, immunologia e biofisica sono alcuni esempi di scienze nuove comparse nel ventesimo secolo.

6.4
Emisferi e neuroscienze

Quando si fa riferimento al pensiero umano, si tende spesso a contrapporre la logica all'irrazionalità, il rigore scientifico all'immaginazione. Tale contrapposizione diventa talvolta difficilmente ricomponibile; riguardo all'attività creativa, si colgono di frequente più gli aspetti immaginativi e irrazionali, meno quelli costruttivi e di sviluppo, e la si colloca eminentemente nelle aree funzionali dell'emisfero destro. Il processo creativo è molto più articolato e complesso di una semplice intuizione e le varie componenti cerebrali svolgono globalmente la loro parte affinché si produca una nuova idea.

Il pensiero analogico misto, in parte convergente e in parte divergente è alla base della creatività: un atto può definirsi creativo quando comprende intuizione e razionalità, immaginazione e logica. Non vi sarebbe scoperta e invenzione senza immaginazione, ma senza la verifica razionale il processo creativo non potrebbe concludersi. Nella creatività scientifica, la verifica diventa essenziale, affinché una nuova idea o teoria possa essere considerata valida.

In che modo si realizza il pensiero misto? Le neuroscienze ci hanno insegnato che i due emisferi hanno competenze differenti: è quanto viene definita dominanza degli emisferi; pur essendo identici sul piano anatomico e strutturale si differenziano per i loro compiti e funzioni, interagiscono mediante il corpo calloso che con oltre duecento milioni di fibre trasmette le informazioni da un emisfero all'altro. Questa divisione del lavoro spiega come le capacità logico-simboliche, tipiche dell'emisfero sinistro, si integrino alle attività fantastiche e intuitive caratteristiche di quello destro.

L'emisfero sinistro è soprattutto preposto alla razionalizzazione delle situazioni e delle esperienze, è incline alla riflessione, all'approfondimento e alla valutazione critica, mentre l'emisfero destro è prevalentemente adibito all'espressione delle emozioni, alla creatività e alla capacità intuitiva.

Il pensiero misto è fondamentale nella creatività scientifica, in quanto la fantasia senza controlli razionali produrrebbe solo modelli virtuali, mentre un eccessivo controllo logico non favorirebbe l'immaginazione e l'analogia. Nel sovraccarico di informazioni, il pensiero convergente raccoglie, seleziona e sintetizza, mentre quello divergente, attribuito all'emisfero destro, formula dubbi e interrogativi, elabora ipotesi e risposte inattese, alternative, propone idee innovative mediante i processi creativi e analogici.

L'obiettivo principale del pensiero misto è una sintesi "logico-creativa" tra funzioni convergenti e divergenti che consente di attivare nuove e significative opportunità per lo sviluppo delle potenzialità e delle competenze psicologiche.

Per la soluzione di problemi che prevedono un'unica strategia è spesso sufficiente il pensiero convergente che non richiede alcun tipo di originalità e apertura mentale. Il pensiero divergente, sviluppandosi da una traccia iniziale, può condurre a molteplici idee originali e fra loro diverse.

L'interconnessione anatomo-funzionale dei due emisferi sembra sottendere all'integrazione fra logica e fantasia, ragione e sentimento, alla crescita e alla realizzazione di un individuo, a conferma di quanto sosteneva il filosofo danese Søren Aabye Kierkegaard: "Comprendere, dunque, e *comprendere* sono due cose diverse"; capire con il cervello e con il cuore rappresentano due modalità differenti di cogliere una situazione; si comprende veramente solo attraverso l'esperienza che congiunge, integra intuizione e vissuto, pensiero cognitivo ed emotivo, la mente e il cuore.

Gerald M. Edelman – neuroscienziato, insignito del premio Nobel per la Medicina nel 1972 insieme a Rodney Porter – nel suo libro *Più grande del cielo. Lo straordinario dono fenomenico della coscienza* (2004) afferma che "il cervello umano è l'oggetto materiale più complicato dell'universo conosciuto". La maturazione e lo sviluppo del cervello avvengono attraverso l'interazione con l'ambiente, a partire da quello intrauterino, tramite gli eventi e le esperienze che si incontrano, si vivono, si elaborano nel corso dell'esistenza.

Ogni persona ha il suo cervello, in termini di differenziazione di reti neuronali attivate o inibite, di ramificazioni e connessioni sinaptiche. "Tu sei le tue sinapsi. Esse sono chi sei tu", scrive Joseph LeDoux, a conclusione del suo volume *Il Sé sinaptico. Come il nostro cervello ci fa diventare quelli che siamo* (2002), anche con l'intento di sottolineare come la relazione con il contesto nel quale si è inseriti e si interagisce, l'esercizio mentale, le acquisizioni, le motivazioni all'apprendere possono modulare – oltre la personalità, il modo di affrontare e comprendere quanto la vita propone – l'organizzazione anatomo-funzionale dei sistemi neurali, dei domini cerebrali.

Il cervello quindi non è, come in passato si è spesso ritenuto, un organo statico, destinato all'involuzione e alla perdita, ma una struttura plastica, dinamica, mutevole, in costante e progressiva modulazione. È un organo, una struttura creativa che si forma, si sviluppa in funzione dell'adattamento; il cervello, rapportandosi con l'ambiente, costruisce, "crea" se stesso, la sua configurazione organizzativa, i suoi neuroni, le sue sinapsi, i suoi collegamenti. Ogni neurone può avere fino a 15.000 contatti sinaptici, equivalenti ad altrettante possibilità di comunicazione, trasmissione, linguaggio con le altre cellule nervose. Il cervello è sempre in movimento, in costante elaborazione, si modifica in base all'esperienza individuale, contiene le matrici della creatività in quanto si adatta attivamente alle richieste dell'ambiente. Il cervello rappresenta la memoria creativa della specie e quella di ogni singolo individuo; ognuno ha il suo cervello in rapporto alle caratteristiche personali, alle esperienze vissute, alla creatività esercitata e sviluppata.

Gli studi neuroscientifici hanno dimostrato che il cervello compensa le proprie perdite, possiede una capacità di rigenerazione, "fabbrica" i suoi neuroni, riattiva e "guarisce" le sue cellule nervose malate, in difficoltà. È un messaggio di fiducia e speranza per la ricerca e per il futuro di molti malati e di chi li assiste.

In sintesi le capacità di adattamento creativo del cervello sono:
- plasticità: proprietà delle cellule nervose, indipendentemente dall'età, di modularsi in rapporto alle variazioni e sollecitazioni dell'ambiente; il cervello è un organo dinamico, in continuo riadattamento;
- ridondanza: il cervello può attivare vie nervose mai utilizzate o di riattivarne altre, rimaste silenti anche per lungo tempo;
- sprouting (arborizzazione): le cellule nervose possono ricostruire, se opportunamente stimolate, i loro prolungamenti (assoni e dentriti), le loro vie di interconnessione, di comunicazione;
- sinaptogenesi: i neuroni, se facilitati, sono in grado di ripristinare, riformare le sinapsi perdute, offrire nuovi punti di contatto alle terminazioni nervose – anche attraverso l'incremento pre-sinaptico e l'ipersensibilità post-sinaptica – come se fossero rifornite altre possibilità di linguaggio ai circuiti cerebrali;
- fattore nervoso di crescita (*nerve growth factor*): è una proteina – scoperta da Rita Levi Montalcini – responsabile della crescita e dello sviluppo del Sistema Nervoso Centrale, attiva anche in età avanzata;
- proteine rigeneratrici (esempio: MAP 2): sono mediatori della formazione di nuove vie nervose;
- circuiti rientranti: vie neurali implicate nella realizzazione della coscienza primaria e nell'organizzazione della memoria;
- neurogenesi: si intende la nascita di nuove cellule cerebrali in risposta a sti-

moli ambientali. Con questa scoperta cade il dogma definito delle tre enne (NNN, nessun nuovo neurone) e si confermano le intuizioni di Leonardo da Vinci: "Sì come il ferro si arruginisce sanza uso e l'acqua nel freddo si addiaccia, così lo 'ngegno sanza esercizio si guasta" (*Codice Atlantico*) e di Elkhonon Goldberg: "*Use it or lose it*" (Goldberg, 2005);
- neuroni specchio: specifici sistemi o reti neurali si attivano nell'osservare e comprendere comportamenti ed emozioni di altri individui della stessa specie.

I neuroni specchio starebbero alla base, oltre che dell'apprendimento, anche dell'altruismo e della compassione. L'ambiente di cura – familiare o in una struttura residenziale – viene a rappresentare uno strumento determinante per la conservazione e il recupero funzionale del cervello, attraverso la stimolazione creativa, la qualità della relazione. Il cervello si smarrisce sempre di più se l'ambiente lo dimentica. Le strutture cerebrali, l'architettura anatomo-funzionale rischiano di impoverirsi, di disperdersi, di non essere più efficienti se non vengono adeguatamente sollecitate, mantenute in costante esercizio. L'interazione, come la recente scoperta dei neuroni specchio sembra suggerire, favorisce l'attivazione, l'"interesse" dei neuroni, delle loro sinapsi e del cervello nel suo insieme verso la vita e le sue opportunità. Scriveva il poeta, novantenne, Robert von Ranke Graves: "*... Few are wholly dead: / Blow on a dead man's embers / And a live flame will start...*" (da *Poems*).

L'anima creativa del cervello risiede nelle sue (del cervello) proprietà e caratteristiche delineate dall'evoluzione, dalla storia degli uomini e da ogni storia personale.

6.5
Creatività e conformismo

Il pensiero innovativo, aperto, creativo si oppone alla tendenza conformistica, all'adattamento passivo, alle concezioni dominanti. Il conformismo riflette un atteggiamento convenzionale che induce lo scienziato ad agire secondo teorie, regole e opinioni prevalenti.

Fortunato Tito Arecchi (2007) propone il concetto scientifico di coerenza, mediante la quale è possibile la conoscenza. La sperimentazione si avvale – per ricercare e scoprire elementi innovativi – di informazioni, comportamenti, ripetitivi, ordinati, di punti stabili di riferimento per evitare il rischio dell'improvvisazione e soprattutto della disorganizzazione metodologica; d'altra parte se le ricerche dovessero confermare soltanto ciò che si conosce, che è presente nella nostra memoria, non ci sarebbero cambiamenti, novità, evoluzione culturale, spirito creativo.

La coerenza comporta uno sviluppo graduale, consente di confrontare la scoperta, la nuova esperienza con una concezione del mondo già acquisita, arricchendola senza sconvolgerla. Arecchi sostiene che la creatività scientifica si manifesta quando con un'ipotesi si riesce a comprendere il numero più elevato di coerenze (ogni coerenza ha una validità parziale); l'ipotesi creativa spiega il passaggio da una coerenza all'altra e si struttura come un'interpretazione complessiva di quanto si sta esplorando.

La creatività scientifica presenta spesso un evidente aspetto trasgressivo rispetto ai modelli dominanti. Ogni nuova scoperta aggiorna, amplia o sostituisce un insieme di conoscenze e tecniche sperimentali universalmente riconosciute. Generalmente, di fronte a una nuova scoperta i sostenitori di un atteggiamento conformistico invitano alla prudenza, tendono a ricusare in un primo momento la revisione, la modifica e la sostituzione di vecchie teorie.

Kennon Sheldon (1999), promotore della psicologia positiva, distingue fra due categorie di conformismo: a) informativo, consiste nell'accettare sperimentazioni, prove su fenomeni e situazioni trasmesse da altre persone, nell'accordarsi con una nuova conoscenza proposta da posizioni diverse dalla propria; b) normativo, deriva dall'esigenza dell'individuo di aderire alle aspettative altrui, spesso per ottenere l'accettazione del gruppo, modificando comportamenti e attitudini, pur di adeguarsi alle credenze convenzionali. È soprattutto il conformismo normativo che può avere ricadute negative sulla creatività dello scienziato.

Da una parte è importante e sicuramente utile che lo scienziato sappia accettare, conformarsi alle scoperte dei colleghi, dall'altra esiste il rischio che l'adesione diventi normativa e lo scienziato si lasci negativamente influenzare dalle convenzioni fino a non sentirsi più libero di pensare creativamente. Spesso i condizionamenti normativi del mondo scientifico si manifestano con complesse e intricate implicazioni etiche e dottrinali.

Accade frequentemente che lo studioso accetti un'opinione prevalente pur essendo consapevole che non è in linea con le proprie inclinazioni creative, oppure che assecondi inizialmente alcune opinioni in modo "opportunistico" e successivamente si conformi alle pressioni sociali, senza condividerle, legittimando quelle concezioni che riteneva inadeguate, smarrendo a volte la capacità di distinguere i propri valori e interessi.

Gli studiosi della creatività concordano nell'individuare conflitti fra le ragioni della curiosità e dell'immaginazione e quelle del conformismo: da un lato cercano l'approvazione del gruppo, rinunciano alle proprie inclinazioni e considerano la coesione sociale fondamentale per la sopravvivenza; dall'altro, scoraggiano chi sfida l'impostazione, l'identità e la struttura del gruppo sociale, impedendo ad altri di coltivare nuove idee e opportunità. Molti individui tendono a uniformare comportamenti e opinioni alle credenze e alle condotte dominanti per ragioni connesse alla sicurezza e alla tranquillità personali. Esplorare percorsi nuovi con le loro possibili incognite può procurare ansia e tensione, talvolta difficili da contenere e superare.

La ricerca creativa richiede un forte impegno per raggiungere gli obiettivi previsti, anche se può rischiare di sovvertire modelli e costumi consolidati. Numerosi scienziati, per sviluppare e diffondere le loro idee, si sono dovuti allontanare sensibilmente dalle norme e dai comportamenti socialmente accettati e riconosciuti, suscitando la disapprovazione dei colleghi e talora anche dell'intera comunità civile. Gli inveterati atteggiamenti conformistici tendono a inibire la creatività, a ridurre il desiderio del ricercatore nel proseguire e perseverare con la sperimentazione di nuove idee e progetti, a svalutare e isolare le proposte diverse, alternative.

Per lo scienziato, una conseguenza particolarmente negativa delle pressioni conformiste consiste nella perdita di contatto con le sue percezioni e i suoi processi di pensiero; l'accesso e lo sviluppo di un dialogo aperto con la propria esperienza costituiscono le condizioni indispensabili per attivare il processo creativo. Generalmente i primi abbozzi di una nuova idea non sono mai pienamente consapevoli. Se lo scienziato si affida ad altri per avere un consiglio, un orientamento su quanto deve fare, rischia di perdere la capacità di riconoscere le ispirazioni che affiorano dentro di sé. Un primo passo importante nel processo creativo scientifico consiste nel riconoscere che esiste un problema da risolvere. Il conformismo impedisce allo scienziato di riconoscere dubbi o riserve riguardo a procedure note, considerate valide dalla comunità, di inibire la curiosità e la creatività. L'eccessiva preoccupazione per le norme e le opinioni vigenti tende a ridurre le motivazioni per la ricerca di una nuova linea di pensiero.

Ogni scoperta deve essere attentamente esaminata da persone competenti, prima di poter essere considerata originale e attendibile; si può parlare di creatività quando un prodotto è valutato come innovativo e influente dagli esperti del settore interessato. Appare evidente che un atteggiamento rigidamente conformista del mondo scientifico, può provocare il fallimento di un'idea nuova e valida.

Spesso lo scienziato lavora su un terreno noto, caratterizzato da certezze acquisite, procedure consolidate, teorie e tecniche ampiamente convalidate; le sue sperimentazioni, per l'influenza di una diffusa mentalità conformista, possono inconsapevolmente essere orientate verso la conferma delle ipotesi esistenti più che al loro superamento. La creatività scientifica richiede preparazione, costante impegno, rigore metodologico, conferma dei risultati ottenuti, ma anche coraggio di seguire l'ispirazione, la curiosità, l'intuizione che stimola a esplorare l'incognito e le sue implicazioni.

6.6
Demenza e creatività

"Ma di ogni guasto fisico, il peggiore è la demenza, per cui il vecchio, poi non ricorda il nome dei servi, né riconosce il volto dell'amico con cui ha cenato la sera prima, né quello dei figli che ha messo al mondo ed allevati", scriveva Decimo Giunio Giovenale nelle *Satire* (Satira X, 232-237); la demenza era conosciuta in tempi remoti, dall'antichità al rinascimento; ne offre spunti William Shakespeare in una sua famosa tragedia: "Ma tu non avresti dovuto diventar vecchio prima di diventare assennato", (I, V) dice il Buffone di corte a Re Lear, osservando e ascoltando comportamenti e parole del sovrano che successivamente invoca: "Voi potete vedermi, o dèi! Vedete questo povero vecchio, pieno egualmente e d'anni e d'affanni: e infelice a causa d'entrambi [...] non rubatemi il senno al punto ch'io sopporti tutto questo con mia buona pace" (II, IV). Il drammaturgo inglese in questo brano sembra evidenziare la correlazione fra età senile, angosce e declino mentale.

Nella demenza danni neurologici, disturbi psichici e comportamentali spesso si associano, si intrecciano, si confondono, si influenzano. È una sindrome molto studiata, ma attualmente, ancora poco si conosce della sua natura eziologica. Si ipotizza una multifattorialità di cause: genetica, metabolica, biochimica, neurologica; si pone sempre più attenzione all'ambiente sociale e culturale, allo stile e alle esperienze di vita. Sono numerose le variabili psico-sociali che influenzano e caratterizzano l'incidenza, l'espressione e il percorso clinico della demenza: età avanzata, bassa scolarità, attività manuali ripetitive ed esecutive, capacità e attività intellettive poco esercitate, scarse attività di tempo libero, attività fisica non praticata, essere single e/o vivere soli (solitudine, emarginazione), scarse relazioni familiari, amicali, sociali, intergenerazionali, impoverimento di interessi e motivazioni, situazioni stressanti, comportamento alimentare inadeguato.

Tra i fattori di rischio o di aggravamento non trovano sempre un'appropriata considerazione le varie situazioni di cambiamento che si riscontrano prevalentemente in età avanzata: pensionamento, separazioni o lutti, mutamento di abitazione (compreso il ricovero in ospedale o in casa di riposo), emigrazione, matrimonio di un figlio, specie se unico o l'ultimo, difficoltà economiche, perdita di riferimenti significativi, invalidità o malattia propria o di un parente, condizione depressiva, storia personale.

Il rapporto con il demente implica la decodifica attenta di una peculiare, sensibile comunicazione, specie non-verbale. In alcune condizioni o episodi di fragilità cognitiva sono evidenti i tratti della sofferenza psichica, mentre in altri non è semplice distinguere fra disagio esistenziale e dimensione clinica del bisogno. L'ascolto, la partecipazione all'altrui vicenda umana può chiarire e aiutare l'anziano in ogni sua difficoltà e smarrimento. Ogni sofferenza esprime e nasconde una storia, unica e originale. Ogni ascolto può farsi sollievo nell'incontro con l'altro, con la sua individualità.

Quale idea si ha del declino cognitivo, della demenza? e se quella idea rappresentasse l'orientamento nascosto delle modalità interattive, degli atteggiamenti assistenziali, specie quelli più profondi e sconosciuti? e se il demente fosse interprete inconsapevole della stessa idea? La comunicazione e la relazione, l'ambiente di accoglienza, di cura e riabilitazione possono risultare determinanti nel seguire e sostenere il malato.

Si riconosce alla demenza il carattere di irreversibilità, di progressivo declino fino alla completa non autosufficienza. I disturbi comportamentali, la frammentazione del linguaggio, la complessità della comunicazione e dell'interazione sono generalmente associati alla disorganizzazione dell'architettura cognitiva, all'impoverimento della rete neurale.

A volte può apparire contraddittorio parlare di demenza e creatività; ma l'una e l'altra possono coesistere? Da molteplici osservazioni si rileva che tale coesistenza è documentabile: il demente è in grado di manifestare tratti creativi e innovativi. Nell'ambito di un'attività cerebrale limitata la creatività può ancora esprimersi; e neppure si esclude che in alcuni casi la demenza disinibisca il processo creativo. Il demente può ancora o per la prima volta rivelare tratti di creatività e talora una significativa capacità di innovazione.

"Vogliamo che le cose vadano come prima. Ed è proprio questo che non riusciamo a sopportare, di non riuscire a essere quello che eravamo. Fa male da morire. [...] Tieni presente che tutto ciò che puoi fare è incompleto – forse non riuscirai mai a mettere insieme una frase – una bella frase corretta che esprima tutto quello che intendi dire – frasi del genere sono molto rare. Ma di tanto in tanto ti vengono in mente. [...] Noi continuiamo a credere che nel futuro ci sia qualcosa", scrive Henderson, un malato di Alzheimer, nel suo diario (Henderson e Andrews, 1998).

Il sentimento di speranza e l'immagine del futuro sembrano permanere nella persona demente e costituire le premesse di un'avventura umana che per alcuni suoi significati, esperienze e atteggiamenti si può forse ancora ridefinire. L'essere creativi è connaturato in ogni donna e in ogni uomo e si può manifestare a qualsiasi età, nelle più varie condizioni. A volte la sofferenza, cognitiva o affettiva, sembra imprigionare lo spirito creativo, altre volte offrirne spunti e motivi di rinascita e di libertà espressiva.

Si pone un peculiare problema che richiede approfondimenti: la psicosi comporta solo decadimento e destrutturazione o può talvolta avviare lo sviluppo di tendenze sopite? È la causa o la conseguenza di un processo creativo? Essa determina solo impoverimento e perdite o può accedere all'esplorabile? L'espressione creativa di alcuni dementi sembra avvicinarsi alla seconda possibilità. E se la demenza può ripercuotersi in modo incisivo sulla creatività – spesso inibendola e talvolta disinibendola – come la creatività influenza la demenza? Alcune indicazioni, meritevoli di conferme, suggeriscono che l'esercizio di una intensa attività mentale, specie se creativa, previene o ritarda la comparsa di una demenza conclamata e ne attenua gli effetti.

Nella demenza – una condizione di per sé destrutturante – l'essere creativi può consentire lo sviluppo di una tendenza positiva, attraverso la quale può orientarsi un programma di recupero che si proponga di contenere le perdite e di potenziare le capacità residue. Si può immaginare che l'invecchiamento possa variare fra creatività e demenza senza una soluzione di continuità: saranno la predisposizione genetica, la storia personale, le esperienze, gli eventi a far propendere l'individuo dall'una o dall'altra parte.

Anche il demente dispone di una potenzialità creativa: uno spiraglio di luce in un mondo cosparso di ombre.

Nell'ambito del declino cognitivo, della malattia di Alzheimer, vi sono esempi di espressione creativa, artistica che testimoniano il desiderio di comunicare la propria emotività, i pensieri e i sentimenti più profondi.

William Utermohlen, un pittore anglo-americano, colpito dalla Malattia di Alzheimer nel 1995, ha continuato a comporre autoritratti seguendo l'inesorabile progressione del suo decadimento; ha testimoniato il declino delle proprie funzioni cognitive, mantenendo fino al termine una sorta di essenzialità artistica. Nei primi dipinti – all'esordio della patologia – il profilo, i tratti somatici del viso del pittore sono identificabili e sembrano esprimere sentimenti di solitudine, paura, confusione; successivamente si sgretola, svanisce la figura fino all'ultimo autoritratto, dopo cinque anni dalla diagnosi, che pare riflettere la perdita di identità, l'immagine di un fantasma che ricorda *Il fantasma azzurro*, 1951, di Wols, come un altro appena precedente evoca la *Testa d'ostaggio*, 1944, di Jean Fautrier. Le immagini del volto si dissolvono sia nell'autoritratto del pittore colpito da Alzheimer, sia nell'artista che, raffigurandosi, sembra anche rappresentare l'espressione, l'identità smarrita dell'uomo moderno.

Utermohlen percorre da artista la sua drammatica avventura esistenziale di demente, nel susseguirsi di autoritratti. Due anni dopo la diagnosi si ritrae come un vecchio dall'espressione stupita e addolorata. I test neuropsicologici rivelano errori della visuospazialità, non rilevabili nel dipinto. La demenza progredisce e l'artista sembra trasferire nei suoi autoritratti l'immagine di come si sente, si percepisce; le capacità di cogliere l'essenza di sé rimangono, l'insight, nonostante la gravità della malattia, si mantiene; Utermohlen appare consapevole – almeno in termini emotivi – di quanto gli sta accadendo. La destrutturazione cognitiva non elimina la possibilità di essere cosciente e di esprimere creativamente ciò che si prova.

Vilayanur Ramachandran propone dieci leggi universali dell'arte: Iperbole, Raggruppamento percettivo, Risoluzione di problemi percettivi, Isolamento modulare, Contrasto, Simmetria, Avversione per le coincidenze sospette e per le singolarità, Ripetizione, ritmo e ordine, Equilibrio, Metafora.

Attraverso l'iperbole si possono cogliere i tratti salienti, caratteristici di una figura, di un volto e realizzarne la caricatura o scomporli, come si può osservare in molte tecniche della pittura contemporanea e come si intravede negli autoritratti di Utermohlen. Nella comunicazione, verbale e non, nel comportamento il demente sembra rappresentare egli stesso un'iperbole; mediante segnali, messaggi da decodificare e interpretare, rivela tratti, caricature del suo modo sia di essere e vivere che di cogliere il senso, l'essenzialità della relazione con l'ambiente.

Il raggruppamento percettivo permette un'organizzazione degli stimoli e di riconoscere immagini definite, frammiste e confuse con altre. Al principio del raggruppamento percettivo attingono in abbondanza sia l'arte indiana che quella occidentale, ma se ne servono anche gli stilisti di moda nel combinare forme e colori.

La risoluzione di problemi percettivi viene attivata, per esempio, quando si insegue un oggetto nella nebbia, oppure si sta componendo un puzzle. Nell'anziano il raggruppamento percettivo acquista prevalentemente una caratteristica centrale rispetto a quella periferica, più cerebrale che sensoriale, più legata all'esperienza che agli elementi specifici; nel demente sembra avvenire maggiormente al contrario, pare dominare una percezione sensoriale connessa alla situazione contingente, immediata.

L'isolamento modulare o dell'attenuazione permette di evidenziare, valorizzare uno stimolo e/o una competenza; un paesaggio, una figura appena accennati, tratteggiati o un animale solo abbozzato possono essere più incisivi di una fotografia che illustri l'intera immagine; forse questo è il motivo per cui qualcuno ha affermato che "il meno è più". Secondo Ramachandran la spiegazione del paradosso risiede nell'attenzione, in quanto non possono esserci simultaneamente due moduli di attività neurale sovrapposti; in altre parole è possibile concentrarsi solamente su un'unica entità per volta. Testimonianze significative provengono da alcuni bambini autistici. Viene riportato l'esempio di Nadia (descritta da Lorna Selfe), una bambina autistica di cinque anni con ritardo mentale e poche proprietà linguistiche, che possedeva straordinarie doti artistiche, disegnava stupendi cavalli, galli e altri animali; un suo cavallo, particolarmente raffigurativo, espressivo appare molto diverso dal disegno di un bambino di otto o nove anni e più vicino a uno schizzo famoso di Leonardo da Vinci. Per Ramachandran, nel cervello di Nadia, molti moduli sono danneggiati dall'autismo, mentre esiste un'isola di tessuto corticale intatta nel lobo parietale destro, preposto al senso della forma artistica, sulla quale confluiscono tutte le risorse attentive. L'autore sottolinea inoltre che alcuni dementi, dopo la comparsa della malattia, manifestano un certo talento artistico.

Nella metafora si accostano due concetti non correlati per evidenziarne determinati aspetti dell'uno e dell'altro. Lo stesso può avvenire nell'arte figurativa, come le doppie braccia di Shiva danzante, o Nataraja, che rappresentano una metafora della danza cosmica e del ciclo della creazione e della distruzione. Quasi tutte le grandi opere d'arte sono dense di metafore e hanno più livelli di significato. Anche William Utermohlen nel corso della sua malattia dipinge un uomo con le braccia in movimento, sconnesse, non coordinate con la figura: forse una metafora fra l'espressione artistica di una disgregazione e la ricerca creativa di una nuova organizzazione. In una ricerca sono stati comparati anziani musicisti, altri "non-musicisti" e un gruppo di dementi; ogni persona esaminata ha ascoltato individualmente tre brani di musica lirica, tre canzoni della propria epoca giovanile e osservato tre riproduzioni pittoriche. Sono state selezionate musiche e dipinti orientati a suscitare specifiche emozioni.

Nella riproduzione artistica raffigurante un'icona d'amore (*Il bacio*, di Hayez, 1859) i dementi hanno fornito risposte più elevate rispetto agli altri due gruppi e all'ascolto della musica lirica hanno evocato maggiori ricordi della loro infanzia, dei genitori e dei nonni. Il sentimento d'amore sembra trascendere l'architettura cognitiva; le memorie più antiche rimangono, come a difesa delle residue risorse di pensiero o forse appaiono le uniche che ancora riportano un significato importante. Nella complessità del declino è l'essenzialità dei contenuti a costituire un senso di sé e della comunicazione.

Immanuel Kant, insigne filosofo tedesco, presenta in vecchiaia – come documentato da Thomas de Quincey in *Gli ultimi giorni di Immanuel Kant* (1854) – i segni del declino cognitivo: "Uno dei primi segni si ebbe quando egli si mise a ripetere le stesse storie più di una volta nello stesso giorno. Di fatto, il declino della memoria era troppo evidente per sfuggire alla sua attenzione [...]. Il passato si ergeva con la nettezza e la vivezza dell'esistenza immediata, mentre il presente si dileguava nell'oscurità di una distanza infinita. Un altro segno del suo declino mentale era una certa debolezza delle teorie che ora cominciava a proporre. Spiegava tutto con l'elettricità [...]. Un terzo segno del declinare delle sue facoltà fu che egli venne a perdere allora ogni nozione precisa del tempo", annota de Quincey, e ancora: "i cambiamenti, anche se destinati a migliorare le cose, non erano benvenuti [...] qualsiasi cambiamento della posizione solita, qualsiasi spostamento, o aggiunta, lo sconvolgevano [...] finché il precedente ordine non veniva ristabilito". Kant appare in qualche modo consapevole del suo disturbo, si rifugia nel passato e manifesta la sofferenza per i cambiamenti, l'esigenza di certezze, di stabilità dell'ambiente e degli affetti.

Il declino inesorabilmente prosegue, ma il filosofo mantiene il suo stile, la sua eleganza, le sue acquisizioni culturali: "aspettava l'arrivo dei suoi ospiti, che ricevette sempre, sino all'ultimo periodo della sua vita, in abito da società". "La sua memoria ormai non tratteneva alcunché, egli non riusciva a ricordare quali lettere componessero il suo nome [...] ormai del tutto incapace di conversare in modo ragionevole sui casi quotidiani della vita, egli rimase pur sempre capace di rispondere con precisione e chiarezza, in misura affatto stupefacente, su questioni di filosofia o di scienza, e in particolare di geografia fisica, chimica o storia naturale [...] continuò a parlare dei gas in modo più che adeguato ed enunciava con grande esattezza varie proposizioni di Keplero, specialmente la legge dei moti planetari".

Nove giorni prima di andarsene si rivolge al suo medico: "Molti posti, molto peso – quindi molta bontà – quindi molta gratitudine". Sono parole di riconoscimento e di ringraziamento verso il medico di fiducia che da tempo lo segue e successivamente: "Dio non voglia che cada così in basso da dimenticare i doveri dell'umanità".

"L'ultimo lunedì della sua vita", Kant interviene in una conversazione sui Berberi, popolazione nordafricana, esponendo con accuratezza i loro usi e costumi. Le ultime parole e gli ultimi gesti del filosofo raccontate da Thomas de Quincey: "Rispose al mio saluto dicendo – "Buongiorno" – ma con voce flebile e tremula, appena articolata. Mi rallegrai di trovarlo cosciente e gli chiesi se mi riconoscesse – "Sì" – rispose e, tendendo la mano, mi toccò dolcemente la guancia".

Kant, nonostante il declino inarrestabile delle funzioni cognitive, coglie ambiti di lucidità culturale e soprattutto di tenerezza. Gli ultimi giorni di Kant, malato, non autosufficiente, i suoi ultimi atti creativi sono riservati alla dignità del suo sapere e dei suoi sentimenti di gratitudine, comprensione, umanità e affetto. Se ne va la mente cognitiva, ma resta fino al termine l'anima della sua storia.

Cary Smith Henderson (1998), professore di storia, ha documentato la sua esperienza di malato trasferendola in un diario, realizzato anche attraverso la trascrizione – da parte della figlia – della sua voce registrata. Spesso si discrimina erroneamente il demente come privo di capacità e sensibilità affettive. Non si deve mai dimenticare che è una persona che può soffrire, capire, pensare, provare emozioni, desideri, avvertire il bisogno di esprimersi, di essere ascoltato e compreso; è in grado, anche nelle fasi avanzate della malattia, di cogliere il significato delle situazioni e delle interazioni con gli altri; nonostante le difficoltà e i problemi comunicativi, continua a nutrire sentimenti, ad avere delle idee che vorrebbe condividere con altri. "Una delle cose peggiori dell'Alzheimer, penso, è che ti senti tanto solo. Nessuno di quelli che ti stanno accanto si rende conto veramente di cosa ti succede. La metà delle volte, anzi quasi sempre, noi stessi non sappiamo cosa ci sta succedendo. Mi piacerebbe scambiare qualche opinione, le nostre esperienze, che, almeno per conto mio, sono una parte molto importante della vita", scrive Henderson nel suo diario; e ancora: "È un'altra cosa che fa impazzire è che nessuno più vuole veramente parlare con noi. Forse ci temono, non sono sicuro che sia proprio questo, penso di sì, ma possiamo assicurare tutti: certamente l'Alzheimer non è contagioso". I sentimenti di solitudine, di emarginazione appaiono chiari nelle parole di Henderson; sono affetti che cercano comprensione, rassicurazione, riconoscimento.

"Ricordo l'ospedale [...]. È dura se sei tu stesso a fare questa esperienza, specialmente se le persone non comunicano con te. Non si davano molto la pena di spiegare che cosa dovevano fare e di farlo con garbo. Insomma mi trattavano solo come un caso clinico", con queste parole Henderson sottolinea un atteggiamento diffuso fra le corsie d'ospedale, nei servizi sanitari: la spersonalizzazione di un malato, di un individuo, indipendentemente dalle sue condizioni cliniche; non esiste più una persona con la sua storia, la sua vita interiore, relazionale e sociale, ma solo un corpo da esaminare e riparare, deprivato dei suoi legami emotivi, del suo essere memoria degli affetti. I dementi pensano, ricordano, comunicano, vivono le loro emozioni, comprendono, soffrono, amano.

Diceva un'anziana demente: "Ma i dispiaceri fanno perdere la memoria?" e un malato di Alzheimer, allettato, ai propri figli preoccupati della sua salute: "Non capisco quello che dite, ma sento quello che provate". Anche nei dementi le emozioni non invecchiano, rimangono sempre di attualità, di particolare, forte empatia. "Dove l'intelletto s'arresta, procede l'amore", sosteneva S. Antonio da Padova. E scriveva Simone de Beauvoir: "La vita conserva un valore finché si dà valore a quella degli altri, attraverso l'amore, l'amicizia, l'indignazione, la compassione". I dementi sanno essere creativi, in un modo che appare ancora imperscrutabile, in un caleidoscopio di immagini fra fantasia e realtà, di chiaroscuri fra pensieri e sentimenti. Nell'autobiografia *Una vita alla fine del mondo*, composta a 90 anni, lo scrittore cileno Francisco Coloane annotava: "Vorrei pertanto sforzarmi di ricordare episodi, fatti isolati, in cui fantasia e realtà si mescolano e si confondono".

La persona demente richiede strumenti terapeutici che vanno oltre la medicina tradizionale e richiamano l'assistenza globale, olistica. Negli atteggiamenti del demente vi è sempre un senso da ricercare e scoprire. Il comportamento dei malati di demenza non è da considerare una risposta "abnorme", priva di significati, ma come tentativi finalizzati a entrare in rapporto con un mondo che percepisce e vive a suo modo.

Una peculiare e sensibile attenzione deve essere posta alla comunicazione non-verbale, sia del paziente che dei suoi interlocutori. Attraverso la comunicazione extra-verbale si trasmettono, spesso inconsciamente, gli atteggiamenti più profondi del proprio modo di essere, le intenzioni e gli orientamenti del proprio comportamento, si possono cogliere pensieri e sentimenti nascosti, emozioni inibite, parole inespresse, sottaciute, sussurrate. Il demente, nonostante le difficoltà e i problemi relazionali, continua ad avere desideri, emozioni, idee e pensieri che vorrebbe comunicare e condividere con altri.

Conoscere la storia del paziente è di rilevante importanza per impostare correttamente una relazione e un programma terapeutico personalizzati. La storia di una persona, sana o malata, è unica, procede per fasi, tempi, esperienze in una continuità narrativa, dall'inizio alla fine, a volte sembra interrompersi, fermarsi, cambiare radicalmente, nell'arco della vita traccia e trasmette alla memoria un profilo, un'immagine. Si è spesso messo in evidenza, anche in passato, l'importanza di raccogliere e distinguere la storia dei sintomi di esordio e la storia vera e propria del malato demente, precisando le varie abitudini di vita, gli interessi, le relazioni sociali, i cambiamenti di umore, i mutamenti, anche lievi, del carattere, un'eventuale personalità "premorbosa", comportamenti ossessivi, inadeguati, insofferenza per le novità, dipendenza dai parenti.

Nella metodologia anamnestica – proposta da alcuni autori, per i dati raccolti dai familiari – è stata suggerita la presenza contemporanea di tre persone: un familiare che vive a continuo contatto con il paziente (coniuge, figli, ecc.); una persona che vede frequentemente il paziente pur non abitando nella stessa casa (altro parente, vicino, amico di famiglia, ecc.); un altro che vede il paziente più raramente (figlio lontano, nipote, ecc.). A parte le difficoltà oggettive nel realizzare le condizioni indicate, ciò che si sottolinea è la necessità di una descrizione biografica, narrativa del malato, con particolare attenzione al periodo antecedente l'esordio della demenza. Spesso, antecedentemente alla comparsa dei primi sintomi, segnali di un declino cognitivo si verificano eventi particolarmente ricchi di risonanza emotiva per il paziente, come un lutto, una perdita economica, un litigio, uno strappo affettivo, relazionale significativo. L'esito positivo di un'anamnesi dipende molto da chi raccoglie la storia, dalla sua abilità e sensibilità nel seguire le informazioni, le piste, i percorsi più adatti che consentono di individuare e riconoscere le varie tappe evolutive, le più importanti transizioni, gli episodi e le esperienze di rilievo.

Nel rapporto quotidiano col malato psichico, con il demente, è irrinunciabile affidarsi alle disponibilità relazionali che richiedono un lungo e costante esercizio. Nessuno è mai nato maestro e non si termina mai di imparare. Il processo di acquisizione richiede perseveranza e sensibilità, ma anche, se necessario, strumenti di orientamento, di supporto da parte di persone esperte. Osservare, descrivere, analizzare i comportamenti di un demente, i sentimenti che si provano ascoltandolo, avvicinandolo, forse modifica gli atteggiamenti, le modalità comunicative, interattive, le possibilità di comprensione, la qualità, il senso, gli obiettivi della relazione di cura e di assistenza.

"Te ne prego, non ti prender gioco di me: io non sono che un povero vecchio sciocco e vaneggiante, ed ho passato gli ottant'anni, né un'ora di più, né un'ora di meno. E, per dir delle cose come stanno, temo di non connettere più perfettamente le idee. Penso anch'io che dovrei riconoscere te e quest'uomo: eppure non so liberarmi dal dubbio; perché ignoro affatto qual luogo sia questo, e per quanti sforzi io faccia, non so ricordarmi di questi abiti, né del sito dove ho alloggiato la notte scorsa [...] Non vogliate ridere di me", sono le amare parole del Re Lear shakespeariano che, consapevole della sua fragilità cognitiva ed emotiva, teme la derisione e l'inganno mentre cerca comprensione e sollievo; è ciò che molti malati dementi chiedono, a loro modo, spesso difficile da decifrare, ma che può trovare un'efficace soluzione nel rispetto e nel linguaggio degli affetti.

La comprensione del demente rappresenta un fattore essenziale per la cura e la riabilitazione, per superare la realtà "sorda" della patologia.

Farsi capire dal demente consente di mantenere un legame affettivo, "vitale":

presupposto indispensabile per qualsiasi intervento terapeutico o riabilitativo.

La comprensione del demente, del suo linguaggio, della comunicazione non-verbale, delle sue espressione creative, del suo essere un "anti-artista" dentro e attraverso la sua patologia, rappresenta spesso la chiave per entrare in un contatto significativo con il suo mondo, la sua sofferenza e i suoi motivi di serenità, per costruire una relazione efficace, positiva. Più lo si comprende e maggiormente il malato si fa capire e progressivamente si scoprono le modalità per una conversazione, un dialogo sempre più validi. Si impone nel dialogo con il demente il rispetto del loro modo di essere, dei tempi necessari per facilitare la formazione, il recupero creativo, la continuità di un motivo narrativo e di una conversazione possibile e serena, tramite – anche o soprattutto – la comunicazione non-verbale, la ricerca di sintonia e di empatia con il paziente. Alcuni dementi dimostrano di star meglio, di sentirsi a proprio agio quando si parla con loro, anche quando siamo solo noi a parlare e loro ad ascoltare, spesso senza capire, ricordano quei neonati, di pochi mesi, tranquilli, sereni, coinvolti dal raccontare, dal conversare della madre o di chi si prende cura di loro.

La creatività è sempre all'opera, anche quando non si comprende pienamente il linguaggio, o perché non lo si è ancora acquisito o perché lo si è perduto; il processo creativo sembra trascendere forme e parole, esprimersi e svilupparsi attraverso quei canali comunicativi che seguono e trasmettono il valore e il sentimento di un rapporto umano.

La demenza rappresenta ancora, per molti aspetti, un enigma clinico, culturale, relazionale, creativo. Come ogni altra malattia, essa caratterizza o viene caratterizzata dalla biografia di un individuo. Esistono tante demenze quante sono le persone che ne sono colpite; ciascuna richiede interventi commisurati, appropriati alla specifica situazione, clinica e personale.

Le funzioni psichiche si disgregano e si riorganizzano continuamente (e creativamente) al progredire del declino, in una sorta di riadattamento cognitivo verso schemi meno evoluti e semplificati, ma anche essenziali. A questo proposito si ricordano alcune interessanti ricerche sui malati di demenza che hanno evidenziato, attraverso l'applicazione di un test, un particolare tipo di risposta definita di "semplificazione"; l'esaminatore descrive un percorso toccando con l'indice della mano destra un certo numero di cubetti di uguali dimensioni, indicati con numeri progressivi da uno a nove. Al paziente, che "semplifica" il tracciato, viene chiesto di ripetere il percorso eseguito dall'esaminatore. Il demente sembra tradurre gli stimoli in risposte più elementari, ma che nel contempo possono apparire come essenziali, pare "risparmiarsi" la complessità delle informazioni e riportare un differente pragmatismo, più diretto, evidente e comprensibile; più semplice e forse più sostanziale. Nel comporre, disegnare, un percorso diverso, si esprime, si realizza probabilmente anche un atto creativo in funzione di una nuova organizzazione cerebrale, cognitiva e funzionale.

È stato inoltre descritto un parallelismo neuropsicologico fra le fasi dello sviluppo e quelle involutive del declino mentale. Alcuni studi hanno esaminato e confrontato il fenomeno del *closing in* in bambini e malati di demenza rilevando sia un'elevata incidenza nello sviluppo del bambino e nella destrutturazione cognitiva del demente, sia analogie sul piano qualitativo: lo scarabocchio, nelle fasi iniziali della crescita e in quelle terminali della demenza; tendenza a passare sulle linee del modello, nelle fasi intermedie; l'accollamento al modello, nelle fasi più avanzate dello sviluppo e in quelle iniziali della demenza. Ricerche sull'organizzazione spaziale in persone colpite da demenza hanno sottolineato il parallelismo fra fasi evolutive – proposte da Piaget – e quelle involutive. Si è proposto il concetto di retrogenesi per indicare la corrispondenza inversa fra stadi di sviluppo nell'infanzia e progressivo declino neuropsicologico nella demenza. Come esiste un percorso ontogenetico nell'infanzia, ci sarebbe un itinerario inverso, retrogenetico nel deterioramento mentale dell'anziano. Ma ogni riorganizzazione, riadattamento cognitivo è anche espressione creativa, emotiva, costruzione, realizzazione di un nuovo equilibrio, di una diversa dimensione esistenziale, con le sue specifiche esigenze e caratteristiche; ogni percorso – definito involutivo, retrogenetico – è pur sempre un racconto narrativo, storia di qualcuno e del suo rapporto fra mente e cervello, soggettività e ambiente, fra sé, la vita e il suo spirito creativo.

Nel demente sembra scomparire la trama biografica, la consapevolezza che unisce il filo delle esperienze, il loro svolgimento e significato esistenziali. Si coglie nel malato una particolare fragilità, cognitiva ed emotiva, ma anche la capacità di percepire, assimilare con accentuata sensibilità le espressioni comunicative, specialmente quelle non-verbali, la qualità di un clima relazionale. I dementi ricordano, pensano, provano sentimenti, sanno essere creativi. Non tendono a seguire ragionamenti complessi e articolati, spesso non comprendono pienamente ciò che dicono gli altri, ma sembrano cogliere, "sentire" i motivi fondamentali, sostanziali di una comunicazione; a loro modo si manifestano nella relazione, avvertono l'incontro, entrano in contatto con i loro interlocutori.

Scrive Henderson nel suo diario: "In effetti le persone con l'Alzheimer pensano – forse non pensano le stesse cose delle persone normali, ma pensano. Si domandano come le cose succedano, perché succedano in un dato modo. Ed è un mistero". Il mistero della creatività: l'incommensurabile possibilità di esprimersi dell'essere umano, in vari, infiniti ambiti, anche oltre o attraverso la maschera incognita e visibile della demenza. Affermava il pittore elvetico Paul Klee: "L'arte non riproduce il visibile, ma rende visibile". Ed è forse il mistero della demenza nella sua espressione simbolica, quale "iperbole" e "metafora" creativa della vita e dei giorni di un uomo.

6.7
Psicodinamica e creatività

Numerose ricerche hanno esaminato gli aspetti del pensiero nella produzione di nuove idee e scoperte in ambito scientifico e artistico. Freud e i suoi successori, in base all'osservazione clinica, hanno studiato le dinamiche, i meccanismi, le regole che sottendono i processi primari, caratteristici dell'inconscio e quelli secondari, riferiti alla consapevolezza di sé.

Ci sembra pertanto interessante riportare gli aspetti più salienti delle loro posizioni.

Ogni cambiamento nel paziente e nel terapeuta avviene mediante una graduale, continua trasformazione emotiva del pensiero, attraverso la comunicazione verbale e non. Si costruiscono e si modificano nel percorso di cura le esperienze, le memorie; le parole e le modalità relazionali creano nuovi ambiti, aperture, opportunità alle immagini mentali; l'interpretazione del terapeuta e la risposta del paziente riflettono sempre un'espressione creativa – insieme costituiscono una metafora che può offrire uno sguardo e un orizzonte diversi, significativi su di sé e sulla vita. Ogni atto terapeutico, in psicoanalisi, è sempre anche un atto creativo.

Sigmund Freud è stato fra i primi studiosi a proporre un'ipotesi, una spiegazione psicodinamica delle radici della creatività, considerata, in sintesi, come un tentativo di risolvere un conflitto generato da pulsioni istintive non scaricate, non elaborate. Secondo lo psicoanalista viennese i desideri insoddisfatti costituiscono la base attiva della fantasia, alimentano i sogni notturni, quelli a occhi aperti e anche le opere creative che hanno la funzione di scaricare le emozioni risultanti dal conflitto; l'esperienza infantile viene ad acquisire un'importanza strategica, pressoché esclusiva per esplorare le motivazioni, i significati intorno ai quali si struttura una personalità più o meno creativa.

Scriveva Freud (1909): "noi uomini *quando* troviamo la realtà del tutto insoddisfacente, coltiviamo una vita fantastica, in cui amiamo compensare le carenze della realtà con la creazione di appagamenti di desideri [...]. Se la persona inimicatasi con la realtà possiede del *talento artistico*, fenomeno per noi ancora psicologicamente enigmatico, essa può tradurre le fantasie in creazioni artistiche anziché in sintomi, sfuggendo in tal modo al destino della nevrosi e riconquistando per questa via indiretta il rapporto con la realtà".

Lo scienziato austriaco ha attribuito una certa rilevanza alle motivazioni inconsce della creatività, intesa come spostamento della carica energetica, vitale; in contesti familiari, educativi caratterizzati da atteggiamenti repressivi, disinteressati e poco sensibili alle esigenze dell'infanzia, la curiosità e il desiderio di esprimersi del bambino si possono manifestare attraverso la fantasia, la creatività in attività ludiche, artistiche o nella realizzazione di compiti.

Secondo la teoria formulata da Ernst Kris (1952), la creatività corrisponderebbe a una dinamica regressiva. La diminuzione, l'allentamento del controllo consentirebbe all'energia e ai vissuti inconsci di affluire al preconscio, di sviluppare i processi tipici del sogno e della fantasia, della capacità di "giocare con le idee", di utilizzare l'umorismo e la creatività come catarsi, liberazione di emozioni negative.

Per E. Kubie (1958) "la flessibilità creativa è possibile solo per l'azione libera, continua e concorrente (anche se non esclusiva) dei processi preconsci [...] la persona creativa ha in qualche modo conservato la capacità di servirsi delle sue funzioni pre-consce più liberamente di altri che possono essere potenzialmente dotati".

Ernest Schachtel (1959) introduce il modello di *apertura percettiva* nei confronti dell'ambiente, ripreso da Erich Fromm (1959) e da Abraham Maslow (1959) con la contrapposizione, la dialettica fra *crescita e difesa*, da Carl Rogers (1959) con l'*apertura all'esperienza*.

È opportuno rilevare che tale concetto è sostanzialmente diverso da quello freudiano, basato sulla riduzione della tensione, in quanto accentua il carattere spontaneo della modifica, della *rottura dell'equilibrio* che spinge al gioco, all'esplorazione del mondo e delle possibilità intellettuali e ipotizza le radici del nuovo e della creatività nella sensibilità e curiosità verso il mondo esterno.

Silvano Arieti definisce il processo creativo "un processo speciale che trascende la formula-risposta e determina una desiderabile *espansione dell'esperienza umana*". Egli integra l'esperienza clinica e le conoscenze neurofisiologiche con una ricca informazione sui fenomeni psicologici, artistici e letterari. Arieti, differenziandosi dagli altri studiosi interessati alle motivazioni che producono creatività, focalizza la sua attenzione sui meccanismi formali che operano nella formazione del pensiero creativo e ottiene uno schema valido, analizzando i processi dell'estetica, del modello scientifico e dell'umorismo (Arieti, 1966, 1976).

Il lavoro analitico è un insieme di tecnica e creatività, è l'ambito di formazione, di espressione del simbolo e delle immagini; offrire un contenimento, un nome, un pensiero cosciente, una parola a un'emozione, stimolarne l'origine e l'espressione, rappresenta il verificarsi e lo svolgersi di un processo creativo, dalle sue fondamenta. Ascoltare, comprendere, interpretare le parole, i silenzi, gli atteggiamenti e comunicare con l'appropriato tono di voce, nel momento più opportuno, con la scelta dei vocaboli più adatti perché l'altro, l'interlocutore, possa meglio assimilare i contenuti del messaggio trasmesso, costituisce la realizzazione di un percorso, di un'esperienza e di un atto creativo; è l'arte della parola pensata, di un sapere vissuto, fra l'ispirazione del sentimento e la sua coscienza.

6.8
Esempi di creatività scientifica

6.8.1
Galileo Galilei

Nasce a Pisa nel 1564, primogenito di sette figli; il padre è Vincenzo Galilei, musicista e teorico della musica, discendente da famiglia mercantile con blasone nobiliare; la madre è Pescia Giulia di Cosimo degli Ammannati. Nel 1574 la numerosa famiglia si trasferisce a Firenze. Non segue studi regolari, ma si interessa presto di fisica e matematica, di scienze applicate.

La creatività scientifica di Galileo si manifesta negli anni giovanili; nel 1586 a 22 anni pubblica *La Bilancetta*, in cui presenta un progetto di bilancia idrostatica per la misurazione della densità dei corpi e nello stesso periodo i *Theoremata circa centrum gravitatis solidorum*. Tre anni dopo gli viene assegnata la cattedra di matematica a Pisa e dopo altri tre anni quella di Padova. Date le ristrettezze economiche è costretto a impartire lezioni private di ingegneria e architettura militare a giovani di nobile famiglia.

Nel 1597 inventa il compasso geometrico-militare che riscuote successo e qualche anno dopo scrive un manuale: *Le operazioni del compasso geometrico et militare*. Accusato di plagio promuove con esito positivo un'azione legale.

Comincia a aderire alla tesi copernicana, agli studi di Keplero relativi al sistema eliocentrico. La scoperta di una stella *nova* riaccende il dibattito sull'incorruttibilità dei cieli. In una conferenza pubblica Galileo sostiene che la comparsa di una nuova stella dimostra che la materia celeste non è immutabile.

L'invenzione del cannocchiale (1609) oltre che procurargli un cospicuo vitalizio, rivoluziona le conoscenze astronomiche: scopre le montagne sulla Luna, quattro satelliti di Giove, la forma "allungata" di Saturno, nuove stelle, le macchie solari, le fasi lunari di Venere. "Sì che necessariamente si volge intorno al sole come anco Mercurio e tutti gli altri pianeti", egli annota. Scrive il *Sidereus Nuncius* in cui raccoglie le sue nuove scoperte astronomiche. Viene nominato Matematico e Filosofo del Granduca di Toscana. Si occupa dei corpi galleggianti, in contrasto con i filosofi peripatetici e concordando con le idee di Archimede; scrive un saggio (1612): *Discorso intorno alle cose che stanno in su l'acqua o che in essa si muovono*, che viene venduto rapidamente tanto da richiedere nello stesso anno una seconda edizione, alla quale lo scienziato aggiunge un capitolo sui vasi comunicanti. Con Galileo si inaugura il metodo sperimentale; i fenomeni oltre che a essere osservati devono soprattutto essere dimostrati, comprovati.

In quegli anni iniziano le polemiche, i malumori, gli ostracismi, le accuse pubbliche nei confronti di Galileo e della sua concezione eliocentrica da parte delle autorità ecclesiastiche. Sostiene lo scienziato: "L'intenzione dello Spirito Santo essere d'insegnarci come si vadia al cielo, e non come vadia il cielo"; sviluppa l'idea che Dio parla sia attraverso il "Libro della Natura" che il "Libro della Scrittura" e compone un nuovo saggio (1616) a dimostrazione delle sue idee: *Dialogo sopra i due massimi sistemi*. Il Santo Uffizio condanna senza appello le seguenti proposizioni di Galileo: "*Sol est centrum mundi, et omnino immobilis motu locali*" e "*Terra non est centrum mundi nec immobilis, sed secundum se totam se movetur, etiam motu diurno*". Un memorandum intima allo studioso di rinunciare all'idea che la Terra si muove, ma anche di non farne oggetto di discussione. Nel mese di marzo del medesimo anno la Congregazione dell'Indice, con un unico decreto di sospensione "*donec corrigantur*" mette al bando sia il libro *De revolutionibus orbium coelestium* di Copernico che il lavoro pubblicato l'anno prima (1615) dal carmelitano Paolo Antonio Foscarini: *Lettera sopra l'opinione de' Pittagorici e del Copernico della mobilità della Terra e stabilità del Sole, e del nuovo pittagorico sistema del mondo*.

Nell'autunno del 1618 l'apparizione, in rapida successione, di tre comete, spinge Galileo a occuparsi del fenomeno e scrivere il *Discorso sulle comete* e successivamente il *Saggiatore* in cui sviluppa la concezione corpuscolare della materia. Dedica l'opera al nuovo papa Urbano VIII che nel giugno 1624 lo accoglie a Roma più volte. I rinnovati, positivi rapporti con il pontefice gli infondono fiducia nel proseguire e completare la sua fatica scientifica riguardo al moto della Terra. Nel gennaio 1630 termina il *Dialogo sopra i due massimi sistemi,* suddivisi in quattro giornate: nella prima viene criticata la divisione aristotelica dell'universo in due sfere distinte, una terrestre e l'altra celeste; nella seconda afferma che il moto della Terra è impercettibile per i suoi abitanti e che il movimento di rotazione della Terra sul suo asse è assai più semplice e comprensibile rispetto alla rotazione giornaliera della sfera celeste proposta da Claudio Tolomeo (100-178 d.c.) nel suo Almagesto; nella terza sostiene il moto di rivoluzione annuo della Terra intorno al Sole; nella quarta parla delle maree.

Nel *Dialogo* si trova inoltre una formulazione corretta sulla legge di caduta dei gravi, una discussione sui principi della relatività e della persistenza del moto circolare. Nella primavera dello stesso anno consegna il manoscritto al Sacro Palazzo. Una serie di circostanze sfavorevoli, indipendenti dalla volontà sia di Galileo che di Urbano VIII, incrinano la fiducia del Pontefice verso lo scienziato. Il *Dialogo* viene pubblicato nel febbraio del 1632; pochi mesi dopo il papa ordina di investigare sull'autorizzazione che ne ha consentito l'edizione. Sulla base anche del memorandum che gli intimava di non occuparsi più dei rapporti fra la Terra e il Sole, la commissione considera valida l'ingiunzione e ravvisa che lo studioso abbia trasgredito un ordine formale del Santo Uffizio.

Nel giugno 1633, Galileo, nonostante la sua abiura, la sua sofferta smentita e ritrattazione, anche in termini formali, viene giudicato colpevole dal tribunale ecclesiastico e condannato alla carcerazione commutata in residenza coatta nel palazzo arcivescovile senese, dove rimane alcuni mesi. Nel dicembre dello stesso anno ritorna ad Arcetri in uno stato di dimora vigilata.

Completa nel giro di due anni i *Discorsi e dimostrazioni matematiche intorno a due nuove scienze attinenti alla meccanica ed ai movimenti locali*. La prima delle "due nuove scienze" consiste in una trattazione matematica, originale della struttura e della resistenza della materia; la seconda scienza riguarda il moto naturale, scopre l'andamento parabolico della traiettoria dei proiettili. Permanendo il veto della Chiesa il manoscritto viene pubblicato nel 1638 in Olanda. Nel medesimo anno lo scienziato diventa completamente cieco. Negli ultimi anni di vita attiva e creativa, dedicata alla scienza, si è occupato della determinazione delle longitudini, della costruzione di orologi a pendolo, di problemi meccanici e della luce lunare.

Galileo si spegne ad Arcetri l'8 gennaio 1642. La solenne sepoltura in Santa Croce viene vietata da Roma e sarà realizzata solo nel 1737. Il divieto di stampare e diffondere il *Dialogo* sarà sciolto da Benedetto XIV nel 1757, ma bisogna attendere il 1820 prima che il Santo Uffizio, sotto Pio VII, dichiari lecita la stampa delle opere che trattino della "mobilità della Terra". La riabilitazione completa di Galileo è recente; così si esprime Giovanni Paolo II con i partecipanti alla sessione plenaria della Pontificia Accademia delle Scienze il 31 ottobre 1992: "Come la maggior parte dei suoi avversari, Galileo non fa distinzione tra quello che è l'approccio scientifico ai fenomeni naturali e la riflessione sulla natura, di ordine filosofico, che esso generalmente richiama. È per questo che egli rifiutò il suggerimento che gli era stato dato di presentare come un'ipotesi il sistema di Copernico, fin tanto che esso non fosse confermato da prove irrefutabili. Era quella, peraltro, un'esigenza del metodo sperimentale di cui egli fu il geniale iniziatore. [...] Il problema che si posero dunque i teologi dell'epoca era quello della compatibilità dell'eliocentrismo e della Scrittura. Così la scienza nuova, con i suoi metodi e la libertà di ricerca che essi suppongono, obbligava i teologi a interrogarsi sui loro criteri di interpretazione della Scrittura. La maggior parte non seppe farlo. Paradossalmente, Galileo, sincero credente, si mostrò su questo punto più perspicace dei suoi avversari teologi".

Nella sua vita Galileo si interessa anche di Letteratura. Da giovane tiene due lezioni di esegesi dantesca: *Circa la figura, sito e grandezza dell'Inferno*; pubblica: *Considerazioni sulla Gerusalemme liberata* e *Postille e correzioni al Furioso*; scrive di scienza in volgare e il suo fiorentino cinquecentesco rappresenta una tappa importante nello sviluppo della lingua italiana. Nell'arte figurativa per sostenere e difendere l'operato di un amico pittore dagli attacchi di quanti ritenevano la scultura superiore alla pittura, scrive in una lettera: "A quello poi che dicono gli scultori, che la natura fa gli uomini di scultura e non di pittura, rispondo che ella gli fa non meno dipinti che scolpiti, perché ella gli scolpe e gli colora".

Nella stessa lettera accenna alla musica: "Non ammireremmo noi un musico, il quale cantando e rappresentandoci le querele e le passioni d'un amante ci muovesse a compassionarlo, molto più che se piangendo ciò facesse? [...] E molto più lo ammireremmo, se tacendo, col solo strumento, con crudezze et accenti patetici musicali, ciò facesse". Per Galileo la musica strumentale è da ritenersi espressiva quanto la musica vocale. Nelle arti figurative, come nella poesia e nella musica, ciò che ha valore è la potenza emotiva che si riesce a trasmettere.

Egli sostiene: "Grandissima mi par l'inezia di coloro che vorrebbero che Iddio avesse fatto l'universo più proporzionato alla piccola capacità del lor discorso". Galileo si riferisce all'universo degli astri e dei pianeti, ma forse il suo concetto si può estendere a ogni mondo sconosciuto, esterno e interno, da comprendere e spiegare, così come appare e si muove.

6.8.2
Sigmund Freud

Sigmund Freud nasce a Freiberg (attuale Příbor) nella Moravia orientale il 6 maggio 1856 da Jacob Freud e Amalie Nathanson. Come secondo nome gli viene imposto quello di Salomon (Sclomo che significa saggio) in memoria del nonno paterno scomparso pochi mesi prima della sua nascita. Freud, primogenito della coppia, vive in una famiglia allargata composta – oltre che da lui stesso e dai suoi genitori – da due fratellastri (nati da un precedente matrimonio del padre), due fratelli (uno scomparso in tenera età) e cinque sorelle. Freud nasce zio, in quanto all'epoca della sua venuta al mondo, il suo primo fratellastro, ventenne, aveva già un figlio di un anno.

Nel 1860 la famiglia si trasferisce a Vienna. Pur crescendo in un contesto ebraico, ben presto Freud matura una concezione non religiosa della vita. All'istruzione primaria provvedono prima la madre e poi il padre. A 17 anni si iscrive a Medicina e manifesta una spiccata attitudine alla ricerca.

La sua prima creatività scientifica, il suo primo lavoro scientifico, presentato all'Accademia delle Scienze e pubblicato nel 1877, riguarda una ricerca sulle gonadi delle anguille in cui ipotizzava che la loro differenziazione sessuale non fosse geneticamente determinata. Negli anni successivi pubblicò articoli sugli effetti della cocaina, sull'afasia, sulle monoplegie e diplegie infantili. Progressivamente orienta i suoi interessi e studi sull'ipnosi, sull'isteria, sui processi mentali, sulla sessualità, sull'inconscio.

Nel 1899 lo scienziato viennese termina e consegna alle stampe *L'interpretazione dei sogni*, che uscirà nella sua prima edizione il quattro novembre e che segna la nascita della psicoanalisi di cui gli sarà per sempre attribuita la scoperta e la paternità.

L'interpretazione dei sogni costituisce forse l'atto creativo, scientifico più significativo dell'opera freudiana. Nel 1901 pubblica *Psicopatologia della vita quotidiana*, nel 1903 *Il metodo psicoanalitico freudiano* e nel 1905 *Tre saggi sulla teoria sessuale*, considerati fra i lavori fondamentali, espressivi del suo pensiero.

Per tutta la vita, il medico viennese continua a sviluppare le sue teorie e il suo metodo psicoanalitico attraverso i quali si formeranno generazioni di psicoanalisti e che ancora oggi rappresentano un importante, fondamentale riferimento storico, culturale, didattico e applicativo per molti giovani psicoterapeuti.

Freud vanta un'ampia, estesa produzione, un'elevata creatività scientifica; le sue opere sono raccolte in nove volumi[1] e trattano prevalentemente i temi della psicologia del profondo; non vi è un concetto, un ambito della mente e della vita umana che lo scienziato della psiche, l'inventore della psicoanalisi non prenda in considerazione, anche con brevi annotazioni; affronta inoltre argomenti tristemente attuali della sua epoca, come la guerra, la discriminazione. Si occupa di psicoanalisi individuale, tuttavia alcuni suoi famosi saggi esaminano questioni di interesse generale come *Psicologia delle masse e analisi dell'Io* (1921), *Il disagio della civiltà* (1929), *Una visione del mondo* (1932) o più specifici come l'insegnamento della psicoanalisi nell'università e l'importanza dell'umorismo. "Scherzando, si può dire di tutto, anche la verità", egli sosteneva.

Approfondisce, analizza pensieri e opere di grandi artisti e letterati (fra cui: Sofocle, Leonardo, Michelangelo, Cervantes, Shakespeare, Goethe, Schiller, Dostoevskij), offre una lettura in chiave psicologica, psicodinamica della mitologia, delle religioni, dell'etnologia, delle origini di molti atteggiamenti e comportamenti umani.

Nel 1937, a 81 anni, pur malato, la sua creatività scientifica non presenta rallentamenti, continua a essere attiva, a esprimersi: pubblica *Analisi terminabile e interminabile* e *Costruzioni nell'analisi*. Sono testi essenziali dell'opera freudiana. Scrive Freud: "L'esperienza ci ha insegnato che la terapia psicoanalitica è un lavoro lungo e faticoso" e che "l'oggetto psichico è incomparabilmente più complicato di quel materiale con cui ha a che fare l'archeologo". La sua produzione scientifica continua anche l'anno successivo, nonostante il progredire della patologia e malgrado sia costretto, in seguito alle leggi razziali e alla persecuzione nazista, ad abbandonare Vienna e recarsi a Londra dove giunge nei primi giorni di giugno.

---

[1] L'opera completa di Sigmund Freud si può trovare nelle Edizioni Boringhieri ed è stata curata da Cesare Musatti.

I suoi ultimi scritti, i suoi ultimi pensieri riguardano il tema dell'antisemitismo (Freud, 1938). Già nel 1935, in una nota inviata a Thomas Mann in occasione del sessantesimo compleanno dello scrittore, diceva: "a nome di innumerevoli Suoi contemporanei, posso esprimere l'intima certezza che Lei non farà o non dirà mai – le parole del poeta sono infatti azioni – cose ignobili o meschine; anche in tempi e in condizioni che rendono incerto il giudizio, Lei saprà trovare la via giusta e saprà indicarla agli altri" (Freud, 1935). Il 16 novembre 1938 invia una lettera, al direttore di "Time and Tide", pubblicata sullo stesso giornale dieci giorni dopo, in cui scrive: "A quattro anni giunsi a Vienna da una piccola città della Moravia. Dopo settantotto anni di duro lavoro ho dovuto lasciare la mia patria, ho visto dissolta la società scientifica da me fondata, distrutti i nostri istituti, confiscata la casa editrice dagli invasori, sequestrati o mandati al macero i libri da me pubblicati, i miei figli esclusi dalle loro professioni. Non crede che dovrebbe riservare le pagine del Suo numero speciale a dichiarazioni di non ebrei che sono coinvolti meno personalmente di me?".

Nell'occasione Freud rievoca in francese un vecchio brano tratto dalla commedia *La coquette corrigée* di Jean Sauvé de la Noue: "*Le bruit est pour le fat, la plainte est pour le sot; / l'honnête homme trompé s'éloigne et ne dit mot*"[2]. Poi la missiva prosegue: "Il passo della Sua lettera, nel quale Ella constata un 'certo aumento dell'antisemitismo perfino in questo paese', mi ha colpito profondamente. Le attuali persecuzioni non dovrebbero piuttosto suscitare un'ondata di compassione in questo paese?".

Le ultime parole di Sigmund Freud sono per la sorte della sua gente, della sua famiglia, delle sue opere. Sono temi, quelli della discriminazione e dell'intolleranza a sfondo razziale, etnico, culturale, religioso che purtroppo non hanno mai perso d'attualità. A 83 anni, il 23 settembre 1939, Freud si spegne nella sua casa di Londra, al n. 20 di Maresfield Gardens.

Freud nasce in provincia, cresce nelle scuole e nell'università della capitale. Ancora giovane acquisisce una posizione accademica; nella professione clinica concentra l'attenzione sui sintomi di una malattia per la cui cura e spiegazione elabora una nuova teoria e un nuovo metodo, in definitiva una nuova branca del sapere.

---

[2] Jean Sauvé de la Noue (1701-1761): "Il rumore è per il fatuo, la pena è per lo sciocco; / il gentiluomo tradito s'allontana senza proferir parola".

L'ultima creatività

7

7.1
Introduzione

Per tutta la vita si può imparare, si possono scoprire cose nuove. Le esperienze si acquisiscono, si conoscono, si comprendono mentre si affrontano, si attraversano, si concludono, si vivono. Spesso la vecchiaia e il suo finire vengono caratterizzati da pregiudizi e sentimenti negativi. La vita, anche negli ultimi istanti, può sempre riservare sorprese, aprire spiragli, raggi di luce a illuminare l'intera esistenza.

Fra il nascere e il morire scorrono apprendimenti, rivelazioni, insegnamenti; l'inizio e la conclusione della vita rappresentano i limiti, i confini, entro i quali si sviluppa e si determina la storia di un uomo. Partenza e arrivo di un percorso costituiscono momenti precisi, identificati, del percorso stesso. La nascita e la morte sono transizioni, esperienze della vita. Afferma Tagore: "La morte, come la nascita, fa parte della vita. Camminare consiste sia nell'alzare il piede sia nel posarlo".

La posa dello sguardo verso il finire richiama con lucidità e determinazione l'importanza e i significati del vivere; è la consapevolezza del morire a spalancare il pensiero e illuminare la coscienza di sé e delle cose del mondo, a consegnare all'essere umano il senso del suo esistere e del suo limite, il valore e l'essenza di chi è, quando e dove. Si accendono spesso le luci sulle vie del crepuscolo.

Nascere e morire non rappresentano solamente il limite, la demarcazione dell'esistenza, ma la stessa dinamica e complessità del vivere fra scelte e rinunce, opportunità e disadattamenti, cambiamenti e staticità, inibizione e creatività. Si nasce e si muore continuamente in un processo del divenire che ci accompagna fino all'ultimo a scoprire chi siamo. Il nascere di un sentimento, la formazione di un simbolo, di un pensiero, l'emergere di una parola o del suo silenzio possono presentare un'evoluzione oppure una regressione, ancora prima di esprimersi o smarrirsi poco dopo. Il fluire di sentimenti, immagini e pensieri scaturiscono dall'interazione con l'ambiente e costituiscono le basi dell'esperienza.

I motivi di una scelta, il sostegno di una decisione, la nascita di un'idea, la scoperta del nuovo possono modificare atteggiamenti, comportamenti e talvolta il corso delle esperienze future. Il verificarsi o meno di un avvenimento, di una situazione specifica non è solamente demandato alle leggi del caso, ma spesso riconosce una disposizione creativa a indicarne la possibilità dell'accadere e una forza, altrettanto creativa, a tracciarne e comporne la realizzazione.

Tra il nascere e il morire di una sensazione, un pensiero, un'attitudine, un orientamento, un cambiamento il margine di separazione è spesso sottile, talora quasi impercettibile, ma quanto profondamente diverso può configurarsi il destino per aver sviluppato una disposizione più di un'altra, una al posto di un'altra, per aver considerato una volontà o la sua estinzione, colto la luce di una speranza o l'ombra della sua assenza. Il nascere e il morire di un'idea originano dalla stessa natura che costituisce lo spirito dell'essere umano, ma imperscrutabili appaiono solitamente le ragioni del loro oscillare, prevalere ed esistere. Quali possono essere i fattori, i significati che determinano il valore di un orientamento, della sua meta e del suo compiersi?

Eros e tanatos, la vita e la morte si dibattono da sempre nella storia di una persona, essi rappresentano la fonte e la forza che caratterizza, compone e significa l'avventura umana. La voglia di ricercare, di conoscere, di vivere qualifica l'Eros; la rinuncia alla speranza, al desiderio e al coraggio della scoperta, il declino degli affetti sono la sua sconfitta e il sopravvento di Tanatos.

"Non più d'una spanna misura lo spazio tra nascita e morte", scriveva Shakespeare, a indicare sia la brevità dell'esistenza umana rispetto al tempo dell'universo, sia la lieve differenza tra eros e tanatos, l'essere e il non essere, il divenire e il declinare, la conoscenza e l'oblio, il desiderio di vivere e il suo abbandono, la sfida e la resa, la ricerca di un senso e la sua rinuncia, la difesa della dignità e il suo annichilimento, la verità e la finzione, il volto e le sue maschere; luci e oscurità della vecchiaia e della vita.

La dualità, il rapporto fra eros e tanatos, il loro confronto, o conflitto, si contendono sulla scena della vicenda umana l'attesa e la rappresentazione dell'uno o dell'altro; il sentimento e la conoscenza ne orientano la regia, la trama, l'atto finale.

Scriveva Gibran: "Il segreto della morte, ma come scoprirlo? se non cercandolo nel cuore della vita [...] Giacché la vita e la morte sono una cosa sola come il fiume e il mare".

La concezione di una morte temuta, percepita in termini negativi, come minaccia, punizione, nemico si associa a sofferenza emotiva e rischia, se non revisionata, di ripiegarsi su se stessa e chiudersi alle prospettive; il pensiero angosciato dal morire declina, si spegne in previsione della sua fine; il pensiero che sa accettare la realtà del morire, di simbolizzarlo, di coglierne le profonde ragioni si dispone allo sviluppo, alla realizzazione, alla conoscenza di sé. Il pensiero che si rifiuta di confrontarsi con la morte tende a impoverirsi e a morire anzitempo, fragile delle sue apparenti certezze; il pensiero che si lascia attraversare, sperimentare dall'idea e dal vissuto connessi al morire scopre nuove forme espressive, arricchisce il proprio spirito creativo e si fa forte dei suoi dubbi e della speranza che da essi genera.

Il continuare creativamente a vivere, procedendo verso il finire, permette di sviluppare e realizzare completamente il sentimento di sé e della propria storia. Annota il pittore siciliano Piero Guccione: "La morte è la cosa più lontana, la più estranea e assente nella visione di un cielo stellato, così come i sentimenti di angoscia e di paura. Solo stupore, e meno sconfinato senso di meraviglia, di commozione per tanto e sublime ordine, oltre alla gratitudine profonda verso la vita che ci offre questo alto e silenzioso spettacolo. Prima di finire, mi piacerebbe poter dire tutto questo con la pittura, più compiutamente di quanto fu fatto fino a oggi: almeno tentarlo, consapevole della difficoltà dell'impresa".

Fra il nascere e il morire di ogni giorno si misurano la continuità e l'essenza dell'uomo: una sfida costante tra memoria del futuro e richiamo di un passato mai trascorso; tra il vivere e il suo finire si affrontano, si combattono, si contendono sentimenti opposti, pulsioni, desideri, orientamenti, idee, volontà, luci e ombre della coscienza; nel gioco del prevalere, dell'uno o dell'altro, si compone un ritratto biografico. Al volgere dell'esistenza molte persone, libere dal dolore, riescono ad acquietare e conciliare le ultime contese, fra curiosità e indifferenza, tristezza e speranza, oscurità e conoscenza, eros e tanatos. Sul confine del vivere l'ultima creatività può risolvere il dilemma amletico e scoprire una pace interiore, non come termine di una lotta, ma come sua assenza.

"La gioia e il dolore si mescolano e compongono uno spettacolo di placida fertilità, dove si annulla ogni dramma. Questo è il quadro di una vita che non si misura con il metro del piacere e del dolore, ma con quello della sua fecondità [...]. Il vecchio Poussin, che sa che la sua vita è al termine, getta su di essa uno sguardo tranquillo", riferisce Jacques Thuillier.

Henri Matisse a 81 anni confidava a un'amica: "La mia vita ha seguito una curva armoniosa, con lotte, conflitti, ma in ogni caso una curva armoniosa. Allora voglio finire", e con la mano tracciava lentamente nell'aria una curva che concludeva con delicatezza; un gesto che ricorda lo *Slancio moderato*, l'ultima creatività di Kandinski.

Il morire è la fase terminale del processo evolutivo in cui è ancora possibile rivedere esperienze irrisolte, memorie incompiute, inesplorate, è l'ultimo atto della vita che può consentire la revisione del senso di essere e di essere stati, il conclusivo confronto con se stessi, un "passaggio che non ammette trucchi". È un guardarsi allo specchio, oltre la propria immagine e memoria. È un incontro autentico, reale, uguale per tutti e per ognuno diverso, perché differente non solo è la storia personale degli affetti, delle esperienze relazionali, familiari, sociali, culturali, diversa è anche la narrazione individuale che forma e compone la vita e i suoi significati; sfuma ogni maschera ed emerge il volto nel confronto con la propria morte, nello specchio che rimanda ciò che siamo, siamo stati e possiamo ancora essere. Comprendere pienamente il significato della morte è capire meglio il senso della vita.

Come è possibile conoscere il vivere se non si considera il suo limite, la sua temporaneità, la sua realtà definita e finita, il suo significato? Il coraggio di vivere e di pensare è forse soprattutto il coraggio di riconoscere e di pensare il morire. La concezione, l'elaborazione della temporalità, del termine dell'esistenza estendono il processo creativo e ne favoriscono la realizzazione, non tolgono valore e forza al pensiero, ma ne introducono ispirazione e senso. La rappresentazione della morte che inibisce le funzioni immaginative e cognitive sembra nascondere l'angoscia connessa alla fantasia di sparizione e dissoluzione di sé; muore la creatività al cospetto della morte, anticipando la fine di un uomo. Sosteneva Marcel Proust: "Alcuni affrontano la morte con indifferenza, non perché abbiano più coraggio degli altri, ma perché hanno meno immaginazione".

L'atto conclusivo della vita può offrire l'ultima ispirazione creativa, il simbolo, l'effigie di una storia come quella interpretata da Molière durante una rappresentazione di Argante ne *Il malato immaginario* o di Charlie Chaplin nei panni di Calvero in *Luci alla ribalta*. Entrambi i personaggi muoiono, Molière realmente, Charlie Chaplin solo nella finzione cinematografica, regalando al pubblico – che ignaro applaude, mentre lo spettacolo continua – l'immagine allegorica e creativa di una fine.

7.2
Gli ultimi capolavori

Negli ultimi decenni si sono realizzate numerose ricerche, in ambito nazionale e internazionale, che hanno permesso di riconoscere una correlazione fra capacità di esprimersi creativamente e possibilità di affrontare in termini meno drammatici e disperati le angosce e le paure più frequenti in età senile: l'abbandono, la solitudine, la malattia, il dolore, la morte.

Molti anziani dimostrano di essere consapevoli riguardo alla prospettiva della conclusione della propria esistenza, evidenziano adeguati atteggiamenti verso il loro finire; altri sembrano mantenere un certo distacco, oppure risultare più coinvolti da sentimenti di inquietudine, insofferenza, depressione.

La morte è un evento di cui non si avverte necessariamente l'avvicinarsi in funzione del passare degli anni e che può venire drammaticamente alla ribalta in presenza di una grave malattia. Quando ciò non accade l'anziano prospetta il problema della morte, della propria morte, in termini estremamente variabili, ma spesso pervasi di quella fantasia che travalica i limiti della realtà. È possibile trovare nelle parole, nei disegni, nelle espressioni comportamentali di molti vecchi la considerazione della morte nei termini di una configurazione che emana da se stessi, che riflette la propria personalità: una configurazione lieve o drammatica, realistica o astratta, vissuta non come un presagio, ma come una manifestazione delle proprie personali capacità.

È questa forse l'ultima creatività che aiuta a vivere meglio gli anni più avanzati della propria vita, ma anche ad accettare la morte, vissuta con la fantasia della mente e non con la gravità dell'organismo. È possibile che un vecchio inventi la propria morte con un atto creativo che rielabora in un'immagine nuova gli elementi significativi della propria identità e biografia. E in tal modo scopra per la prima volta il senso della sua vita. È possibile che solo nell'esprimere questa creatività l'uomo trovi quel se stesso che ha cercato per tutta la sua esistenza; e si renda conto che la sua vita non è solo una successione di giorni, di mesi, di anni, ma è

7.2 Gli ultimi capolavori

anche e soprattutto lo sviluppo di un progetto che si può pienamente comprendere solo dopo la sua realizzazione.

O forse è possibile che nell'inventare la propria morte l'uomo compia un'opera d'arte, quella che come dice Kandinski "ha origine nello stesso modo in cui ebbe origine il cosmo: attraverso catastrofi che dal caotico fragore degli strumenti formano infine una sinfonia la quale ha nome armonia delle sfere. La creazione di un'opera d'arte è la creazione di un mondo", e può essere la fine di un uomo. Ma pure il principio del suo ricordo, del suo racconto attraverso le immagini e le parole di una memoria che si costituisce come futuro e apre nuove prospettive alle generazioni successive.

Quale è stata l'ultima creatività di Omero, Platone, Sofocle, Dante, Shakespeare, Manzoni, Michelangelo, Leonardo, Raffaello, Rembrandt, Munch, Monet, Picasso, Bach, Beethoven, Verdi, Galilei, Darwin, Freud, Einstein? Quale spirito creativo ne conserva la storia? Come hanno vissuto, come sono invecchiati, come hanno trascorso gli ultimi tempi, i giorni, le ore? Come hanno risposto a quella esigenza interiore che si interroga sul senso, sul destino, sull'esistenza di sé, sul suo valore? Hanno trovato l'uomo cercandone i tratti del volto, i simboli, i misteri nell'arte o nella scienza?

A Leon Bloy morente fu chiesto: "Che cosa prova in questo momento?". Rispose: "Un'enorme curiosità".

Un giorno di febbraio del 1564, Michelangelo Buonarroti, ottantanovenne cominciò a morire, come documentato dal suo allievo più devoto – Daniele Ricciarelli, noto come Daniele da Volterra, ma forse più conosciuto come il Braghettone per aver ricoperto, su mandato del Papa Pio IV, obbediente alla censura emanata dal Concilio di Trento, le nudità ritenute oscene del *Giudizio Universale* della Cappella Sistina affrescata dallo stesso Michelangelo – che tenne un registro, un diario minuzioso, degli ultimi giorni del Maestro.

Michelangelo prima di entrare in agonia, prima di perdere i sensi, venti ore prima di morire, con le forze che progressivamente diminuivano, lavorava alla *Pietà Rondanini*. Gli ultimi pensieri dell'artista, gli ultimi colpi di martello sono per la scultura che è stata compagna della sua vecchiaia. Michelangelo ha scolpito tre Pietà, che gli sono attribuite con certezza, delle quali l'ultima, la *Rondanini*, ha voluto realizzarla per se stesso, senza una destinazione precisa. L'opera rappresentava la sua riflessione su se stesso e sulla vita. In un primo momento l'artista aveva scolpito la Pietà in modo tale che il corpo di Cristo era tutto sbilanciato, con la testa crollante su un lato; c'era la Madonna in piedi che sosteneva il corpo di Cristo, la madre che teneva fra le sue braccia il figlio morto. Che cosa fa Michelangelo da ultimo? Prende e stacca via di netto le parti sporgenti, compresa la testa del Cristo che riscolpisce nel petto della madre. Il Cristo non è più qualcosa di distaccato dalla madre, ma entra fisicamente "dentro" il suo corpo. Si dice che "quando un uomo muore l'ultimo frammento di pensiero, l'ultima immagine è riservata alla propria madre" e sembra essere il pensiero che occupa la mente e il cuore di Michelangelo e che richiama una riflessione di Hegel: "La vecchiaia naturale è debolezza; la vecchiaia dello spirito, invece, è la sua maturità perfetta, nella quale esso ritorna all'unità come spirito". La madre riprende il figlio dentro di sé, lo riporta nel corpo dal quale è stato generato. Che idea esaltante esprime Michelangelo nella sua *Pietà Rondanini*; una statua che è diventata per lui un argomento di riflessione, di meditazione. Se si guarda questa *Pietà* ci si accorge che il volto di Cristo è appena accennato. È conglobato, coeso con il corpo della madre. La *Madonna Rondanini*, così scarnificata, così essenziale, è proprio – è stato scritto – la negazione della bellezza, vuole essere il contrario della bellezza. Quando si dice che all'ultimo confine della vita, nella vecchiaia, si capisce l'essenziale, si pensi alla *Pietà Rondanini* e alla profonda riflessione dell'ultimo Michelangelo, finestra aperta sull'eterno.

La storia dell'arte racconta di molti grandi vecchi in cui si assiste a un affinamento, a una progressione intellettuale, a una ricerca di essenzialità. L'artista di talento in vecchiaia riesce spesso a sviluppare, a perfezionare, a rendere essenziale la linea principale, la tendenza basica del suo stile. Tiziano, ad esempio, è un grandissimo pittore il cui genio artistico si esprime nel colore che si imprime di luce. Il processo di progressivo approfondimento del miracolo – del colore che diventa tutt'uno con la luce – lo si osserva nell'artista formarsi, crescere, affinarsi attraverso vari momenti stilistici: prima l'incontro con le modulazioni manieristiche, poi il recupero di una nuova essenzialità e, infine, si arriva allo stile degli ultimi anni, quando Tiziano realizza i suoi capolavori assoluti, fra cui *Ninfa con pastore*, *Deposizione di Cristo*, *La Pietà* e *La punizione di Marsia*. Marco Boschini, un biografo di Tiziano, racconta: "Con lo stesso pennello tinto di rosso, di nero e di giallo, formava il rilievo d'un chiaro e faceva comparire in quattro pennellate la promessa d'una rara figura"; inoltre egli riferisce che il grande pittore quasi cieco arriva al punto di non usare neanche più il pennello: "Ma il condimento degli ultimi ritocchi era di andar di quando in quando unendo con sfregazzi delle dita negli estremi dei chiari, avvicinandosi alle mezze tinte e unendo una tinta con l'altra; altre volte con uno striscio delle dita, pure poneva un colpo d'oscuro in qualche angolo, per rinforzarlo, oltre qualche gocciola di sangue che invigoriva alcun sentimento superficiale e così andava riducendo a perfezione le sue animate figure". Così Giorgio Vasari (2009) si esprime sulle opere di Tiziano: "Le prime son condotte con una finezza e una diligenza incredibili, e di essere vedute da presso e da lontano; le ultime condotte da colpi, tirate via di grosso e con macchie [...] e di lontano appariscono perfette". Tale era il dominio del mezzo espressivo cromatico che l'artista bruciava gli stessi strumenti tecnici necessari a dipingere: questa è la grandezza dell'ultimo Tiziano. Tre secoli più avanti, Delacroix, considerato erede di Tiziano, scriveva: "noi tutti siamo carne e sangue di Tiziano".

Nei grandi vecchi l'esperienza artistica tende a manifestarsi attraverso un affinamento continuo. Un artista si forma una certa idea e poi, progressivamente con il trascorrere degli anni approfondisce, sempre di più può dare il meglio di sé proprio negli ultimi periodi della sua vita. Uno di questi grandi è stato Donatello che porta a termine, su commissione di Cosimo de' Medici, poco prima di morire il pulpito in bronzo della Chiesa di S. Lorenzo a Firenze, considerato il suo capolavoro assoluto, nel quale – nonostante il declino della vista e la progressiva debolezza fisica – lo stile trasgressivo, anticlassico, abbreviato, essenziale si sviluppa e si affina ulteriormente.

7.2 Gli ultimi capolavori

L'ultimo Donatello del pulpito di San Lorenzo esprime un'interpretazione dei Vangeli canonici, che riguardano la Morte e Passione di Nostro Signore Gesù Cristo, così sconvolgente, originale, nuova che si può dire che esiste un Vangelo o una Passione secondo Donatello. Nella tradizione e nell'iconografia cristiana la Resurrezione di Cristo è rappresentata come un momento felice, glorioso, trionfante – si pensi fra gli altri a Piero della Francesca, a Raffaello, a Perugino – si vede il Cristo che, con il vessillo crociato in mano, sale verso il cielo; non ci sono più sul corpo i segni della passione. Con Donatello la *Resurrezione di Cristo* viene rappresentata in modo assolutamente nuovo, inedito: si osserva un Cristo che sale dal sepolcro – come se salisse le scale – e appare curvo, piegato, con la croce in mano, ancora avvolto nelle bende, quasi carico di morte, con un volto piagato, sofferente. Questo Cristo che emerge dal sepolcro è stato paragonato a un prigioniero dei campi di concentramento che sta uscendo dalla sua prigionia. Un'infinita desolazione lo avvolge anche se risorge, quasi fosse consapevole della inutilità del suo ritornare fra uomini che non meritano la sua resurrezione, sospinto tuttavia da un grande sentimento di amore.

Un altro grande vecchio dell'arte è Giovanni Bellini, detto il Giambellino: le sue opere più belle sono quelle realizzate intorno agli ottantacinque anni. Si pensi al *Baccanale* – dipinto per il castello di Alfonso d'Este a Ferrara – e al *Festino degli dei*, della National Gallery of Art di Washington. La calma, lo splendore, la luminosità, la dolcezza di Giovanni Bellini, presente anche nelle sue opere più giovanili, affiorano gradualmente, come per un fenomeno di bradisismo; la vecchiaia gli conferisce essenzialità, lucidità e maggior comprensione dell'arte e di ciò che essa viene a significare, tanto da essere considerato, da ottantacinquenne, più innovativo dei suoi giovani colleghi fra i quali Giorgione e Tiziano.

Francisco Goya, negli ultimi anni della sua vita, iniziò ad accusare progressivamente una riduzione della vista che non gli impedì di lavorare senza sosta e realizzare i suoi capolavori, fra cui: *Il pellegrinaggio a San Isidro*, *Saturno che divora un figlio*, *La lattaia di Bordeaux*. Scrisse Charles Baudelaire riguardo al pittore aragonese: "Alla fine della carriera gli occhi di Goya si erano talmente indeboliti che, dicono, bisognava fargli la punta alle matite. Tuttavia, anche a quell'epoca, eseguì grandi, importantissime litografie, mirabili incisioni, magnifici quadri in miniatura – una nuova prova di quella strana legge che presiede al destino dei grandi artisti, secondo la quale, comportandosi la vita al contrario dell'intelligenza, essi guadagnano da un lato ciò che perdono dall'altro, sì che vanno, secondo una progressiva giovinezza, rinforzandosi, ingagliardendosi, e crescendo in audacia fino all'orlo ultimo dell'esistenza".

Claude Monet, verso il finire dell'esistenza, divenuto quasi cieco, sviluppò tendenze monocromatiche, realizzando capolavori come *La casa fra le rose*, a 85 anni e *Le nuvole*, a 86 anni. A 85 anni scriveva al suo oculista che gli aveva prescritto un nuovo tipo di lenti: "Sono in ritardo nel darvi notizie sulla riuscita dei miei nuovi occhiali, ma sono arrivati in un brutto periodo [...]. Ora che sono in una migliore disposizione d'animo tenterò di abituarmi ad essi, sebbene sia certo che la vista di un pittore non può mai essere recuperata. Quando un cantante perde la voce, si ritira dalle scene; il pittore che ha subito un intervento di cataratta dovrebbe ritirarsi; è proprio quello che non riesco a fare". E dopo pochi mesi scriveva a un amico: "Dalla tua ultima visita, la mia vista è migliorata totalmente. Lavoro più di prima, sono contento di quello che faccio, e se i nuovi occhiali fossero ancora migliori vorrei vivere fino a cent'anni".

Henri Matisse subisce a 72 anni un intervento chirurgico per una grave malattia intestinale. Qualche tempo dopo confidava all'amico Picasso: "Non pensavo di rimettermi dall'operazione; da allora considero i giorni che mi restano come concessi in sovrappiù. Ogni nuovo mattino è un rinvio che accetto con gratitudine. Dimentico completamente le sofferenze fisiche e tutte le noie della mia condizione attuale; penso soltanto alla gioia di vedere una volta di più il sole, e alla possibilità di lavorare ancora un po', anche in condizioni difficili".

A 83 anni diceva a un amico: "Da questa malattia da cui mi sono rimesso molto lentamente ho tratto un'importante lezione per me, che da allora determina la mia vita [...]. Quel che ho fatto prima della malattia, prima dell'operazione, sa sempre troppo di sforzo; prima avevo vissuto sempre con la cintura allacciata. Quel che ho creato dopo rappresenta il mio vero io: libero e staccato. Ho imparato quest'unica verità: bisogna darsi interamente, con tutte le proprie forze e le proprie debolezze. Sì, la nostra forza spesso risiede nelle nostre debolezze o quelle che noi consideriamo le nostre debolezze che spesso sono le nostre forze".

Matisse, nonostante la malattia, l'intervento chirurgico, la convalescenza continua a lavorare, prosegue la ricerca di sé e della vita, scopre nuove motivazioni, altri interessi nell'arte, nell'elaborazione creativa, si sente più libero nello spirito, nella manifestazione di ciò che avverte e desidera rappresentare. In un ritrovato vigore artistico tende ad affinare la sua pittura, il suo stile espressivo e ad avvalorare quanto pensava e diceva: "Sento con il colore e quindi la mia opera sarà sempre organizzata mediante il colore [...]. Il colore, soprattutto, forse ancora più del disegno è una liberazione [...]. Se il disegno procede dallo spirito e il colore dai sensi, bisogna disegnare per educare lo spirito ad essere capace di condurre i colori sui sentieri dello spirito [...]. Solo dopo anni di preparazione il giovane artista ha il diritto di toccare i colori – non i colori in quanto mezzo descrittivo – ma come mezzo di intima espressione".

Negli ultimi anni realizza alcuni dei suoi capolavori fra cui i dipinti: *Icaro*, *Lydia Delektorskaja*, *Interno rosso*, *Ramo di susino, fondo verde*, *La tristezza del re* e la vetrofania *L'albero della vita* nella Chappelle du Rosaire a Vence.

Confidava a un'amica: "Proprio nella mia Cappella ho preso coscienza della potenza inesauribile del colore" e nella lettera indirizzata al vescovo di Nizza scriveva: "Io considero [la Cappella di Vence], malgrado tutte le sue imperfezioni, come il mio capolavoro", a 82 anni.

Fra i grandi vecchi artisti, non si può certo dimenticare Pablo Picasso. Ha introdotto l'asimmetria nella pittura, cambiandone il modo di interpretarla ed esprimerla; è sempre stato grande, ma sembra raggiungere il massimo della sua creatività, della sua capacità di rappresentare e dare immagine a tutto, nei suoi ultimi anni. Egli diceva che non cercava, ma che trovava. La capacità di trovare rapidamente e di trasfigurare in vera arte quello che si trova è un privilegio che viene concesso a pochissimi. Picasso prende ogni cosa, la tritura, la trasforma e tutto diventa figura: questa è la sua grandezza che si manifesta proprio nella longevità; si esprime con particolare efficacia, intensità e lucidità negli ultimi tempi della sua lunghissima vita. Per l'elenco delle sue opere realizzate in vecchiaia si rimanda al paragrafo 4.4 a pagina 88.

Alle soglie dei 90 anni, il pittore giapponese, Katsushika Hokusai si ammala e avverte il declinare della sua vita; scrive, con particolare ironia, a un vecchio amico: "Il re Emmao è piuttosto vecchio e s'appresta a ritirarsi dagli affari. S'è fatto costruire, a questo scopo, una graziosa casetta in campagna e mi chiede di andare a dipingergli un Kakemono[1]. Sono perciò costretto a partire, e quando partirò, porterò con me i miei disegni. Andrò a prendere in affitto un appartamento all'angolo con via dell'Inferno, dove sarò felice di accogliervi, quando avrete occasione di passare da quelle parti". Nel corso della malattia, allo stremo delle forze, con un filo di voce, ripeteva: "Se il cielo mi concedesse ancora dieci anni... se il cielo mi concedesse ancora cinque anni di vita... potrei diventare veramente un grande pittore".

Il processo dell'invecchiare e del morire non lascia nulla al caso e non sembra trascurare ombre e luci di un'intera, singolare vicenda umana. Alla fine può prevalere il desiderio di dissolvere le proprie oscurità, di approfondire la ricerca della propria verità, l'ultimo confronto con lo specchio della propria conoscenza, del dilemma tra essere e non essere. Morire non è solamente l'atto biologico, finale, consequenziale, passivo, fatale di una vita che si spegne, ma continua a rappresentare un'esperienza del vivere, un procedere nel viaggio unico della propria esistenza, è un vivere morendo, di cui poco si conosce, come il vivere dei primi giorni. Forse il morire avvicina la dimensione di non consapevolezza del processo del nascere che nel contempo, straordinariamente, costituisce la forma e la struttura personale di una nuova avventura umana.

Morire può costituire l'ultimo atto creativo in cui spesso si condensa lo scorrere dell'intera rappresentazione esistenziale e riemergono la filosofia, il senso, il contenuto, la struttura, il progetto, il significato del proprio copione; tutto può anche ridefinirsi, ridisegnarsi nel classico colpo di scena che illumina la trama svolta e può conferire altre possibilità dell'accadere, nuove interpretazioni della narrazione, altre spiegazioni delle esperienze vissute, ulteriori concezioni del sapere.

L'apparizione ultima riepiloga, completa e definisce la commedia umana, il gioco delle parti, la finzione e la realtà, le maschere e i volti. Quando cala il sipario, la vita, attraverso la sua ultima comparsa, consegna alla memoria dello spettatore l'essenza della trama compiuta e con essa il suo atto finale.

Il morire richiama un processo di sintesi, ripropone il valore della nascita, del divenire e del realizzarsi ogni giorno di un essere umano che si appropria della sua condizione esistenziale. La nascita come la morte assegnano all'uomo la sua definizione: attraverso di esse egli riconosce la sua reale dimensione, l'inizio e la fine, la sua personale verità, il suo destino, la sua memoria.

---

[1] Kakemono, termine giapponese utilizzato per indicare l'arte di dipingere su rotoli di carta o seta, appesi in senso verticale.

7.3
Il finire come atto creativo

Non cessa mai la disponibilità creativa nel corso dell'esistenza e il finire può rappresentare l'ultimo atto creativo della vita, come numerosi artisti e molte persone comuni ci hanno testimoniato. "La vita è breve, ma c'è sempre qualcosa da imparare prima di tirare le cuoia", scrive Sam Savage.

Durante il processo di sviluppo, dall'infanzia alla vecchiaia, si esprime il potenziale creativo, la curiosità di apprendere, si costruiscono l'identità e la memoria personali, la rappresentazione e l'immagine di sé. Quanto dell'esistenza scorre nell'oscurità della non-conoscenza? Quanto rimane ignoto del proprio vivere? Vivere è conoscere, scoprire, realizzare la propria storia narrativa, morire è impararne la definizione, denominarne il racconto.

Nel morire sembra ricongiungersi la vicenda esistenziale, dal suo inizio, ricomporsi la trama, il ritratto di sé. Avviarsi verso l'epilogo può comportare l'ultimo atto creativo di un processo vitale e forse l'opportunità di rivedere e riconsiderare lo svolgersi silenzioso delle esperienze, il verificarsi di una riconciliazione dell'unità biografica: la propria immagine e identità.

Il vivere e il morire contemplano la conoscenza, dal principio alla fine. Si muore vivendo e si può morire imparando; non si ferma, non si sospende l'arte narrativa dell'esistere, ma si esprime, riporta un significato, anche nell'apparente assenza del pensiero e del sentimento. Scriveva Kierkegaard: "Nella vita dello spirito non c'è mai sosta... tutto è attualità". Non se ne va anzitempo il protagonista, l'attore unico della scena, ma rimane con le sue maschere dismesse, il suo volto invisibile, con la propria anomia, l'opportunità perduta o negata, l'immagine vuota. La recita della propria vita si chiude solo alla fine attraverso un copione che si riempie e scrive di storia, nel corso dei giorni, anche degli ultimi, sino al termine. L'interpretazione finale rimarca e scolpisce il profilo di una singolare esperienza umana, gli assegna definitivamente una proprietà e un senso. Il morire richiede ancora un atto di testimonianza, di sensibilità e presenza di sé. Sosteneva Seneca: "Per imparare a vivere ci vuole una vita intera, ma la cosa più sorprendente è che per tutta la vita bisogna imparare a morire". E riprendeva Leonardo da Vinci: "Quando io crederò di imparare a vivere, imparerò a morire". Si apprende a separarsi da sé e dalla vita, a pensarsi assente, "non-essente", a sperimentare la temporaneità, a vivere la transizione, a essere interprete e spettatore del proprio pensare e operare, a elaborare l'ultimo lutto della vita: la propria morte. Forse il dolore e la fatica di vivere connesse a una perdita affettiva rappresentano il prologo, il cammino verso la consapevolezza piena del limite e della caducità della propria natura umana, il procedere verso l'ultimo incontro con se stessi.

Scriveva Nietzsche: "Quel che è grande nell'uomo è che egli è un ponte e non una meta: quel che si può amare nell'uomo è che egli è transizione e tramonto". L'essere umano può e deve essere conosciuto per come è e si rappresenta, per le sue capacità creative, per la sua potenzialità alla scoperta, all'invenzione, al progresso, alla conoscenza, ma anche per la sua finitezza, il tempo contato, scandito del suo passaggio, il suo nascere e morire, l'arrivare dal nulla, carico di antiche memorie e il partire o il ritornare con l'esperienza dei ricordi e di ciò che si è stati e si è costituito come nuova memoria.

Ognuno costruisce la propria storia, progressivamente scopre la rivelazione di sé, del proprio modo di esistere, l'entità, unica, soggettiva di cui è portatore e artefice, designato e inventore, ignaro e consapevole, comunque responsabile, sino alla fine.

Morire è l'ultimo atto creativo della vita, la validazione della testimonianza di un uomo, il completamento della sua nascita, la consegna della sua definita creazione.

"Pensare la morte?", si chiedeva Vladimir Jankelevitch (1994); come è possibile simbolizzarla? "Nessuno può rappresentarsi la propria", ricordava Freud (1915), ma forse si può immaginare di non esserci più, di vivere come se fosse una fortuita combinazione, un'opportunità di esserci ancora per un giorno, di esistere per caso, come l'immagine di uno specchio; forse è questo un modo di imparare il proprio vivere? forse il limite di un atto creativo che accompagna o precede l'uomo in ogni suo nascere e morire?

La considerazione, l'accettazione del morire riqualifica l'esistenza, ne conferisce significati e valori specifici, ne fa risaltare la dignità e la forza. Diceva Hélder Pessoa Câmara: "Ma è meglio sforzarsi di vivere ogni giorno come se fosse l'ultimo, o – meglio ancora – come se fosse il primo". La fine e l'inizio accomunati da un atto creativo. Si modifica forse il processo di pensiero, ma non sembra mutare lo spirito narrativo. La vita, al cospetto della morte, ritrova il suo senso, la sua verità, la sua parola, si apre alla propria completa concezione, all'esperienza ampia e profonda del significato dell'esistenza. Nascere, vivere e morire costituiscono un medesimo processo e sviluppo creativo. Il pensiero del morire non toglie valore, qualità, desiderio al vivere, ma ne rappresenta l'orientamento, la misura, l'apporto di ragione e densità nel suo procedere e arrivare. Nell'accoglienza alla morte la vita acquista, non perde. Nel morire se ne va una persona, ma può esplodere il suo ricordo, l'esemplare caratteristica di un'avventura esistenziale, di un modo di interpretare e significare la vicenda umana, l'insegnamento di un destino, di un lascito creativo.

L'atto conclusivo della vita è una conquista, una sfida per conservare, riconoscere e accrescere il senso di sé, l'immagine del proprio volto. È un dialogo continuo con se stessi. Si può morire di abbandono, nella rinuncia della parte finale del vivere, declinando dal confronto aperto e consapevole col proprio sentire e pensare, col proprio progetto che volge al termine, si può andarsene dimentichi di sé, privi dell'ultimo saluto, ignari della separazione senza ritorno. Ma si può fare del morire un ulteriore impegno del sapere, una continuità creativa del proprio esserci; si può vivere pienamente la specifica dimensione del finire, con serenità. Diceva Madre Teresa di Calcutta: "Anche se migliaia di persone muoiono nelle nostre case ogni anno, non ho ancora visto nessuno che sia morto angosciato o inquieto".

Morire può costituire una difesa della propria dignità, del patrimonio culturale acquisito, delle esperienze vissute, della propria umanità. La tutela, a volte faticosa, coraggiosa, tenace della propria dignità rappresenta un deciso, forte e profondo atto creativo in cui l'essere umano ricorre all'amore di sé come testimonianza di una libertà che trascende ogni contingenza esistenziale; un senso, un'idea di libertà che è anche desiderio e diritto di essere, in ogni modo e condizione.

La dignità del morire può essere intesa come compito e destino, disposizione e processo al conoscere, al divenire e restare consapevoli, come percorso interiore che sappia ricercare, ritrovare e mantenere un sentimento di serenità, di pace con il proprio mondo, prima di essere solo memoria, il principio dei ricordi. Se ne va un uomo, ma rimane, a sfidare il tempo e la storia, la sua narrazione.

Morire significa anche abbandono di ogni maschera e improprietà di sé, di ogni resistenza dello spirito, riflette il gesto di umiltà di un uomo che si dispone ad affrontare e riconoscere l'essenza della vita, a osservarsi nello specchio della propria fragilità, a considerare la condizione dell'umana natura, a scoprire il dolore e la gioia di esserci stato, la solitudine e la compartecipazione, l'assenza e la presenza di sé, l'oblio e la testimonianza, la rinuncia e la forza di vivere. Scriveva Eugenio Montale: "Prega per me / allora ch'io discenda altro cammino / che una via di città, / nell'aria persa, / innanzi al brulichìo / dei vivi: ch'io ti senta accanto; ch'io / discenda senza viltà".

Morire come umiltà di riconoscere, dignità di difendere, speranza di vivere la propria umanità, nell'ultimo sogno. Diceva Hermann Hesse: "Forse anche il momento della morte ci spingerà incontro a nuovi spazi, il richiamo della vita è senza fine".

Ai confini tra la vita e la morte si conclude l'avventura di un uomo e inizia il suo principio, il tempo della memoria, del ricordo di un senso narrativo, di una storia, di un esempio esistenziale, di una interpretazione originale, unica del vivere. È l'inizio di un insegnamento, della trasmissione di un'esperienza che intraprende un'altra avventura fra tante, si accompagna, si intreccia, si affianca, si fa storia di altre storie. Finisce un uomo e continua con altre parole il suo racconto e ricomincia o ritorna ogni volta lo spirito creativo della sua singolare narrazione.

Invecchiando, la creatività tende spesso a esprimersi, malgrado le sopravvenute limitazioni fisiche e diventa sempre più mentale e sempre meno condizionata o plasmata dal funzionamento o disfunzionamento dell'organismo.

Da vecchi e longevi è sempre possibile imparare, fare nuove esperienze, conoscere qualcosa di sé che per tutta la vita era sfuggito, dare un senso diverso ai giorni che si vivono, anche negli ultimi. Si può sempre essere creativi, anche verso il terminare della propria esistenza.

Morire può rappresentare l'ultima occasione per integrare conoscenze, ampliare l'esperienza, modificare il modo di pensare e sentire, guardare all'immediato futuro con speranza e serenità. Il morire è la parte finale di un sogno che la vita mette a disposizione per l'ultima conquista creativa: la scoperta definitiva di sé, il sentimento di essere sul confine dell'infinito. Scrive Javier Marias: "Come se potessimo cominciare a comprendere la vita passata nella misura in cui si allontana e la potessimo comprendere del tutto alla fine".

7.4
Come muoversi verso l'ultima creatività

Ricerche condotte in passato dal nostro Istituto su degenti dell'Ospedale Policlinico hanno documentato come vari, in funzione dell'età, il vissuto di malattia, pur in presenza di una notevole variabilità individuale. Da tali ricerche è risultato che, indipendentemente dalla natura, dalla localizzazione e dalla gravità della malattia, nell'età adulta i malati la percepiscono frequentemente come un corpo estraneo, che è penetrato nel loro organismo e che essi fanno ogni sforzo per espellere e riconquistare la condizione di salute. Con l'aumentare degli anni, la malattia viene sempre più vissuta come un evento intrinseco alla propria persona, dalla quale non ci si potrà liberare e che rappresenta il preannuncio della morte. Ne derivava, specie in passato, la conseguenza che gli adulti collaborassero con il medico per superare lo stato di malattia, mentre gli anziani assumevano un atteggiamento passivo di rassegnazione e delegavano al sanitario ogni tentativo di reazione.

Attualmente la situazione è in parte cambiata, perché la psicologia ha agito sui medici al fine di favorire un rapporto interpersonale con il malato e un suo coinvolgimento negli interventi di recupero. Specialmente per gli anziani si è giunti a dimostrare che, come sostenuto dalla psicologia positiva, anche nei malati più gravi permangono delle potenzialità positive passibili di identificazione e di valorizzazione, in modo da consentire una collaborazione diretta del paziente ai propri programmi terapeutici e un miglioramento globale della situazione.

Si è anche dimostrato che la creatività, in una delle sue possibili espressioni, costituisce il fattore più importante per contribuire a un invecchiamento positivo. Così i vecchi attuali, nel confronto con quelli di alcuni decenni addietro, sembrano in molti casi avvicinarsi alla fine della vita più con curiosità che con paura, nell'attesa di cogliere aspetti sconosciuti di sé.

A 95 anni Giovanni Michelucci diceva: "Si cambia. Un cambiamento apparentemente minimo, che si approfondisce. Dopo gli ottanta si indugia di più sulle cose. Si osservano gli avvenimenti. Si scopre un mondo nuovo. Prima si guarda un gatto così, superficialmente. Dopo gli ottanta un gatto diventa qualcosa che ci appartiene nel profondo. Non è più un animale che ci diverte, è un essere che ci insegna qualcosa. Tutte le cose diventano importanti, cose su cui non ci si era mai soffermati [...]. Voglio dire che c'è un'attenzione molto più interessata alla vita. Ho scoperto proprio a questa età la luna piena, il cielo stellato. Ho fatto il sacrificio di alzarmi a una certa ora per guardarli. Io ho vissuto una dozzina di anni a Roma. Ricordo che la notte andavo ad ascoltare la voce delle fontane. La voce della fontana delle Tartarughe, della fontana di S. Pietro [...]. Di recente questo godimento è diventato diverso. Allora mi piaceva la voce, ma vedevo anche la forma delle fontane. Ora l'interesse per la forma è sparito, è aumentato l'interesse per l'acqua, per l'elemento vitale dell'acqua. Avrei bisogno di molto tempo per scoprire cose che non ho scoperto prima degli ottant'anni".

Da vecchi si teme spesso il dolore, l'abbandono, la solitudine, ma si possono vivere anche gli ultimi anni cercando di determinare le condizioni che facilitano la creatività. Questo orientamento si può trovare anche in malati gravi, come i non autosufficienti, che rivelano a tratti, in momenti particolari, consapevolezze profonde, congruenti alla motivazione a esprimersi in modo innovativo.

Ma il muoversi verso l'ultima creatività è bene cominciarlo dall'infanzia, durante la quale deve essere salvaguardata e valorizzata la spontaneità creativa. E tale potenzialità deve essere conservata durante l'adolescenza, la giovinezza, l'età adulta. Il sentirsi sempre capaci di creare qualcosa, anche la più piccola, è necessario rappresenti da un lato un impegno per ogni individuo, dall'altro debba essere favorito e sostenuto dai familiari, dagli amici, dal gruppo sociale di appartenenza. Nel caso di un fatto patologico che alteri l'equilibrio personale, la valorizzazione della creatività deve attuarsi anche da parte di chi cura il malato: in questa situazione la creatività può svolgere una funzione determinante nell'agevolare un'evoluzione positiva della patologia.

Tale funzione potrà essere esercitata anche al verificarsi di eventi traumatici nella vita di una persona, come la morte di un familiare, la perdita del lavoro, una profonda delusione.

Inoltre, l'essere creativi può esercitare un'azione determinante, anche nel preparare una persona a vivere positivamente un futuro cambiamento di vita, per il pensionamento, l'abbandono forzato della propria abitazione e del proprio territorio, l'interruzione di attività alle quali si è particolarmente interessati.

La creatività, presente in tutta l'esistenza, consente di conservare la propria identità e di riacquistarla quando sembra perduta e di avviarsi con la maggiore serenità possibile verso l'ultima creatività, che chiuderà lo scenario di una "lunga rappresentazione" e lo farà in modo attivo con una manifestazione imprevedibile. Anche chi assiste il morente potrà in certi casi essere testimone di un evento innovativo che gli consentirà di comprendere in termini più ampi il significato di chi sta per lasciare la vita. Così l'ultima creatività può coinvolgere attore e spettatore in una scena articolata e complessa, che lascerà nello spettatore un'immagine non più eliminabile e lo accompagnerà fino alla sua ultima creatività.

Quando l'ultima creatività è espressa da un grande personaggio richiama l'osservatore a problemi di carattere universale e può incidere profondamente nel suo modo di pensare e di vivere. Può anche stimolare a riflettere sulla fase terminale dell'esistenza e preparare a cogliere il significato di una fine che spalanchi le finestre su un mondo non ancora esplorato. In questo modo, l'ultima opera dei grandi non risplende soltanto di luce propria, ma può aiutare molti uomini e donne a chiarire il significato della propria esistenza.

Ci si può augurare che per le nuove generazioni l'ultima creatività si inserisca in un percorso creativo durato per tutta la vita, condizione che non si è verificata per gli anziani attuali. Le nostre ricerche hanno peraltro dimostrato che anche la creatività che ricompare in età senile, dopo molti anni di silenzio, può svolgere una funzione positiva sul processo di invecchiamento e può preparare l'ultima creatività. Questa non è pertanto la prerogativa solamente di personaggi che sono stati creativi durante tutta l'esistenza, ma rappresenta una possibilità che si offre a ogni anziano. Il saperne usufruire dipende da un lato dai molteplici fattori che influenzano il processo di invecchiamento e stanno alla base della variabilità individuale, dall'altro dall'apporto che ogni persona riceve da chi vive con lei o ha cura di lei.

A questo punto si pone un quesito. La presentazione che è stata fatta dell'ultima creatività rappresenta la realtà o la configurazione allegorica di un'umanità nella quale la morte svolge una funzione positiva, sia per il morente che per chi ne segue gli sviluppi? Non si tratta forse di una idealizzazione del trionfo della morte, di una forzatura determinata dalla psicologia positiva? La risposta a questo interrogativo può essere data in prospettive diverse: religiosa, filosofica, scientifica, e quest'ultima può riferirsi agli apporti delle singole discipline o alla loro integrazione.

La nostra risposta, che non pretende di essere esaustiva né universale, tiene conto dei dati desunti dalle ricerche psicologiche, considerati anche in riferimento to alle discipline neuroscientifiche.

Riferiva ancora Michelucci: "[...] e poi c'è la presenza della morte. Della morte che partecipa della tua vita. Mi sento quasi sostenuto da questo fatto, dalla morte che mi tiene per mano. È un grande aiuto per vivere una vita che comprenda in sé questo avvenimento. La morte mia e delle cose che muoiono. Ma la vita non finisce. La comprensione di questa condizione porta un sentimento religioso del vivere. Un bisogno di amore, di consenso. Poter dare qualcosa di sé che si era trattenuto quasi egoisticamente".

Così come, alla metà del secolo scorso, le tradizionali concezioni sull'invecchiamento in generale e su quello psichico in particolare – che lo descrivevano come un processo caratterizzato esclusivamente da decadimento irreversibile e da un coinvolgimento patologico sempre maggiore – sono state messe in discussione dall'esempio fornito da personaggi illustri che avevano realizzato opere insigni a un'età molto avanzata, così alla fine del XX secolo gli orientamenti che vedevano la creatività come esclusiva dei bambini e di individui eccezionali, sono stati riesaminati sulla base di esempi di creatività in vecchiaia forniti da personaggi illustri, ma anche da individui comuni.

Inoltre, gli studi psicogerontologici hanno dimostrato che tutti gli anziani sono potenzialmente creativi – anche se molti di essi non ne sono consapevoli – e l'esprimere tale potenzialità nelle forme più diversificate li aiuta a invecchiare più serenamente.

La creatività si può rilevare anche in vecchi affetti da gravi patologie neuropsichiatriche.

La comparsa di un'espressione creativa del tutto innovativa rispetto alle manifestazioni precedenti è stata evidenziata da biografi e da critici rispetto ad alcune personalità di altissimo livello, a documentare la possibilità dell'ultima creatività. La quale è potenzialmente presente in ogni essere umano, anche se in molti casi ne deve essere documentata l'esistenza.

Le ricerche in corso in vari paesi del mondo parlano a favore dell'ipotesi che l'ultima creatività, anche se può manifestarsi a ogni età, sia più frequentemente identificabile durante la vecchiaia. Come se la sua preparazione richiedesse un lungo percorso di formazione e di crescita.

Possiamo pertanto sostenere che la ricerca psicologica sta dimostrando la presenza di un fenomeno in passato ignorato, quell'ultima creatività che converge con le più recenti indagini neuroscientifiche, le quali documentano la possibilità per il cervello di conservarsi funzionalmente e di rinnovarsi durante l'invecchiamento, e alla mente, come sottolinea Arnheim, di esprimersi fino alla fine.

Più che un'allegoria, l'ultima creatività può così diventare il simbolo di un'umanità che può conservare e perfezionare invecchiando le sue prerogative più elevate, e che al termine dell'esistenza può riuscire a elaborare un'immagine innovativa di sé.

7.5
Un paradosso: il caso dei kamikaze

Per il kamikaze, il suicidio rappresenta l'espressione di una decisione indotta da un indottrinamento politico-religioso. Non è di per sé un atto creativo, anche se si può pensare che le modalità con cui l'atto si compie implichino una certa individualità. Resta il significato di un messaggio, fornito a se stesso e a coloro che risultassero avvantaggiati dal gesto.

Si configura come l'esempio di un'azione che rappresenta il risultato di una scelta fortemente influenzata, un modello che ripete uno schema e suggerisce varie repliche. Non stimola a comprendere e a realizzarsi, ma a distruggere e a idealizzare se stessi. Potremmo considerarlo l'espressione dell'anticreatività, cioè dell'incapacità di elaborare un'opera innovativa con l'adesione a un conformismo distruttivo.

Se la creatività è un atto di libertà, il suicidio dei kamikaze è un'operazione vincolata al fideismo e rappresenta pertanto l'antitesi della libertà.

Da una parte compare l'ultima libertà, dall'altra l'ultima rinuncia alla propria individualità. Si può dare e chiudere la propria vita per uccidere o sacrificarla per salvarne altre.

7.6
Creatività e affetti: luci alla fine della vecchiaia

Si può manifestare la propria creatività nelle più svariate condizioni, anche in quelle meno favorevoli in cui è inibita, limitata la libertà espressiva per ragioni politiche o religiose, per motivi di salute o di grave disabilità. Ne sono testimonianze le poesie, gli aneddoti, i disegni trovati nei luoghi di reclusione e nei campi di concentramento, inviati dai condannati a morte nei loro ultimi giorni e le svariate opere realizzate da persone con seri problemi fisici o mentali. Lo spirito creativo trascende la situazione contingente e consente di liberare, anche in chiave artistica, ciò che l'animo suggerisce.

Diversi studiosi hanno sottolineato l'importanza del sentimento di sicurezza quale fattore indispensabile, a partire dall'infanzia, per esprimere pienamente le proprie potenzialità creative. Gli anziani che sanno di poter contare sugli affetti, su persone di comprovato affidamento riescono meglio a sviluppare e realizzare i loro desideri e progetti, a consolidare e perfezionare le loro capacità e risorse.

Scriveva il Marchese De Sade: "La vecchiaia [...] è l'epoca della vita in cui non è più possibile nascondere un difetto. Tutte le risorse che possono creare illusioni sono scomparse. Non resta che la realtà dei sentimenti e delle virtù. La maggior parte dei caratteri naufraga prima di arrivare alla fine della vita, e spesso negli anziani si vedono soltanto delle anime avvilite e turbate [...]. Ma quando una nobile vita ha preparato la vecchiaia, questa non evoca più la decadenza, ma i primi giorni dell'immortalità".

I tempi in cui viviamo presentano aspetti oscuri, contraddittori, confusi. I fenomeni della globalizzazione, del cosmopolitismo, dei repentini cambiamenti sociali e culturali, dei mutamenti dei costumi e degli stili di vita, della pluriconfessionalità e della multietnicità caratterizzano sempre più le comunità occidentali. Si assiste di frequente alla rincorsa forsennata verso l'esclusivo edonismo della vita, da consumare a ogni costo, quale antidoto esorcizzante delle angosce, del vuoto, del silenzio creativo. Negare, rimuovere il senso, la realtà, la voce del morire è chiudere le porte alle parole che ispirano la vita e la sua qualità. Ciò che spesso rimane è lo smarrimento e la confusione.

Nella società del vitalismo sospinto, del protagonismo esasperato, dei sempre belli e abbronzati, di successo e in forma, eccitati e surrogati, quale posto è riservato al morire, alla sua espressività? oppure non può che essere, manifestarsi così una comunità che ha espropriato la morte del suo senso esistenziale, vitale, creativo? Forse chi teme e nega la morte deve mascherarsi in qualche modo la vita. Si pianificano, si uniformano, sfumano i volti e le loro espressioni, si sfidano le insidie del corpo e degli anni per nascondere quelle del vivere e del suo finire. Si può vivere pienamente solo sapendo che si muore; diversamente risulta un vivere incompleto, apparente, deprivato di pensiero, creatività, coscienza.

Ognuno invecchia e muore come sa e può, ma probabilmente anche in rapporto a quanto sanno e possono le persone che gli stanno intorno. Non esistono soluzioni prestabilite, ma circostanze differenti e la possibilità di una ricerca continua, creativa di chi si è stati e si è. Si può declinare l'invecchiare e il morire in tanti modi diversi, forse quanti sono gli individui, le loro storie. Scrive Maxwell Coetzee: "Credo che nessuno sia pronto a morire, nessuno di noi, senza una presenza amica".

Henri Matisse, rivolto ai medici chiamati a consulto, in seguito a un attacco cardiaco, diceva con pungente ironia: "Dite da parte mia ai signori che per discutere di un ammalato che non è tale ci mettono un po' troppo tempo". Dopo circa tre ore moriva.

Sono numerose le testimonianze di persone che hanno vissuto consapevolmente e serenamente il proprio morire. Molti autori, in ambito scientifico, storico e letterario, di varia ispirazione culturale, riportano esempi di acquisita tranquillità nel vivere l'ultimo passaggio, la conclusione della propria esistenza.

7

Si legge in un libro tibetano: "Importa poi che la morte non ci sorprenda inconsapevoli. [...]. Guai ad essere distratti, smarriti e torpidi. Bisogna guardare in faccia placidamente la sorte che incombe, vincere con mente serena e lucida il turbamento che l'imminente mistero induce nell'animo; restare in attesa calma e vigile, nella certezza che la morte è molto più che una fine: è un principio". Indubbiamente è la testimonianza di una storia narrativa, di un'interpretazione della vita.

Quale differenza fra una modalità di morire e un'altra, fra chi si fa interprete dell'ultima creatività, chi sembra assopirsi in un quieto sonno e chi invoca la fine per liberarsi da un dolore? È il caso, la fatalità, la fortuna o la sfortuna? O forse assume più rilevanza il ruolo dell'affettività e del proprio senso creativo? Vita e morte si tingono di mistero, fra angosce e speranze, smarrimenti e riconciliazioni degli affetti e dello spirito. È stato anche detto che si invecchia e si muore in relazione a come si è riusciti a vivere. È veramente così, e sempre? Quale memoria ognuno porta intimamente, dentro di sé, specialmente quando si è soli? Che cosa rimane da vivere e scoprire di ciò che resta dell'ultimo giorno? Scriveva Garcia Lorca: "Qui si vede la vita e la morte – la sintesi del mondo – che nello spazio profondo si guardano e si allacciano". E si conclude e si definisce il racconto di una storia originale, unica e irrepetibile.

Quale eredità, magistero ci trasmettono l'invecchiare e il morire? Molti anziani vivono fino agli ultimi giorni e ore, fra dubbi e domande, e nella certezza di un sentimento ci lasciano la dignità e la forza di un consapevole commiato, a volte un imperscrutabile sorriso. "Nel senso di morte, eccomi, spaventato d'amore" e "Oscuramente forte è la vita", scriveva Salvatore Quasimodo.

Il cammino della vecchiaia, sempre più lungo e sempre più per molti, è ancora spesso considerato da chi è più giovane in termini svalutativi; gli antichi pregiudizi, in vari contesti, sembrano prevalere: l'età senile equiparata a un periodo fondamentalmente triste e privo di interessi. Ma gli esempi di una vecchiaia serena, curiosa, creativa sono infiniti.

A 80 anni Michelangelo scrive al Vasari che voleva convincerlo a tornare a Firenze: "Messer Giorgio mio caro, io so che voi conoscete nel mio scrivere che io sono alle ventiquattr'ore, e non nasce in me pensiero che non vi sia dentro sculpita la morte: e Idio voglia ch'i' la tenga ancora a disagio qualch'anno". Ne passeranno altri nove.

E il 75enne Woody Allen commenta: "Non è che ho paura di morire. È che non vorrei essere lì quando questo succede", e ancora parla della morte accusandola di volersi continuamente avvicinare quando più volte le abbia espressamente manifestato l'idea di non essere per nulla interessato.

L'ironia di Michelangelo, di Woody Allen, di Leon Bloy, di Hokusai, di Henri Matisse e di altri rappresenta un'arguta modalità di considerare il finire e il senso che ne rimanda, quello della vita, del suo valore e della sua interpretazione.

Si può invecchiare e uscire di scena in svariati modi, fra la nebbia o le ombre del destino oppure fra le luci della ribalta di un'avventura umana, testimone, anche dopo, a volte per sempre, di ciò che si è stati e si continua nel tempo a essere, attraverso l'ispirazione di pensieri e sentimenti di un percorso biografico, delle sue esperienze e della sua ultima creatività, ricordo e insegnamento della storia di un uomo.

Lo sviluppo scientifico – neuropsicologico e psicologico – in tema di creatività consente di prospettare la possibilità che per molti anziani la paura della morte venga di fatto ridimensionata: che al timore del vuoto esistenziale subentri la curiosità per quanto comparirà nella fase finale, un avvenimento difficile da prevedere, ma sicuramente ricco di elementi di per sé innovativi e in grado di "cambiare il senso di tutto l'insieme". Un avvenimento del quale ciascuno potrà essere attore e spettatore, teso a cogliere il significato conclusivo della propria vita, il nucleo essenziale della propria persona.

7.7
L'ultima creatività quando la vita è breve

Trattando dell'ultima creatività, solitamente il pensiero corre a una lunga vita interamente compiuta, secondo i criteri della nostra, attuale aspettativa: a un complesso e ricco accumularsi di esperienze, che spesso rendono possibile una sintesi espressiva in un capolavoro; al coronamento della nostra esistenza terrena.
Non sempre è stato così e non sempre è così.

In un passato non troppo remoto (fino agli esordi del XX secolo) l'aspettativa di vita era dimezzata rispetto all'attuale, e l'interruzione della stessa poteva avvenire in un'età che oggi definiremmo giovanile (o perlomeno in un periodo adulto non inoltrato). Ciò non significa, naturalmente, che non potessero esistere vite caratterizzate dalla longevità, ma un evento imprevisto o imprevedibile poteva (come anche oggi può) interrompere improvvisamente un'esistenza, nella quale si è però già data prova di una maturazione creativa compiuta.

L'evento che interrompe l'esistenza può anche essere preannunciato (in caso, ad esempio, di una grave malattia), e dare luogo all'espressione di una creatività nuova (ovvero a un'accelerazione dello stato creativo presente), condizionata dal cambio di prospettiva esistenziale.

7.7.1
Giovanni Battista Pergolesi

Il primo esempio ci riporta al Settecento e all'ambito musicale.

È il caso di Giovanni Battista Pergolesi (1710-1736), il compositore jesino che già in età giovanile aveva fornito prova della sua valentìa musicale, e che rientra nei canoni di un'ultima creatività compiuta, giacché il suo *Stabat Mater*, opera che viene considerata il capolavoro, fu scritto nel 1735, quando già si approssimava la fine della vita dell'autore (come accennato a pag. 75).

In un qualche modo, l'ineluttabilità di una fine vicina poteva essere prevista, giacché la malattia che avrebbe portato a morte Pergolesi, la tubercolosi, si era da tempo evidenziata e aveva progressivamente minato la sua resistenza fisica. Tut-tavia, essa non deve essere sottolineata con particolare enfasi.

Da un altro punto di vista, infatti, le vicende sanitarie di questo grande autore non potevano considerarsi né eccezionali, né particolari per caratteristica ed evoluzione, giacché tale patologia era molto diffusa in tutti gli ambiti sociali, e l'evoluzione si dimostrava invariabilmente infausta in tempi relativamente brevi (Centro Studi Pergolesi, 2010).

7.7.2
Piero Manzoni

Il secondo esempio ci conduce a un tempo a noi prossimo, e ad un ambito, quello artistico, interamente lombardo.

Infatti, l'artista cremonese Piero Manzoni (era nato a Soncino nel 1933) svolse la vita e la sua attività artistica prevalentemente a Milano.

Egli non fu precocissimo, avendo iniziato a dipingere a diciassette anni, ma a soli ventitré anni prese parte attiva ai fermenti artistici milanesi. Passando attraverso i rapporti con Enrico Baj (1924-2003), Lucio Fontana (1899-1968), Enrico Castellani, una progressione di grandiosità delle sue opere e performances (dall'uso, caratteristico dell'inizio della sua carriera, di oggetti della vita quotidiana alle *linee*, progettate quasi come infinite) caratterizza gli ultimi periodi della sua attività, interrotta dall'improvvisa morte, avvenuta nel suo studio milanese, il 6 febbraio 1963.

In questo caso la morte, che possiamo definire precoce (rispetto all'aspettativa di vita media), interrompe un percorso creativo, che aveva già avuto modo di estrinsecarsi compiutamente (Grazioli, 2007).

7.7.3
Egon Schiele

Un caso particolare, avvicinabile alla terza evenienza proposta, può essere considerato quello dell'artista esponente della secessione viennese Egon Schiele (1890-1918).

Spirito anticonformista, aveva raggiunto una sicura fama (anche se discussa, alla luce dei canoni sociali d'epoca), quando il mondo fu travolto dalla pandemia di influenza *spagnola* del 1918-1919, che provocò circa 40-50 milioni di morti (oltre 20 milioni in Europa).

Schiele ritrasse più volte l'agonia della moglie Edith Harms (che era stata sua modella), che era al sesto mese di gravidanza. Ella morì il 28 ottobre 1918. La rappresentazione della sua fine può essere considerato l'ultimo apporto creativo all'arte del marito, poiché ella era la sua unica modella.

Tuttavia si trattò anche di un'*ultima creatività* incredibilmente drammatica per lo stesso Egon Schiele, giacché egli morì tre giorni più tardi, il 31 ottobre 1918, vittima della pandemia influenzale (Leopold e Smola, 2010).

7.7.4
Pier Vittorio Tondelli

Lo scrittore emiliano (1955-1991), rappresentò uno fra gli esponenti più controversi della letteratura degli anni Ottanta del Novecento, per i suoi romanzi che trattano anche delle tematiche omosessuali.

Dopo una lunga e sofferta gestazione (che coinvolgeva anche le sue vicende personali), nel 1980 sono pubblicati i suoi racconti sotto il titolo di *Altri libertini* e nel 1985 comparve una sua seconda opera, *Rimini*.

Si tratta di volumi che suscitarono polemiche e reazioni critiche (e l'autorità giudiziaria decretò il sequestro della prima opera dopo sole tre settimane dalla pubblicazione, per oscenità e bestemmia).

Nel romanzo *Camere separate*, sua ultima opera compiuta, del 1989 entra prepotentemente e drammaticamente in gioco la dimensione autobiografica, anche se velata.

Nelle vicende omosessuali del protagonista, nella sua annunciata grave malattia possiamo facilmente ritrovare i tratti dell'esistenza di Tondelli, e della malattia (l'AIDS) che lo condurrà a morte il 16 dicembre 1991 (Tondelli, 2005).

7.7.5
Michail Afanas'evic Bulgakov

Nasce a Kiev, il 15 maggio 1891. A venticinque, si laurea in medicina e presta servizio come medico volontario nella Croce Rossa; lavora come chirurgo negli ospedali da campo nel corso della prima guerra mondiale.

Tra i suoi primi racconti: *Infermità* e *Racconti di un giovane medico* riflettono la sua esperienza di medico, comprese le difficoltà in cui può trovarsi un giovane laureato all'inizio della professione: "Che cosa faccio? Consigliatemi, siate buoni. Quarantotto giorni fa mi sono laureato con lode, ma la lode è una cosa, e l'ernia un'altra".

Bulgakov si dimostra particolarmente sensibile ai conflitti politici e sociali, agli avvenimenti che caratterizzano la sua nazione, il suo popolo. Nel suo primo romanzo pubblicato: *La guardia bianca*, poi ridotto in rappresentazione teatrale con il nome *I giorni dei Turbìn*, testimonia con cupo realismo le vicende di quel periodo.

Bulgakov incontra sempre più un successo di pubblico con *Cuore di cane*, *Le uova fatali*, *Il maestro e Margherita* – considerato il suo capolavoro, che l'autore non ebbe mai il piacere di vedere pubblicato – ma parallelamente al consenso popolare aumentano le difficoltà di divulgazione, vengono osteggiate e poi proibite le rappresentazioni, le pubblicazioni (Bulgakov, 1977). Sono romanzi metafisici, allegorici, satirici nei confronti di un potere politico ottuso al pluralismo delle idee e dei comportamenti. Racconti fantastici, metaforici in difesa di un popolo costretto a vivere in condizioni subumane, ma disposto al riscatto, alla conquista di un'esistenza civile. Si legge in una lettera indirizza a Stalin il 28 marzo 1930: "gli elementi presenti nei miei racconti satirici: le tinte nere e mistiche (io sono uno scrittore mistico), con cui sono rappresentate le innumerevoli mostruosità della nostra vita quotidiana, il veleno di cui è intrisa la mia lingua, il profondo scetticismo nei confronti del processo rivoluzionario in atto nel mio arretrato paese, a cui contrappongo la Grande Evoluzione, a me tanto cara" (Giuliani, 1993).

Dieci giorni dopo sempre più turbato da quanto accadeva alla libertà e alla vita di molti suoi colleghi chiede al governo sovietico l'autorizzazione di espatrio: "avendo davanti a sé soltanto la miseria, il vagabondaggio e la morte". Il suicidio del poeta Vladimir Majakovskij (1893-1930) induce Stalin a riesaminare le posizioni di alcuni scrittori, fra cui Bulgakov.

Il 18 aprile 1930 Stalin telefona personalmente a Bulgakov e la conversazione viene fedelmente trascritta dalla moglie: "*Stalin*: Abbiamo ricevuto la sua lettera. L'ho letta insieme ai compagni. Riceverà una risposta favorevole. Ma non mi sembra il caso di lasciarla partire per l'estero. Dica, le siamo venuti così a noia? *Bulgakov*: Negli ultimi anni ho riflettuto molto se uno scrittore russo possa vivere fuori della propria patria, e mi sembra di no. *Stalin*: Lei ha ragione. Lo penso anch'io. Dove vuol lavorare? Nel Teatro dell'Arte? *Bulgakov*: Sì, ma quando ne ho parlato, mi è stato opposto un rifiuto. *Stalin*: Presenti una domanda. Credo che acconsentiranno" (Melander, 1992).

Lo scrittore viene chiamato come assistente alla regia al Teatro d'Arte di Mosca che poi lascerà per il Teatro Accademico, poiché anche le sue nuove commedie che trattavano il rapporto fra arte e potere continuavano a essere proibite.

Conclude la sua vita a Mosca il 10 marzo del 1940, a 48 anni alla stessa età del padre e per la medesima malattia; ha continuato a lavorare strenuamente fino al lento assopimento della morte, assistito dalla moglie che ogni giorno gli legge a voce alta pagine de *Il maestro e Margherita*.

Bulgakov muore fra gli affetti della consorte e le parole della sua ultima fatica letteraria. L'atto finale dello scrittore sembra fondersi fra l'ultima creatività artistica e quella narrativa della sua vita.

Lasciandomi andare a lungo...
gli occhi fissi chiudono le palpebre
per riposarsi finalmente soli
non fantasmi
non ondate... di paura
ora niente più può ferirmi
lascio le mie mani dondolare nel vuoto
per tastare altre...
... a me tanto care
l'ora della quiete è giunta...
        (Marco Cesa-Bianchi, 1982)

Bibliografia

AA. VV. (2009) Splendore simultaneo del Palio di Siena. Betti, Siena
Amigoni F, Schiaffonati V, Somalvico M (2001) Dynamic agency: models for creative production and technology application, In: Riva G, Davide F (eds) Communication through virtual technology: identity community and technology in the Internet age. IOS Press, Amsterdam
Andreani Dentici O (2001) Intelligenza e creatività. Carocci, Roma
Andreani Dentici O, Orio S (1972) Le radici psicologiche del talento. il Mulino, Bologna
Arecchi FT (2007) Coerenza, complessità, creatività. Di Renzo, Roma
Arieti S (1966) American Handbook of Psychiatry, tr. it. Manuale di Psichiatria, vol. III. Boringhieri, Torino, 1969
Arieti S (1976) Creativity. The magic synthesis, tr. it. Creatività. La sintesi magica. Il Pensiero Scientifico, Roma, 1979
Atkinson RC, Shiffrin RM (1968) Human memory: a proposed system and its control processes. In: Spence JT (ed) The psychology of learning and motivation, vol. 2. Academic Press. New York
Bartlett F (1958) Thinking. An experimental and social study. G. Allen, London
Belloni L (1980) Per la Storia della medicina. Forni, Sala Bolognese
Boncinelli E (1999) Il cervello, la mente e l'anima. Mondadori, Milano
Bossaglia R (1978) I Fantoni. Quattro secoli di bottega di scultura in Europa. Neri Pozza, Vicenza
Bulgakov MA (1977) Il maestro e margherita. Rizzoli, Milano
Centro Studi Pergolesi, Università degli Studi di Milano (2010) Convegno internazionale di studi. G.B. Pergolesi: la critica dei testi, i testi della critica. Abstracts (consultato su: http://www.centrostudipergolesi.unimi.it/doc/abstracts.pdf)
Cesa-Bianchi M (1982) Vi ritroverò al ritorno. Morcelliana, Brescia
Commissione di coordinamento per la presenza della Svizzera all'estero (2010) Come un canto religioso divenne inno nazionale (consultato su: http://www.admin.ch/org/polit/00055/ 00064/index.html?lang=it&unterseite=yes)
Cornoldi C (2007) L'intelligenza. il Mulino, Bologna
Cornoldi C, De Beni R (2005) Vizi e virtù della memoria. Giunti, Firenze
Cosmacini G, De Filippis M, Sanseverino P (2004) La peste bianca. Milano e la lotta antitubercolare (1882-1945). Franco Angeli, Milano
Darwin C (1859) On the origin of species by means of natural selection, or the preservation of favoured races in the struggle for life, tr. it. Sull'origine delle specie per mezzo della selezione naturale o la preservazione delle razze favorite nella lotta per la vita. Nicola Zanichelli e Soci, Modena, 1864
de Beauvoir S (1970) La vieillesse, tr. it. La terza età. Einaudi, Torino, 1971

De Bono E (1973) Lateral Thinking, tr. it. Creatività e pensiero laterale. Rizzoli, Milano, 2001
de Quincey T (1854) The last days of Immanuel Kant, tr. it. Gli ultimi giorni di Immanuel Kant. Adelphi, Milano, 1983
Dunbar K, Blanchette I (2001) The invivo/invitro approach to cognition: the case of analogy. Trends in Cognitive Sciences 5:334–339
Ebbinghaus H (1885) Über das Gedächtnis: Untersuchungen zur experimentellen Psychologie, tr. it. La memoria. Un contributo alla psicologia sperimentale. Zanichelli, Bologna, 1975
Edelman GM (2004) Wider than the sky. The phenomenal gift of consciousness, tr. it. Più grande del cielo. Lo straordinario dono fenomenico della coscienza. Einaudi, Torino, 2004
Ekman P, Friesen WV (1971) Constants across cultures in the face and emotion. J Pers Soc Psychol 17(2):124–129
Feldman DH (1986) Nature's gambit: child prodigies and the development of human potential, tr. it. Quando la natura fa centro. Giunti, Firenze, 1991
Feldman DH (1999) The development of creativity. In: Sternberg RJ (ed) Handbook of creativity. Cambridge University Press, Cambridge
Fileti Mazza M (2006) L'iconografia del Palio di Siena. Minuti Menarini 327:1–3
Freeman J (1979) Gifted children. MTP Press Limited, Lancaster
Freud S (1909) Cinque conferenze sulla psicoanalisi. In: Opere, vol. VI. Boringhieri, Torino, 1974, pp. 129–173
Freud S (1915) Il nostro modo di considerare la morte. In: Considerazioni attuali sulla guerra e la morte. In: Opere, vol. VIII. Boringhieri, 1976, pp. 137–148
Freud S (1935) A Thomas Mann per il suo sessantesimo compleanno. In: Opere, vol. XI. Boringhieri, Torino, 1976, p. 467
Freud S (1938) Analisi terminabile e interminabile. In: Opere, vol. XI. Boringhieri, Torino, 1976, pp. 499–535
Freud S (1938) Costruzioni nell'analisi. In: Opere, vol. XI. Boringhieri, Torino, 1976, pp. 541–552
Freud S (1938) Antisemitismo in Inghilterra. In: Opere, vol. XI. Boringhieri, Torino, 1976, p. 657
Fromm E (1959) L'atteggiamento creativo. In: Anderson HH (ed) Creativity and its cultivation, tr. it. La creatività e le sue prospettive. La Scuola, Brescia, 1972, pp. 67–78
Galimberti U (1999) Enciclopedia di psicologia. Garzanti, Milano
Galton F (1869) Hereditary Genius. An inquiry into its laws and consequences. MacMillan, London
Gardner H (1983) Frames of Mind. Theory of Multiple Intelligence. Basic Books, New York, tr. it. Formae mentis. Feltrinelli, Milano, 1988
Giuliani R (1993) Bulgakov. Le uova fatali. Newton Compton, Roma, p. 10
Giusti E, Murdaca F (2008) Psicogerontologia. Interventi psicologici integrati in tarda età. Sovera, Roma
Goldberg E (2005) How your mind can grow stronger, as your brain grows older, tr. it. Il paradosso della saggezza. Come la mente diventa più forte quando il cervello invecchia. Ponte alle Grazie, Milano, 2005
Goleman D (1995) Emotional intelligence, tr. it. Intelligenza emotiva. Rizzoli, Milano, 1996
Grazioli E (2007) Piero Manzoni. Bollati Boringhieri, Torino
Guerzoni G (2006) Il bambino prodigio di Lubecca. Allemandi, Torino
Guilford JP (1959) Elementi caratteristici della creatività. In: Anderson HH (ed) Creativity and its cultivation, tr. it. La creatività e le sue prospettive. La Scuola, Brescia, 1972. pp. 177–198
Henderson CS, Andrews N (1998) Partial view. An Alzheimer journal, tr. it. Visione parziale. Un diario dell'Alzheimer. Associazione Goffredo de Banfield – Federazione Alzheimer Italia, Editoriale Lloyd, Trieste, 2002
Jahier P (2009) Canti di soldati. Mursia, Milano
Jankelevitch V (1994) Penser la mort? tr. it. Pensare la morte? Raffaello Cortina, Milano, 1995
Johnson-Laird PN (1988) The computer and the mind, tr. it. La mente e il computer. il Mulino, Bologna, 1990

Johnson-Laird PN (1993) Human and machine thinking. LEA, Hillsdale
Koehler W (1917) Intelligenzprüfungen an Menschenaffen, tr. it. L'intelligenza delle scimmie antropoidi. Giunti-Barbera, Firenze, 1961
Kris E (1952) Psychoanalitic explorations in art, tr. it. Ricerche psicoanalitiche sull'arte, Einaudi, Torino, 1967
Kubie E (1958) Neurotic distortion and creative process. University of Kansas, Lawrence
LeDoux J (2002) Synaptic Self: how our brains become who we are, tr. it. Il Sé sinaptico. Come il nostro cervello ci fa diventare quelli che siamo. Raffaello Cortina, Milano, 2002
Leopold R, Smola F (2010) Schiele e il suo tempo. Skira, Milano
Malthus TR (1798) An essay of the principle of the population as it affects the future improvement of society, tr. it. Saggio sui principi della popolazione e i suoi effetti sullo sviluppo futuro della società. Torino, Einaudi, 1977
Mann T (1984) Il bambino prodigio e altri racconti. Studio Tesi, Pordenone
Marinozzi S, Vianeo I, Tagliacozzi G (1999) Lo sviluppo della rinoplastica nel XVI secolo. Medicina nei Secoli, vol. 11.3, pp. 603–610
Maslow AH (1959) La creatività nell'individuo che realizza il proprio io. In: Anderson HH (ed) Creativity and its cultivation, tr. it. La creatività e le sue prospettive. La Scuola, Brescia, 1972, pp. 111–124
May R (1959) La natura della creatività. In: Anderson HH (ed) Creativity and its cultivation, tr. it. La creatività e le sue prospettive. La Scuola, Brescia, 1972, pp. 79–93
Mazzini I (1997) La medicina dei Greci e dei Romani. Letteratura, lingua, scienza. Volume Secondo: Scienza. Jouvence, Roma
McDougall J (1980) Plea for a measure of abnormality. International Universities Press, NewYork
Melander V (1992) Nota bibliografica. Bulgakov, Cuore di cane. Newton Compton, Roma
Mozart, Schubert, Bach, Liszt (2009) Metamorfosi, Milano
Nemirovsky I (1995) Un bambino prodigio. Giuntina, Firenze
Nicosia S (ed) (1984) Elio Aristide, Discorsi sacri. Adelphi, Milano
Nobel Lectures, Physics 1901-1921 (1967) Elsevier, Amsterdam
Piaget J (1945) La formation du symbole chez l'enfant, tr. it. La formazione del simbolo nel bambino – Imitazione, gioco e sogno – Immaginazione e rappresentazione. La Nuova Italia Scientifica, Firenze, 1972
Poincaré H (1908) Science et méthode, tr. it. Scienza e metodo. Einaudi, Torino, 1997
Poirier J (2008) L'autre Babinski. Neurologies 11:219–225
Polya G (1990) How to solve it: a new aspect of mathematical method. Penguin Science, London
Popper KR, Eccles J (1977) The Self and its brain. An argument for interactionism, tr. it. L'io e il suo cervello. Materia, coscienza e cultura, vol. 1 e 2. Armando, Roma, 1981
Porro A (2004) Gli oggetti di uso e consumo in medicina: un patrimonio storico da valorizzare. In: Atti 1° Congresso in Sardegna di Storia della Medicina. Edizioni Sole, Cagliari, pp. 69–75
Porro A (2007a) La forma poetica come veicolo di competence medica. In: Cristini C, Porro A (eds) Medicina e letteratura. GAM, Rudiano (BS), pp. 18–38
Porro A (2007b) Storia della medicina 1 (fino al XIX secolo). In appendice: Storia dell'odontoiatria. GAM, Rudiano (BS)
Porro A, Franchini AF (1997) FORLANINI, Carlo. In: Dizionario biografico degli Italiani, vol. 49. Istituto della Enciclopedia Italiana, Roma, pp. 3–7
Pozzato E, Silvestri A (1997) FORLANINI, Enrico. In: Dizionario biografico degli Italiani, vol. 49. Istituto della Enciclopedia Italiana, Roma, pp. 7–9
Ramachandran VS (2003) The Emerging Mind, tr. it. Che cosa sappiamo della mente. Mondadori, Milano, 2004
Renzulli JS (1985) The three-ring conception of giftedness: a developmental model for creative productivity. In: Horowitz FD, O'Brien M (eds) The gifted and talented. American Psychological Association, Washington
Rogers CR (1959) Per una teoria della creatività. In: Anderson HH (ed) Creativity and its cultivation, tr. it. La creatività e le sue prospettive. La Scuola, Brescia, 1972, pp. 95–110

Rousseau J-J (1750) Discours sur les sciences et les arts, tr. it. Discorso sulle scienze e sulle arti. Rizzoli, Milano, 1997

Sampedro JL (1985) La sonrisa etrusca, tr. it. Il sorriso etrusco. Il Saggiatore, Milano, 1997

Schachtel EG (1959) Metamorphosis: on the development of affect, perception, attention, and memory. Basic Books, New York

Sheldon KM (1999) Conformity. In: Runco MA, Pritzker SR (eds) Encyclopedia of Creativity. Academic Press, San Diego

Simonton DK (1984) Genius, creativity and leadership. Harvard University Press, Cambridge

Skalski JH (2007) Joseph Jules François Félix Babinski (1857–1932). Journal of Neurology 1140–1141

Smith A (1759) The Theory of Moral Sentiments, tr. it. Teoria dei sentimenti morali. Rizzoli, Milano, 1995

Sternberg RJ (1985) Beyond IQ: a triarchic theory of human intelligence tr. it. Teorie dell'intelligenza: una teoria tripolare dell'intelligenza umana. Bompiani, Milano, 1987

Sternberg RJ, Lubart TJ (1999) The concept of creativity: prospects and paradigms. In: Sternberg RJ (ed) Handbook of Creativity. Cambridge University Press, Cambridge

Terman L (1959) Genetic studies of genius. Stanford University Press, Stanford

The picturegoer's who's who and encyclopaedia of the screen today (1933), alle voci: Jefferson, Arthur Stanley e Hardy, Oliver Norwell

Tito Lucrezio Caro (1953) De Rerum Natura. Rizzoli, Milano

Tondelli PV (2005) Opere. Bompiani, Milano

Torrance EP (1972) Can we teach children to think creatively? Journal of Creative Behavior 6:114–143

Valastro Canale A (ed) (2006) Isidoro di Siviglia, Etimologie o origini, 2 voll. UTET, Torino

Vasari G (2009) Le vite dei più eccellenti pittori, scultori e architetti. Newton, Roma

Vegetti M (ed) (1976) Ippocrate, Opere. UTET, Torino

Wallace DB, Gruber HE (1989) Creative people at work. Oxford University Press, New York-Oxford

Walter H (1995) Das Alter leben! Herausforderungen und neuen Lebensqualitaten, tr. it. Vivere la vecchiaia. Sfide e nuove qualità di vita. Armando, Roma, 1999

Wertheimer M (1959) Productive thinking, tr. it. Il pensiero produttivo. Giunti, Firenze, 1965

Letture consigliate

Abrous DN, Koehl M, Le Moal M (2005) Adult neurogenesis: from precursors to network and physiology. Physiol Rev 85(2):523–569
Ackerman PL (1996) A theory of adult intellectual development: process, personality, interests and knowledge. Intelligence 22:227–257
Albanese A (2001) Nonn@nline. CUEM, Milano
Albanese A, Facchini C, Vitrotti G (2006) Dal lavoro al pensionamento: vissuti, progetti. FrancoAngeli, Milano
Albanese A, Cristini C (eds) (2007) Psicologia del turismo: prospettive future. Un percorso di ricerca-formazione nazionale interdisciplinare. Scritti in onore di Marcello Cesa-Bianchi. FrancoAngeli, Milano
Amoretti G, Ratti MT (1994) Psicologia e terza età. La Nuova Italia Scientifica, Roma
Andreani Dentici O (2006) Ricordi molto lontani. La memoria a lungo termine nella vita quotidiana. Unicopli, Milano
Andreasen NC (2005) The creating brain: the neuroscience of genius. Dana Press, Washington
Andreis G, Cesa-Bianchi M, Piumetti P, Risatti E (2008) Residenze per anziani: misurare la qualità colorando le emozioni. Editrice Percorsi, Savigliano
Antonietti A, Pizzingrilli P (2006) Meta-creatività: costruzione di una prova per valutare la consapevolezza della ristrutturazione nei disegni originali. Imparare 3:55–75
Antonini FM, Magnolfi S (1991) L'età dei capolavori. Marsilio Editori, Venezia
Ariès P (1975) Essais sur l'histoire de la mort en Occident du Moyen Age a nos jours, tr. it. Storia della morte in Occidente dal Medioevo ai giorni nostri. Rizzoli, Milano, 1978
Aveni Casucci MA (1986) La cultura ritrovata. Franco Angeli, Milano
Aveni Casucci MA (1991) Eros e Tanatos: dalla età adulta alla longevità. Giornale di Gerontologia 39:543–555
Aveni Casucci MA (1992) Psicogerontologia e ciclo di vita. Mursia, Milano
Axia G (1996) Elogio della cortesia. L'attenzione per gli altri come forma di intelligenza. il Mulino, Bologna
Baldini M (ed) (1994) Freud. Aforismi e pensieri. Newton Compton, Roma
Baltes PB (1997) On the incomplete architecture of human ontogeny: selection, optimization and compensation as foundation of developmental theory. Am Psychol 52:366–380
Baltes PB, Baltes MM (1990) Successful Aging: Perspectives from the Behavioral Sciences. Cambridge University Press, New York
Baltes PB, Cartensen LL (1996) The process of successful aging. Aging Soc 16:397–422
Baltes PB, Staudinger UM, Lindenberger U (1999) Lifespan psychology: theory and application to intellectual functioning. Annual Reviews Psychol 50:471–507

Baroni MR (2003) I processi psicologici dell'invecchiamento. Carocci, Roma
Barucci M (1989) Psicogeragogia. Mente, vecchiaia, educazione. UTET Libreria, Torino
Barucci M (1995) Umore e invecchiamento. Idelson, Napoli
Bellotti GG, Madera MR (2009) Il corpo in cammino. L'intervento psicomotorio con la persona anziana. Unicopli, Milano
Bertin M (1981) Dimensione nonna. Cappelli, Bologna
Biggs S (1993) Understanding Ageing. Open University Press, Buckingham
Binstock RH, George LK (2001) Handbook of aging and social sciences. Academic Press, San Diego
Birren JE, Schaie KW (1977) Handbook of the psychology of aging. Van Rostrand & Reinhold, New York
Bobbio N (1996) De Senectute. Einaudi, Torino
Borowiak E, Kostka T (2004) Predictors of quality of live in older people living at home and in institutions. Aging. Clinical and Experimental Research 16(3):212–220
Bruner J (1999) Narratives of aging. Journal of Aging Studies 13(1):7–9
Campione F (1982) Dialoghi sulla morte. Cappelli, Bologna
Cargnello D (1956) Della morte e del morire, in psichiatria. Sistema Nervoso 2:113–125
Carlsson I, Wendt PE, Risberg J (2000) On the neurobiology of creativity. Differences in frontal activity between high and low creative subjects. Neuropsychology 38:873–885
Carroll JB (1993) Human Cognitives Abilities. Cambridge University Press, Cambridge
Cattaneo MT, Cesa-Bianchi M (1996) L'uomo che invecchia e la sua sessualità in un mondo in continua trasformazione. In: Simonelli C, Petruccelli F, Vizzari V (eds) Sessualità e terzo millennio – Studi e ricerche in sessuologia clinica, vol. 1. Franco Angeli, Milano, pp. 251–267
Cefis F (1999) Il mestiere di vivere. L'arte di invecchiare. IKONOS Editore, Treviglio (BG)
Cesa-Bianchi G, Cristini C (1997) Adattamento, timori, speranze: la qualità della vita in un campione di 100 ultrasessantenni. N.P.S., Rivista della Fondazione "Centro Praxis", 27(4):557–621
Cesa-Bianchi G, Cristini C, Aveni Casucci MA, Cesa-Bianchi M (1999) A research on TV-violence and relationship between grandparents and grandchildren. International Psychogeriatrics 11(1):142
Cesa-Bianchi G, Cristini C, Solimeno-Cipriano A, Aveni Casucci MA (2006) Diventare ed essere nonni: risultati di una ricerca. Giornale di Gerontologia 54(5):475
Cesa-Bianchi G, Cristini C (2007) Aspetti psicologici del morire. In: Cristini C (ed) Vivere il morire. L'assistenza nelle fasi terminali. Aracne, Roma, pp. 107–131
Cesa-Bianchi M (1977) Psicologia della senescenza. Franco Angeli, Milano
Cesa-Bianchi M, Bregani P (1980) Psicologia generale e dell'età evolutiva. La Scuola, Brescia
Cesa-Bianchi M (1987) Psicologia dell'invecchiamento: caratteristiche e problemi. La Nuova Italia Scientifica, Roma
Cesa-Bianchi M (1994) Caratteristiche psicologiche dell'invecchiamento: aspetti positivi. In: Valente Torre L, Casalegno S (eds) Invecchiare creativamente ... per non invecchiare. Atti del Convegno. Regione Piemonte, Torino
Cesa-Bianchi M, Pravettoni G, Cesa-Bianchi G (1997) L'invecchiamento psichico: il contributo di un quarantennio di ricerca. Giornale di Gerontologia 45(5):311–321
Cesa-Bianchi M (1998) Giovani per sempre? L'arte di invecchiare. Laterza, Roma
Cesa-Bianchi M, Vecchi T (1998) Elementi di Psicogerontologia. Franco Angeli, Milano
Cesa-Bianchi M (1999) Cultura e condizione anziana. Vita e Pensiero, Rivista Culturale dell'Università Cattolica del Sacro Cuore 82(3):273–286
Cesa-Bianchi M (2000) Psicologia dell'invecchiamento. Carocci, Roma
Cesa-Bianchi M, Cesa-Bianchi G, Cristini C (2001) Il nonno, il bambino e la città. In: Stroppa C (ed) Per una cultura del gioco: come creare una ludoteca. Italian University Press, Pavia, pp. 247–285
Cesa-Bianchi M (2002) Comunicazione, creatività, invecchiamento. Ricerche di Psicologia 25(3):175–188

Cesa-Bianchi M, Antonietti A (2002) Dentro la psicologia. Teorie, ricerche, personaggi, contesti. Mondadori Università, Milano

Cesa-Bianchi M, Cristini C, Cesa-Bianchi G (2002) L'ultima creatività? In: Pinkus L, Filiberti A (eds) La qualità della morte. FrancoAngeli, Milano, pp. 213–218

Cesa-Bianchi M, Antonietti A (2003) Creatività nella vita e nella scuola Mondadori Università, Milano

Cesa-Bianchi M, Albanese O (2004) Crescere e invecchiare. La prospettiva del ciclo di vita. Unicopli, Milano

Cesa-Bianchi M, Cristini C, Cesa-Bianchi G (2004) Positive Aging. Ricerche di Psicologia 7(1):191–206

Cesa-Bianchi M, Cristini C, Cesa-Bianchi G (2004) Ai confini tra la vita e la morte: l'ultima creatività. In: Stroppa C (ed) Ai confini tra la vita e la morte. Fede ed etica nella vita quotidiana. Edizioni Scientifiche Italiane, Napoli, pp. 79–93

Cesa-Bianchi M (2006) Lectio. In: Laurea honoris causa in Scienze della Comunicazione. Università degli Studi Suor Orsola Benincasa, Napoli

Cesa-Bianchi M, Sala G (2008) Le disabilità tra scienza e volontariato. FrancoAngeli, Milano

Cesa-Bianchi M, Cristini C (2009) Vecchio sarà lei! Muoversi, pensare, comunicare. Guida, Napoli

Cesa-Bianchi M, Cristini C, Giusti E (2009) La creatività scientifica. Il processo che cambia il mondo. Sovera, Roma

Cesa-Bianchi M, Porro A, Cristini C (2009) Sulle tracce della psicologia italiana. Storia e autobiografia. FrancoAngeli, Milano

Changeux JP, Ricoeur P (1998) La nature et la règle, tr. it. La natura e la regola. Alle radici del pensiero. Raffaello Cortina, Milano, 1999

Chapman NJ, Neal MB (1990) Intergeneration al experiences between adolescents and older adults. The Gerontologist 30:825–832

Chattat R (2004) L'invecchiamento. Processi psicologici e strumenti di valutazione. Carocci, Roma

Cherubini A, Rossi R, Senin U (2002) Attività fisica e invecchiamento. EdiSES, Napoli

Ciambelli M (2004) Memoria ed emozioni. Liguori, Napoli

Cima R (2004) Tempo di vecchiaia. Un percorso di anima e cura tra storie di donne. FrancoAngeli, Milano

Cipolli C (1995) Sleep, dreams and memory: an overview. Journal of Sleep Research 4:2–9

Cipolli C, Mattarozzi K, Tomassoni R, Zamagni P (2002) Processo creativo e stati di vigilanza: alcune indicazioni sperimentali. In: Tomassoni R (ed) La psicologia delle arti oggi. Franco Angeli, Milano

Cristini C, Cesa-Bianchi G (2001) Arte quale stimolo alla comunicazione negli anziani. IKON – Forme e processi del comunicare 42–43:143–194

Cristini C (ed) (2008) Psicologia dell'invecchiamento. Numero speciale dedicato a Marcello Cesa-Bianchi. Ricerche di Psicologia 31:1–2

Cristini C, Cesa-Bianchi G (2009) Diario di un viaggio: l'ultima creatività. In: Albanese A, Maeran R (eds) Ambiente e turismo: la memoria e lo sguardo. Turismo e Psicologia. Rivista interdisciplinare di studi, ricerche e formazione 2:307–322

Cristini C, Cesa-Bianchi G, Cesa-Bianchi M (2009) Invecchiare e morire: l'ultima creatività. Ciclo evolutivo e disabilità/Life Span and Disability 12(1):107–133

Cristini C, Ghilardi A (2009) Sentire e pensare. Emozioni e apprendimento fra mente e cervello. Springer, Milano

Cristini C, Porro A (eds) (2009) Medicina, cinema e teatro. GAM, Rudiano (BS)

Crutch SJ, Isaacs R, Rossor MN (2001) Some workmen can blame their tools: artistic change in an individual with Alzheimer's disease. Lancet 357:2129–2133

Cumming E, Henry WE (1961) Growing old: the process of disengagement. Basic Books, New York

Davidovic M, Djordjevic Z, Erceg P et al (2007) Ageism: does it exist among children? Scientific World Journal 27(7):1134–1139

De Beni R (2009) Psicologia dell'invecchiamento. il Mulino, Bologna

de Hennezel M (1995) La mort intime, tr. it. La morte amica. RCS Libri & Grandi Opere, Milano
Delle Fave A (2007) La condivisione del benessere. Il contributo della psicologia positiva. Franco Angeli, Milano
Demetrio D (1996) Raccontarsi. L'Autobiografia come cura di sé. Raffaello Cortina, Milano
Eissler KR (1976) Profilo biografico. In: Freud E, Freud L, Grubrich-Simitis I (eds) Sigmund Freud. Biografia per immagini.
Facchini C (2003) Invecchiare: un'occasione per crescere. FrancoAngeli, Milano
Fagioli M (2002) Istinto di morte e conoscenza. Nuove Edizioni Romane, Roma
Falchero S (2007) La qualità nelle strutture per anziani. Carocci Faber, Roma
Falzini M (2001) Attività creativa e malattia mentale. Risultati di un'esperienza. Tesi di Specializzazione in Psicologia Clinica, Università degli Studi di Milano
Fonzi A (2006) Gli uomini muoiono, le donne invecchiano. Giunti, Firenze
Fratiglioni L, Paillard-Borg S, Winblad B (2004) An active and socially integrated lifestyle in late life might protect against dementia. Lancet Neurology 3(6):343–353
Freud S (1919) Il perturbante. In: Opere, vol. IX. Boringhieri, 1976, pp. 81–114
Fusco A, Tomassoni R (eds) (2008) Creatività nella psicologia letteraria, drammatica e filmica. FrancoAngeli, Milano
Gallese V, Keysers C, Rizzolatti G (2004) A unifying view of the basis of social cognition. Trends in cognitive sciences 8(9):396–403
Gecchele M, Danza G (1993) Nonni e nipoti: un rapporto educativo. Rezzara, Vicenza
Ghisletta P, Nesselroade JR, Featherman DL, Rowe JW (2002) Structure and predictive power of intraindividual variability in health and activity measures. Swiss Journal of Psychology/Schweizerische Zeitschrift für Psychologie/Revue Suisse de Psychologie 61(2):73–83
Giavelli S, Grecchi A (eds) (2001) Creatività e cultura. Elisir di giovinezza. Guerrini e Associati, Milano
Gognalons-Nicolet M (2008) Du vieillissement positif au vieillissement créatif. Gérontologie et société 125:93–103
Grano C, Lucidi F (2005) Psicologia dell'invecchiamento e promozione della salute. Carocci, Roma
Greenberg DA, Jin K (2006) Neurodegeneration and neurogenesis: focus on Alzheimer's disease. Curr Alzheimer Res 3(1):25–28
Gross CG (2000) Neurogenesis in the adult brain: death of a dogma. Nature Reviews 1:63–73
Grossi D, Orsini A (1979) Neuropsicologia clinica delle demenze. Il Pensiero Scientifico, Roma
Guerra Lisi S, Stefani G (2002) Arte e follia. Armando, Roma
Guerrini GB, Giorgi Troletti G (2008) Alzheimer in movimento. L'attività motoria con le persone affette da demenza: manuale per familiari e operatori. Maggioli, Santarcangelo di Romagna (RN)
Hannemann BT (2006) Creativity with dementia patients. Can creativity and art stimulate dementia patients positively? Gerontology 52(1):59–65
Havighurst RJ (1960) L'invecchiare con successo. Longevità, 6
Hillman J (1999) The force of character and the lasting life, tr. it. La forza del carattere, Adelphi, Milano, 2000
Holliday R (1995) Understanding Ageing, tr. it. Capire l'invecchiamento, Zanichelli, Bologna, 1998
Hoyer WJ, Rybash JM (1994) Characterizing adult development. J Adult Develop 1:7–12
Imbasciati A (2001) The unconscious as symbolopoiesis. Psychoan Rev 88(6):837–873
Imbasciati A (2004) A theoretical support for transgenerationality. The theory of the protomental. Psychoanalytic Psychology 21(1):83–98
Imbasciati A (2005) Psicoanalisi e cognitivismo. Armando, Roma
Imbasciati A (2006) Constructing a Mind. A new basis for psychoanalytic theory. Brunner-Routledge, London
Jomain C (1984) Mourir dans la tendresse, tr. it. Vivere l'ultimo istante. Ed. Paoline, Roma, 1986

Jones E (1953) Vita e opere di Freud. Il Saggiatore, Milano, 1962
Kaes R, Faimberg H, Enriquez M, Baranes JJ (1995) Transmission de la vie psychique entre générations, tr. it. Trasmissione della vita psichica tra generazioni, Borla, Roma
Kahneman D, Diener E, Schwarz N (1999) Well-being: the foundations of hedonic psychology. Russel Sage Foundation, New York
Kübler-Ross E (1965) On death and dying. tr. it. La morte e il morire. Cittadella, Assisi
Laicardi C, Pezzuti L (2000) Psicologia dell'invecchiamento e della longevità. il Mulino, Bologna
La Piccola Treccani (1995) Istituto della Enciclopedia Italiana, fondata da Giovanni Treccani, Roma
Laursen B, Bukowski WM (1997) A developmental guide to the organization of close relationships. International Journal of Behavioral Development 21(4):747–770
Levi Montalcini R (1998) L'asso nella manica a brandelli. Baldini e Castaldi, Milano
Levin J, Levin JC (1980) Ageism: prejudice and discrimination against the elderly. Wadsworth, Belmont
Limentani A (1995) Creativity and third age. International Journal of Psychoanalysis 76(4):825–833
Lorenzetti LM (1982) Arte e psicologia. FrancoAngeli, Milano
Maderna AM, Aveni Casucci MA, Cesa-Bianchi M (1973) Aspetti psicologici dell'invecchiamento e della vecchiaia. In: Antonini FM, Fumagalli C (eds) Gerontologia e Geriatria, vol. I. Wassermann, Milano
Mantovani G (1998) L'elefante invisibile. Alla scoperta delle differenze culturali. Giunti, Firenze
Meg M, Schoo A (2004) Optimizing exercise and physical activity in older people. Butterworth-Heinemann, Edinburgh
Menegazzi C (1981) I protagonisti della civiltà. GALILEO. Edizioni Futuro, Verona
Molteni S (2009) La rappresentazione della creatività. Imparare 6:49–74
Morin E (1970) L'homme e la mort. Editions du Seuil, Paris
Mulley G (2007) Myths of ageing. Clinical Medicine 7(1):68–72
Olievenstein C (1999) Naissance de la vieillesse, tr. it. La scoperta della vecchiaia. Einaudi, Torino, 1999
Oliverio A (2006) Come nasce un'idea. Intelligenza, creatività, genio nell'era della distruzione. Rizzoli, Milano
Oliverio A (2008) Geografia della mente. Territori cerebrali e comportamenti umani. Raffaello Cortina, Milano
Ostaseski F (2005) Being a compassionate companion, tr. it., Saper accompagnare. Aiutare gli altri e se stessi ad affrontare la morte. Modadori, Milano, 2006
Palmese F, Galati D (2007) Emozioni e qualità della vita quotidiana in anziani istituzionalizzati e non istituzionalizzati. Ricerche di Psicologia 30(2):129–156
Paoli M (2009) Nonni e nipoti. L'armonia compiuta. Masso delle Fate, Signa (FI)
Paolucci A (2000) La creatività artistica nella terza età. In: Il sapere nella terza età. Università Primo Levi, Bologna
Pedrazzi M, Vercauteren R, Loriaux M (2000) Verso una società per tutte le età. Il tempo del possibile, vol. II: La cultura dell'incontro generazionale per il superamento delle discriminazioni sociali ed etniche. Edizioni Il Melo Centro di Cooperazione Sociale, Gallarate
Ploton L (2001) La personne âgée, son accompagnement médicale et psychologique et la question de la démence, tr. it. La persona anziana. L'intervento medico e psicologico. I problemi delle demenze. Raffaello Cortina, Milano, 2003
Ploton L (2010) Ce que nous einsegnent les malades d'Alzheimeir. Chronique Sociale, Lyon
Reisberg B, Franssen EH, Souren LEM et al (1998) Progression of Alzheimer's disease: variability and consistency: ontogenic models, their applicability and relevance. Journal of Neural Transmission, suppl 54:9–20
Reisberg B, Kenowsky S, Franssen EH et al (1999) Toward a science of Alzheimer's disease management: a model based upon current knowledge of retrogenesis. International Psychogeriatrics 11(1):7–23

Ribaupierre A (1995) Working memory and individual differences: a review. Swiss J Psychol 54:152–168
Ricci G (1998) Sigmund Freud. La vita, le opere e il destino della psicanalisi. Mondadori, Milano
Rizzolatti G, Sinigaglia C (2006) So quel che fai. Il cervello che agisce e i neuroni specchio. Raffaello Cortina, Milano
Runco MA (1999) A longitudinal study of exceptional giftedness and creativity. Creativity Research Journal 12:161–164
Runco MA (2004) Creativity. Annual Review of Psychology 55:657–687
Ryan RM, Deci EL (2001) On happiness and human potentials: a review of research on hedonic and eudaimonic well-being. Annual Review of Psychology 52:141–166
Schafers H (ed) (1984) Wenn die Jahre vergehen… tr. it. E passano gli anni… Città Nuova, Roma
Scortegagna R (1999) Invecchiare. il Mulino, Bologna
Seligman M, Csikszentmihalyi M (2000) Positive psychology: an introduction. American Psychologist 55:5–14
Shephard RJ (1997) Aging, physical activity, and health, tr. it. Attività fisica, invecchiamento e salute (ed. it. a cura di Tàmmaro AE). McGraw-Hill, Milano, 1998
Siegel DJ (1999) The developing mind, tr. it. La mente relazionale. Neurobiologia dell'esperienza interpersonale. Raffaello Cortina, Milano, 2001
Simeone I (1988) Les aspects psychodynamiques du vieillissement. Gérontologie et Société 46:8–20
Simeone I (2001) L'anziano e la depressione. CESI, Roma
Singer JL (1995) Development and plasticity of cortical processing architectures. Science 270:758–764
Solms M, Turnbull O (2002) The Brain and the Inner World: An Introduction to the Neuroscience of Subjective Experience, tr. it. Il cervello e il mondo interno. Raffaello Cortina, Milano, 2004
Spagnoli A (2005) L'età incerta e l'illusione necessaria. Introduzione alla psicogeriatria. UTET Libreria, Torino
Sternberg RJ (1999) Handbook of creativity. Cambridge University Press, Cambridge
Strauss C, Guaita A, Ceretti A (1986) Educazione al movimento per gli anziani. Guida pratica per gli operatori. La Nuova Italia Scientifica, Roma
Sugarman L (2001) Life-Span Development, tr. it. Psicologia del ciclo di vita. Modelli teorici e strategie di intervento. Raffaello Cortina, Milano, 2003
Tamanza G (2001) Anziani. Rappresentazioni e transizioni dell'ultima età della vita. FrancoAngeli, Milano
Tàmmaro AE (2004) Attività fisica, invecchiamento e salute. In: Cesa-Bianchi M, Albanese O (eds) Crescere e invecchiare. La prospettiva del ciclo di vita. Unicopli, Milano, pp. 157–170
Tàmmaro AE, Cesana L, Decio G (2008) Attività fisica, salute e cognitività nell'anziano. In: Cristini C (ed) Psicologia dell'invecchiamento, Numero speciale dedicato a Marcello Cesa-Bianchi. Ricerche di Psicologia 31(1–2):209–226
Tomassoni R (2002) La psicologia delle arti oggi. FrancoAngeli, Milano
Trabucchi M (2005) I vecchi, la città e la medicina. il Mulino, Bologna
Tramma S (2003) I nuovi anziani: storia, memoria, formazione nell'Italia del grande cambiamento. Meltemi, Roma
Trentini G, Togni M (eds) (2008) Continuità generazionale d'impresa. Dimensioni psicologiche e relazionali. FrancoAngeli, Milano
Vandeplas-Holper C (1998) Le développement psychologique à l'âge adulte et pendant la vieillesse. Maturité et sagesse, tr. it. Maturità e saggezza. Lo sviluppo psicologico in età adulta e nella vecchiaia. Vita e Pensiero, Milano, 2000
Vovelle M (1983) La mort et l'Occident de 1300 à nos jours, tr. it. La morte e l'Occidente. Dal 1300 ai giorni nostri. Laterza, Bari, 1986
Weakland JH, Herr JJ (1979) Counseling elders and their families. Pratical techniques for applied gerontology, tr. it. L'anziano e la sua famiglia. La Nuova Italia Scientifica, Roma, 1986

Wilkinson M, Lynn J (2001) The end of life. In: Binstock RH, George LK (eds) Handbook of aging and social sciences. Academic Press, San Diego, pp. 444–461
Winnicott DW (1971) Playing and Reality, tr. it. Gioco e realtà. Armando, Roma, 1974
Yates FA (1966) The Art of the Memory, tr. it. L'arte della memoria. Einaudi, Torino, 1972

GPSR Compliance

The European Union's (EU) General Product Safety Regulation (GPSR) is a set of rules that requires consumer products to be safe and our obligations to ensure this.

If you have any concerns about our products, you can contact us on

ProductSafety@springernature.com

In case Publisher is established outside the EU, the EU authorized representative is:

Springer Nature Customer Service Center GmbH
Europaplatz 3
69115 Heidelberg, Germany